Portrait du cerveau
en artiste

Pierre Lemarquis

Portrait du cerveau en artiste

Pour Eva, Françoise, Véronique et Juliane
qui se répondent en écho sur quatre générations.
Et pour Maxime qui résonne encore et toujours !

Avant-propos

Dans le film d'anticipation Soleil Vert *(Richard Fleischer, 1973), la pollution a fini par provoquer une catastrophe écologique détruisant la flore et la faune. Un vieillard, Solomon Roth, dit « Sol », choisit de finir son existence dans un centre d'euthanasie spécialisé ouvert jour et nuit qui projette des films en IMAX sur les beautés de la nature, qu'il a connues dans sa jeunesse, accompagnés par la Symphonie pastorale de Beethoven.*

Confortablement allongé sur une civière blanche capitonnée, baigné dans une lumière orange qu'il a choisie, il s'éteint doucement, ayant bu la ciguë. Apaisé par tant d'harmonie, il admire les couleurs d'un crépuscule cinématographique pendant que son ami, interprété par Charlton Heston, qui n'a jamais vu le monde d'avant, assiste avec émotion à la scène derrière une vitre. Ses larmes sont authentiques, car il sait qu'Edward G. Robinson qui interprète Sol est atteint d'un cancer en phase terminale. De fait, le roi des gangsters hollywoodiens maintenant octogénaire, celui qui proclamait : « Je n'ai pas rassemblé l'art, l'art m'a rassemblé. Je n'ai jamais trouvé des peintures. Elles m'ont trouvé. Je n'ai même jamais possédé une œuvre d'art. Elles m'ont possédé », disparaîtra quelques semaines plus tard et ne pourra recevoir son oscar pour cet ultime rôle. Charlton Heston ne se doute pas qu'il sera, quant à lui, emporté par la maladie d'Alzheimer trente ans plus tard.

Les deux acteurs se sont rencontrés sur le tournage des Dix Commandements *de Cecil B. DeMille en 1956, incarnant l'affrontement entre Moïse et le traître Dathan qui finira en enfer après que la terre s'est ouverte sous ses pieds. Pour l'heure, les deux amis portent avec émotion leurs regards vers l'écran, admirant des champs de fleurs, des cascades, des sous-bois parcourus par des cerfs et des biches, des oiseaux dans le soleil, des poissons tropicaux, des cerisiers en fleur. Beethoven, mais aussi la Symphonie pathétique de Tchaïkovski, Grieg et son* Peer Gynt *les accompagnent.*

« Sol, est-ce que tu m'entends ?

— C'est gentil d'être venu, merci.

— Oh Seigneur !

— J'ai vécu trop longtemps.

— Non !

— Je t'aime...

— Je t'aime, Sol.

— Est-ce que tu vois, ça ? C'est beau, n'est-ce pas ? Je te l'avais dit !

— Je n'en avais aucune idée ! Aucune idée ! Comment aurais-je pu imaginer ça ? »

★★★

Le prêtre, venu administrer l'extrême-onction au plus grand compositeur français du XVIIIe siècle, a appliqué les saintes huiles sur le front et les mains de l'auteur des Indes galantes. Celui-ci, fraîchement anobli, ne pourra pas diriger les répétitions de sa dernière tragédie lyrique Les Boréades, ultime chef-d'œuvre composé à plus de 80 ans. Le maître sera enterré en grande pompe en l'église Saint-Eustache dont il avait parfois tenu les orgues. Il souffre d'une fièvre putride et paraît encore plus grand et plus maigre sur son lit de mort, ressemblant étonnamment à Voltaire, son librettiste occasionnel, celui qui l'avait amicalement surnommé « Euclide-Orphée » en référence à ses talents musicaux et à son célèbre Traité de l'harmonie réduite à ses principes naturels. Son approche mathématique, puis physique de la musique l'a amené à « prouver » le caractère « naturel » de l'harmonie avec l'accord parfait majeur, démonstration qui a séduit les Lumières, à l'exception de Jean-Jacques Rousseau, son ennemi juré. Le prêtre, qui a imposé les mains au compositeur, à celui qui proclamait « c'est à l'âme que la musique doit parler », entonne fébrilement un chant funèbre. Soudain, le vieux musicien sort de sa torpeur, se crispe, entrouvre un œil et fait un signe de la tête. Le confesseur s'approche pour l'absoudre d'une dernière faute avouée au moment ultime : « Mon père, lui chuchote Jean-Philippe Rameau de sa grosse voix, oubliant dans son dernier souffle ses difficultés d'élocution, pourriez-vous cesser de chanter aussi faux ! »

★★★

Yared, dont le prénom est celui du premier musicien de son pays, l'Éthiopie, a du sang blanc dans les veines. Un aventurier français, trafiquant d'armes et qui préférait les garçons, aurait courtisé l'une de ses aïeules. Celui qui était reparti vers Marseille en piteux état sur un trois-mâts des Messageries maritimes faisait commerce du café, de gomme arabique, de peaux de bêtes et de cotonnades. Il savait négocier l'ivoire, l'or, les parfums de l'encens et du musc, et fournissait armes, ustensiles manufacturés et chameaux aux caravanes. On raconte qu'il aurait été poète dans une autre vie. Pour l'heure, Yared tient dans ses bras, tout près, tout près, la belle Saba, sa promise, fort déshabillée et devenue femme cette nuit selon le témoignage du sang répandu. Il admire son corps, enivré par ses parfums, caresse sa peau, baise ses fines chevilles, écoute son joli rire de cristal, et sent à nouveau le désir monter. Une phrase oubliée mais familière lui revient en mémoire : « À quatre heures du matin, l'été, / Le sommeil d'amour dure encore » (Arthur Rimbaud)…

Introduction

La beauté et l'harmonie sont-elles utiles à notre existence ? Peuvent-elles en particulier nous aider à conserver et à retrouver la santé ?

La réponse est évidente pour le paon, véritable cauchemar pour Darwin, si vulnérable et si mal adapté à son environnement par ses piètres qualités aéronautiques, qu'il ne doit sa survie qu'à la magnificence de son plumage. On parle alors d'esthétique évolutionniste et la tentation de l'imiter est grande ! Les animaux déjà nous montrent qu'ils sont sensibles à la beauté et capables de création tant pour séduire que pour le plaisir. Des oiseaux chantent sans raison apparente en automne ; des singes et des éléphants peignent ; des pigeons apprécient Picasso et des carpes reconnaissent un morceau de Jean-Sébastien Bach. Comment est-ce possible ? Et vous d'ailleurs, quel a été votre dernier contact avec la beauté ? Et quels en ont été les effets ?

Pour tenter d'expliquer l'impact du beau sur notre santé, mentale ou physique, nous enquêterons donc du côté des animaux, mais aussi, bien sûr, des neurosciences, en particulier de la neuroesthétique, afin de comprendre comment notre cerveau réagit à la vision d'une œuvre d'art. Il nous faudra aussi ne pas hésiter à prendre l'avis de patients dont le fonctionnement cérébral diffère de la norme : aimer Jeff Koons serait-il, par exemple, un signe de maladie d'Alzheimer ? Ou bien le témoignage d'un jugement qui s'est débarrassé des conventions culturelles ? Et pourquoi, d'ailleurs, n'est-ce pas toujours les choses que l'on trouve belles qui nous plaisent ?

Les philosophes, qui ont les premiers pressenti l'impact du beau et des créations artistiques sur notre existence et développé l'idée d'empathie esthétique, voient aujourd'hui leurs thèses confirmées par les neurosciences. L'étude des réponses de notre cerveau à la beauté et des modifications physiologiques qui en résultent montre que nous imitons mentalement telle statue, que nous apprécions inconsciemment les proportions harmonieuses d'une composition, que la musique nous soulage, que tel tableau sera vu par notre cerveau comme une personne aimée. Face au beau, face à une œuvre d'art, nous activons donc notre système du plaisir et de la récompense, notre empathie, nos neurones miroirs ou notre reconnaissance des visages. Quel peut être alors l'effet des couleurs sur nos émotions, notre créativité, notre concentration, voire notre force physique ? Peut-on guérir en devenant artiste, en projetant son monde intérieur dans une création qui nous ressemble et progressivement nous transformera ?

La réponse est affirmative et sans ambiguïté pour les médecines traditionnelles et pour de nombreux artistes qui attribuent à leurs œuvres un pouvoir de guérison ainsi que pour les thérapies qui, *via* l'art, s'adressent tout autant aux maladies cérébrales qu'aux handicaps physiques, aux enfants et aux adolescents en difficulté, à l'intégration des marginaux, au vieillissement normal et pathologique, aux traumatismes psychiques de toutes sortes. Car l'art *est* thérapeutique, qu'il s'agisse des délires ergotés d'un Jérôme Bosch luttant contre le feu de saint Antoine, du choix des couleurs pour un hôpital selon Fernand Léger, d'un ex-voto, d'une pierre précieuse ou d'un talisman. Pour mieux comprendre ses bienfaits, nous irons marcher sur les traces de Van Gogh à l'hospice de Saint-Rémy-de-Provence, explorerons quelques pistes précises en matière d'art-thérapie et nous rendrons au sommet d'un gratte-ciel à Manhattan pour une session de l'Académie des sciences de New York consacrée aux effets curatifs de la musique. Nous entamerons alors un tour du monde qui nous mènera de Palo Alto en Californie à la calligraphie orientale en passant par les chants et les dessins des Indiens d'Amazonie, les peintures des Navajos qui inspirèrent Jackson Pollock ; nous croiserons Jung et ses mandalas, découvrant peu à peu les vertiges de la pensée analogique, implicite, magique et systémique, qui nous conduira à la notion d'empathie esthétique.

Au terme de ce voyage, une question se pose : Leibniz avait-il raison ? Est-il possible de se fondre dans l'harmonie du monde et de le refléter ? Peut-on entrer en résonance avec nos ancêtres, contribuer à propager inconsciemment une folle mélodie venue du fond des âges, capter le reflet du regard de Rembrandt dans une de ses toiles et le ressusciter en se chimérisant avec lui ? La beauté nous permet-elle de transcender notre existence et d'en métamorphoser les dernières étapes jusqu'à en oublier les notions de temps et d'espace ? Venons-nous de notre futur ? Allons-nous vers notre passé ? Les neurosciences ont montré comment le fonctionnement de notre esprit est lié à celui de notre corps et donné raison à Spinoza, mais il est indéniable que notre cerveau, et par là l'ensemble de notre organisme, est également sculpté par son environnement et le reflète comme l'espérait Leibniz, héritier d'une pensée analogique rapidement vertigineuse, et qui croyait en l'harmonie du monde. Entrer en résonance avec celle-ci par une « écologie de l'esprit » conduit à une métamorphose qui peut transcender notre existence jusqu'à en oublier les notions de vie et de mort. « Mort à jamais ? », s'interrogeait Marcel Proust à l'instant ultime de sa *Recherche*, se fondant dans son œuvre et dans l'absolu du petit pan de mur jaune de Vermeer. Quant au Caravage, il survit encore aujourd'hui dans son *Autoportrait* en méduse décapitée et nous regarde. Quant à nos chers disparus, ils demeurent dans le parfum d'un cerisier en fleur ou les rayonnements d'un crépuscule…

Première partie

EN QUÊTE DE BEAUTÉ

CHAPITRE 1

L'art et ses mystères

« Quoique la beauté soit visible à tous les yeux, et que tout le monde en ressente plus ou moins les effets, on sait cependant que toutes les peines qu'on a prises jusqu'à ce jour pour la définir ont été infructueuses : de sorte qu'il ne reste, pour ainsi dire, plus d'espoir d'en donner une idée claire et exacte, tant la nature du sujet est unanimement jugée trop élevée et trop délicate. »

William HOGARTH, *Analyse de la beauté, destinée à fixer les idées vagues qu'on a du goût*, 1753.

Voir ou vivre quelque chose de beau...

Des personnes sondées pour le trois centième numéro de la revue *Beaux Arts Magazine*[1] ont majoritairement répondu, pour 43 % des hommes de moins de 50 ans, que leur dernier contact avec la beauté correspondait à un moment d'intimité avec leur partenaire. Par contre, seulement 26 % des femmes de moins de 50 ans ont placé ce moment en premier ; pour près de la moitié, elles préfèrent aller marcher dans la nature... Voyez l'artiste américain Jeff Koons à la Tate Modern Galery de Londres : une salle entière, interdite aux mineurs, est consacrée à ses amours avec la Cicciolina. Photos très précises aux murs du sexe de la star du porno d'origine hongroise qui siégea quelques années au parlement italien ; moulages réalistes du couple enlacé dans diverses positions érotiques explicites au centre, dans des décors rococo qui rappellent Boucher et Fragonard. Mais observez bien la Cicciolina : Jeff Koons, nouvel Adam, semble au paradis, l'exposition s'appelle d'ailleurs « Made in heaven » ; son épouse ferme les yeux et, qu'elle le taise ou le confesse, s'ennuie peut-être, préférant les longues promenades, les fleurs, les billets doux ou les sérénades, comme le suggérait Georges Brassens, qui s'intéressait également aux statistiques, dans sa chanson « Quatre-vingt-quinze fois sur cent ».

Après 50 ans, en revanche, hommes et femmes s'accordent et préfèrent les beautés de la nature à celles de la chair découverte au fond d'un lit : la géographie prend le pas sur la carte du tendre. Dans le classement, la musique vient en troisième position, quel que soit l'âge, occupant ainsi la première place des activités « culturelles », avec une prédominance féminine. Réminiscence de l'attrait pour les chants de séduction des oiseaux, baleines et autres ténors de la nature ? Le cinéma, qui associe les images et la musique, obtient la quatrième place, talonné par la littérature, avec une préférence masculine pour le septième art et une féminine pour la lecture. Puis figure l'acquisition d'un objet jugé utile et beau : Rolex, Mercedes, sac Hermès... Les spectacles (opéra, danse, théâtre) et les œuvres d'art (expositions, galeries) ne représentent la beauté que pour 1 Français sur 10, malgré les succès records des grandes expositions. Les paysages sont largement privilégiés dans l'appréciation de la beauté d'un tableau, loin devant les portraits ou l'art abstrait, le nu étant rejeté. Cela dit, si la majorité des personnes interrogées estime que la beauté est partout, qu'elle est accessible à tous, qu'elle est utile et procure du bonheur, le rôle dévolu aux artistes est tout autant celui d'un observateur de la société, d'un inventeur de nouvelles formes de pensée que d'un créateur de beauté.

Marcher dans la nature	44 % (H : 42 %, F : 46 % ; avant 50 ans : 38 %, après 50 ans : 51 %)
Faire l'amour	34 % (H : 43 %, F : 26 % ; avant 50 ans : 43 %, après 50 ans : 24 %)
Musique	29 %
Cinéma	20 %
Littérature	18 %
Achat d'un objet	13 %
Spectacle	11 %
Exposition, œuvre d'art	9 %
Émission TV	7 %
Etc.	

C'est beau, mais allez-vous aimer ?

La revue publie ensuite les résultats d'un sondage de l'institut Harris Interactive sur le classement, à partir d'un échantillon représentatif de la population française, de 15 œuvres d'art très diverses, peintures, sculptures, photographies, ayant atteint des cotes parmi les plus élevées au monde en salle des ventes. Le classement est effectué sans que le nom de l'artiste ou la valeur marchande de l'œuvre ne soient mentionnés.

Le grand gagnant est une porcelaine de chine, un vase Guan de la dynastie Yuan du milieu du XIVe siècle. Exceptionnelle et volumineuse, cette jarre en porcelaine blanche de forme globulaire, terminée par un col vertical cylindrique, est décorée en bleu avec la représentation d'un attelage de félins (des tigres ? des jaguars ?) promenant un personnage sur un char dans un décor végétal où l'on reconnaît le tronc torsadé de quelques cerisiers. Le col est orné d'une frise de vagues écumantes ; l'épaulement est décoré d'une frise végétale ; le fond est parsemé de symboles bouddhiques ou issus du taoïsme ; la base est en biscuit. Prix de vente en juillet 2005 chez Christie's à Londres : 27,7 millions de dollars ! Enchère record pour une pièce d'art asiatique. Près de 90 % des Français considèrent que cet objet est beau, mais il ne plaît paradoxalement qu'à 1 sur 2, les autres ne ressentant pas d'attrait particulier pour lui. S'ils le considèrent comme un bel objet, ils ne voudraient pas l'avoir sous les yeux à la maison !

La toile de Rubens *Le Massacre des Innocents* obtient la deuxième place sur le podium. Cette première version date de 1611 et témoigne de l'influence du Caravage sur Rubens, après son séjour en Italie, et de son utilisation du clair-obscur. Là encore, si 87 % des Français trouvent cette toile « belle », elle ne plaît réellement qu'à la moitié d'entre eux, en particulier aux hommes, sans doute attirés par le dynamisme de la scène de bataille et la richesse des couleurs. Les femmes, plus empathiques, compatissent vraisemblablement avec la détresse des mères en larmes. La toile a été vendue chez Sotheby's à Londres 100 millions de dollars en 2002 à Lord Kenneth Thomson, l'homme le plus riche du Canada, qui en a fait cadeau au Musée des beaux-arts de l'Ontario.

En troisième place du classement figure le mélancolique *Portrait du docteur Gachet avec une branche de digitale*, peint en juin 1890 à Auvers-sur-Oise par Vincent Van Gogh au cours des derniers mois de sa vie : 84 % des Français jugent l'œuvre belle et plus de 60 % l'apprécient. Ce n'était pas le cas d'Hermann Göring qui y voyait en 1937 une forme d'art dégénéré et qui en a ordonné la confiscation par le ministère de la Propagande du IIIe Reich, avant de la revendre à un marchand d'Amsterdam qui la cède à un collectionneur, Siegfried Kramarsky, lequel l'emporte dans sa fuite à New York et l'expose au Metropolitan Museum of Art… Mise aux enchères en 1990 par les héritiers de Kramarsky, elle a été acquise par un homme d'affaires japonais, Ryoei Saito, pour une centaine de millions de dollars, devenant l'un des tableaux les plus chers au monde. Personne ne sait où se trouve cette peinture depuis le décès du milliardaire japonais en 1996, mais une seconde version, aux couleurs plus froides et aux traits moins précis, est exposée au Musée d'Orsay. Van Gogh représente le docteur Gachet, « homéopathe » et « spécialiste des maladies nerveuses », se tenant la tête comme la *Melancholia* de Dürer, doutant des effets de sa digitale. La thèse de médecine du brave docteur, soutenue à Montpellier en 1858 s'intitulait précisément *Étude sur la mélancolie*. Van Gogh se suicidera néanmoins quelques semaines après avoir été pris en charge par ce praticien avisé.

Un bronze de Degas, une petite danseuse de 14 ans, arrive en quatrième position, totalisant 77 % des suffrages et 45 % d'amateurs avec, cette fois, une préférence féminine, contrairement au tableau de Rubens. Avec sa jupe légère, un ruban de satin dans les cheveux, elle pose les mains derrière le dos, un pied en avant. Elle a été vendue à Londres en 2009 par Sotheby's pour près de 20 millions de dollars à un collectionneur asiatique. Sa version originale, en cire, avait pourtant été reçue de manière assez violente par la critique et par les amateurs d'art lors de sa présentation à Paris à l'occasion de la sixième exposition impressionniste de 1881. « Pourquoi est-elle si laide ? », s'écrie un critique dans *Le Temps*. « Quel laideron, celle-là ! J'espère bien qu'elle fera le rat à l'Opéra plutôt que la chatte au bordel ! », commente un autre. La controverse, vive, était due à son extrême réalisme et au contexte. La petite danseuse, Marie Van Goethem, fille d'un tailleur décédé et d'une blanchisseuse belge, gagnait en effet sa vie en dansant, en posant chez les peintres et en se prostituant – il n'était pas rare à l'époque que les danseuses aient un « protecteur » et que leur mère serve d'entremetteuse.

Degas sculpte sa petite danseuse entre 1878 et 1880, car il n'a pas encore accès aux coulisses du Ballet de l'Opéra. La statuette de bronze ne peut pas retransmettre de façon exacte le réalisme de l'original en cire. Laissons Joris-Karl Huysmans, l'auteur d'*À rebours*, nous rapporter les réactions du public devant la statue originale[2] : « La terrible réalité de cette statuette [...] produit un évident malaise ; toutes ses idées sur la sculpture, sur ces froides blancheurs inanimées, sur ces mémorables poncifs recopiés depuis des siècles, se bouleversent. Le fait est que, du premier coup, M. Degas a culbuté les traditions de la sculpture comme il a depuis longtemps secoué les conventions de la peinture. Tout en reprenant la méthode des vieux maîtres espagnols, M. Degas l'a immédiatement faite toute particulière, toute moderne, par l'originalité de son talent. De même que certaines madones maquillées et vêtues de robes, de même que ce Christ de la cathédrale de Burgos dont les cheveux sont de vrais cheveux, les épines de vraies épines, la draperie une véritable étoffe, la danseuse de M. Degas a de vraies jupes, de vrais rubans, un vrai corsage, de vrais cheveux. [...] Telle est cette danseuse qui s'anime sous le regard et semble prête à quitter son socle. Tout à la fois raffinée et barbare avec son industrieux costume, et ses chairs colorées qui palpitent, sillonnées par le travail des muscles, cette statuette est la seule tentative vraiment moderne que je connaisse, dans la sculpture... je doute fort qu'elle obtienne le plus léger succès... »

En cinquième position, considéré comme « beau » par environ 60 % des sondés, mais ne plaisant qu'à la moitié d'entre eux, vient un masque Fang du Gabon. Haut de 48 centimètres, en bois, il représente un visage allongé stylisé peint en blanc au kaolin incarnant l'esprit d'un défunt. La couleur blanche, couleur du deuil et de la mort, évoque le pouvoir des ancêtres. Vendue aux enchères à Drouot à Paris en 2006, juste avant l'inauguration du musée du quai Branly, c'est l'œuvre d'art premier la plus chère au monde : elle a atteint la somme de près de 6 millions d'euros, soit près de 8 millions de dollars. Les Fang vivent au sud du Cameroun, au nord du Gabon et en Guinée équatoriale. Ce type de masque était utilisé par une société secrète masculine, les Ngils, chargée des initiations et de la lutte contre la sorcellerie. Investis des pouvoirs liés au masque, les Ngils, sortes d'inquisiteurs locaux, terrorisaient les villageois la nuit venue à la lueur des torches. L'absence d'ouverture pour la bouche dans le masque permettait de déformer la voix du Ngil, qui ne tenait pas à être reconnu, abritant son regard derrière d'étroites fentes. Le corps recouvert de kaolin, les membres de cette société secrète recherchaient les coupables, les torturant pour leur arracher des aveux, les condamnant parfois à la peine de mort. Le gouvernement français au Gabon interdira la société Ngil vers 1924, ainsi que la fabrication des masques, symboles et réceptacles de son pouvoir et de la légitimité de son autorité. D'où la rareté de ces objets et leur prix.

Au coude à coude avec le masque africain figure le premier artiste contemporain : Jeff Koons, en sixième position avec sa monumentale *Balloon Flower*, retient l'attention de 57 % des sondés, avec 31 % d'amateurs. Cette énorme fleur de métal en acier chromé pèse 8 tonnes et mesure près de 3 mètres de haut, imitant un ballon de baudruche noué. La version colorée en jaune appartient au collectionneur François Pinault ; elle a été exposée dans la cour d'honneur du château de Versailles fin 2008, avant de rejoindre Venise. La surface de la fleur parfaitement polie, comme toutes les sculptures de la série « Célébration », reflète le décor environnant et le spectateur qui l'observe. Le 30 juin 2008, la version magenta du *Balloon Flower* s'est vendue chez Christie's à Londres 26 millions de dollars, un record pour un artiste vivant.

Passons maintenant à *La Lionne de Guennol*, exposée au musée de Brooklyn. C'est une sculpture en pierre de magnésite qui ne mesure que 8 centimètres de hauteur. Chef-d'œuvre mésopotamien du troisième millénaire avant notre ère, il a été adjugé à près de 60 millions de dollars à New York. Il est trouvé beau par moins de 50 % des personnes interrogées – 25 % seulement, en majorité des hommes de moins de 50 ans, souhaitant emporter chez eux cette figure hybride de femme et de lionne.

Continuons à descendre dans le classement. Le *Portrait de Dora Maar*, peint en 1941 par Picasso et adjugé 100 millions de dollars en 2006, est jugé beau par 44 % des personnes, mais ne plaît qu'à 17 % d'entre elles – chiffres qui semblent contredire le neurologue Ramachandran de San Diego pour qui notre cerveau est câblé pour apprécier le cubisme et se réjouit de voir simultanément un même visage de face et de profil.

Mêmes scores pour *Madame L. R*, une des premières sculptures en bois de chêne récupéré de Constantin Brancusi. Datant de 1913-1925, ces sculptures de bois furent initialement assez mal reçues, voire rejetées par les collectionneurs qui les trouvaient brutes, primitives et moins abouties que celles en marbre ou en bronze, aux lignes épurées, lisses et polies à la perfection, d'un style transcendant, qui ont fait la célébrité du sculpteur – qu'on pense au bronze dédié à Nancy Cunard, exposé à New York au Metropolitan Museum, et qui pourrait avoir inspiré la *Balloon Flower* de Jeff Koons. *Madame L. R.* est composée de parties distinctes, taillées dans une même pièce de bois rappelant l'art africain très en vogue à Paris à l'époque : une coiffure en forme de casque sur un cou en forme de balustre ; un corps réduit à un parallélépipède taillé, suivi d'une unique jambe posée sur un pied en fer à cheval ; un socle rectangulaire orné de festons. Adjugée un peu moins de 30 millions d'euros, soit près de 38 millions de dollars chez Christie's en 2009, Fernand Léger en fut le premier propriétaire avant que ses héritiers ne la cèdent à Yves Saint Laurent et Pierre Bergé vers 1970. Madame « L. R. », Léonie Ricou, tenait salon au cœur de Montparnasse et y recevait Guillaume Apollinaire, Paul Fort, Pablo Picasso, Amedeo Modigliani, Constantin Brancusi et bien d'autres.

Continuons. L'école de Londres ne séduit pas et les chairs crûment étalées par Lucian Freud, le petit-fils de l'inventeur de la psychanalyse, dans *Benefits Supervisor Sleeping*, pourtant vendu à plus de 30 millions de dollars, ou celles déformées dans le *Triptych* de Francis Bacon, produit à la fin des années 1970 et adjugé à 86 millions de dollars, sont rejetées par plus de 70 % du public, malgré leur succès en salle des ventes : pour 30 % qui les tolèrent, moins de 1 personne sur 10 avoue ressentir une émotion positive. Il en va de même pour la vanité de Damien Hirst *For The Love of God* (2007), réplique en platine du crâne d'un homme décédé au XVIIIe siècle, incrustée de 8 601 diamants, vendue 70 millions de dollars, mais qui n'est trouvée belle que par 27 % des sondés. De même, seulement 25 % des personnes sont sensibles à la beauté du Pop art du Japonais Takashi Murakami, mais le personnage de manga provocateur de *My Lonesome Cowboy* (1998) se livrant au plaisir solitaire en éjaculant un filet de sperme en forme de lasso, ne plaît qu'à moins de la moitié malgré son estimation à plus de 13 millions de dollars.

La dimension spirituelle des « champs colorés » de Mark Rothko reste incomprise par plus de 60 % des personnes interrogées, malgré son exposition triomphale au Musée d'art moderne de la Ville de Paris en 1999 et les 75 millions de dollars atteints chez Sotheby's à New York par la toile proposée, *White Center*, peinte en 1950. Le réalisme photographique vertigineux de l'Allemand Andreas Gursky est également rejeté. Son diptyque monumental *99 Cents*, pourtant vendu 3,3 millions de dollars en 2007, est perçu comme une banale publicité pour un supermarché et n'est trouvé beau que par 13 % des personnes. La critique sous-jacente de la société de consommation suggérée par la savante répétition des lignes horizontales des rayonnages, les prix des produits affichés aux couleurs vives, écrasant les rares humains anonymes qui se courbent vers les marchandises, échappe ou agace le public.

Des goûts et des couleurs, discutons-en !

Les résultats de cette enquête révèlent donc un rejet vis-à-vis de l'abstraction et une incompréhension des œuvres du XXe siècle – ce qui fut le cas, en leur temps, pour les œuvres les plus novatrices et les mieux considérées aujourd'hui : Van Gogh catalogué art dégénéré par les nazis ; scandale de la petite danseuse réaliste en cire rouge de Degas qui s'écartait des canons éthérés de la sculpture classique en marbre blanc ; rejet des masques Fang par les colonisateurs… On pourrait tout aussi bien évoquer le scandale provoqué par Michel-Ange et sa voûte de la Sixtine, le procès de Flaubert pour *Madame Bovary*, les sifflets qui accompagnèrent la création du *Sacre du printemps* de Stravinsky, l'inauguration de Beaubourg ou encore l'édification de la pyramide du Louvre. Après une phase de surprise et de tension devant la nouveauté qui paraît ambiguë, étrangère et incompréhensible, se mettent en place des mécanismes d'adaptation, de compréhension et d'intégration aboutissant à une phase de « reconceptualisation », de reconnaissance et de familiarité enrichissante, qui peuvent constituer une des fonctions de l'œuvre d'art et l'une des caractéristiques de l'émotion esthétique, mais aussi de la créativité : Van Gogh, comme Gauguin ou Monet d'ailleurs, assimile le Japon des estampes d'Hokusaï et hisse ensuite son œuvre à son apogée ; Picasso, comme Modigliani ou Brancusi, adopte les masques africains et révolutionne l'art avec ses *Demoiselles d'Avignon*. Notons que l'alternance entre la tension devant la nouveauté (ou une dissonance) et la résolution devant le retour à l'harmonie (ou la répétition d'une séquence qui devient alors familière) est également l'un des principes universels de la musique, qu'il s'agisse des berceuses maternelles, du chant liturgique, d'une sonate de Mozart, d'un air de variétés, d'un raga indien, d'un *ostinato* rythmique afro-cubain ou du chant des baleines. Aristote déjà conseillait dans sa *Poétique* de raconter des histoires en trois temps : exposition, conflit (devant la nouveauté) et dénouement (après assimilation de cette dernière).

Autre enseignement que l'on peut tirer de cette enquête : la difficulté à affirmer une opinion personnelle. Comment peut-on trouver beau quelque chose qui ne nous plaît pas ? Comment peut-on porter un jugement esthétique favorable sans aimer une œuvre ? C'est pourtant pratiquement le cas de la moitié des personnes sondées face aux quinze propositions du classement (l'écart est spectaculaire aux deux premières places, pour la porcelaine chinoise et le tableau de Rubens). Une amie me dit qu'il en est de même avec les hommes : elle en trouve certains très beaux, mais ne voudrait surtout pas les avoir à la maison ! Jugement esthétique et émotion esthétique semblent donc bien distincts. La pression des choix esthétiques exercée par la société sur l'individu constitue une force considérable – qui s'exprime vraisemblablement dans d'autres domaines, en particulier moraux.

Je trouve beau et...	j'aime	je n'aime pas
Porcelaine de Chine	50 %	38 %
Rubens	38 % (H : 47 %, F : 30 %)	49 % (H : 44 %, F : 53 %)
Van Gogh	58 %	26 %
Degas	45 % (H : 37 %, F : 53 %)	32 % (H : 36 %, F : 28 %)
Masque Fang	30 %	28 %
Koons	31 %	26 %
Lionne de Guennol	24 %	25 %
Picasso	17 %	27 %
Freud	8 %	22 %
Etc.		

Nous avons vu aussi les différences de goût en fonction du sexe ou de l'âge des personnes interrogées : *Le Massacre des Innocents* plaît aux hommes ; la femme lionne aux mâles de moins de 50 ans et la petite danseuse de Degas aux femmes. Les apprentissages culturels sont fondamentaux et perturbent à l'évidence les choix personnels, aboutissant, dans certains cas, à une surestimation d'œuvres très médiatisées et, dans d'autres cas, à une sous-estimation des formes novatrices qui déroutent dans un premier temps. C'est ainsi sans doute que l'on obtient 17 % d'admirateurs convaincus de Picasso, mais 44 % de sympathisants pour le portrait cubique de Dora Maar : ceux-ci acceptent l'idée de beauté dans cette œuvre, mais sans l'aimer.

En dehors de Jeff Koons, les œuvres considérées comme les plus belles et qui sont les mieux appréciées viennent du passé. Elles sont aujourd'hui considérées comme des « classiques », même si elles ont été rejetées au moment de leur création. L'art abstrait ou celui de Picasso, malgré sa célébrité et le nombre d'expositions qui lui sont consacrées à travers le monde, ne semblent pas encore avoir atteint ce statut si l'on s'en tient aux résultats de l'enquête.

Il semble que l'âge amène à des opinions plus tranchées et à des choix au moins en apparence plus personnels : la porcelaine de Chine devient belle pour 96 % des plus de 50 ans (contre 86 %, tous âges confondus) et plaît à plus des deux tiers au lieu de la moitié ; Van Gogh séduit près de 70 % du public (au lieu de 50 %) et est trouvé beau par 90 % (contre 80 %). Koons reste presque aussi beau (55 %), mais plaît moins (24 % contre 37 %) : peur devant la nouveauté ? Picasso est mieux considéré et la beauté cubique est reconnue par 50 % des seniors (contre 44 %), mais il n'élargit pas le cercle de ses admirateurs (qui reste à 17 %) : la familiarité croissante avec le peintre, qui semble mieux accepté, n'entraîne pas plus d'émotion esthétique. Damien Hirst et Mark Rothko perdent une grande partie de leur public : 69 % des personnes plus âgées (contre 53 % des moins de 50 ans) n'aiment pas Hirst, peut-être sensibles à l'aspect mortifère du crâne ; les chiffres passent de 60 à 74 % pour Rothko l'incompris.

Comment, alors, apprécier et estimer correctement la beauté ? Est-il possible de se détacher de la tyrannie de nos acquis et de nos canons culturels ? De se libérer de l'effet du marteau du commissaire-priseur, de s'affranchir du snobisme, de négliger les obstacles liés à l'inquiétude devant la nouveauté ? Est-il possible d'interrompre le flux de nos pensées quotidiennes ou de dépister en chacune d'elles les préjugés qui s'ignorent et la faussent ? Est-il possible d'abandonner les idées reçues et les présuppositions ? On sait qu'Husserl emploie le terme d'*épochè* pour signifier un « arrêt », une « interruption », une « suspension » de jugement. Le projet poursuivi par ce philosophe allemand est de montrer comment la connaissance est possible, comment les choses telles qu'elles sont en elles-mêmes peuvent être atteintes par une réflexion qu'il qualifie de « phénoménologique ». Mathématicien et logicien de formation, Husserl souhaitait faire de la philosophie une science « exacte », à la base de toutes les autres sciences : chacune de ses propositions devait donc être complètement fondée, justifiée et prouvée sans présupposition. L'*épochè* est cette suspension de nos jugements sur le monde. Elle met le monde entre parenthèses ainsi que nos acquis et les « vérités » que nous avons admises, y compris scientifiques, en vue de dégager progressivement une sorte de connaissance première et de savoir « définitif ». Rares sont malheureusement les personnes qui maîtrisent la phénoménologie et peuvent en transmettre simplement le message, il faut bien le reconnaître. Nous pourrions alors tenter d'interroger des méditants, mais ces derniers ne sont pas légion non plus, et puis ils se protègent et n'ont sans doute que faire de nos questions. Quant aux bons sauvages, chers aux philosophes des Lumières, ils sont également en voie d'extinction. Faut-il renoncer pour autant ? Pas forcément, car, à défaut d'Iroquois ou d'ingénus, il reste une population, que 20 à 25 % d'entre nous sont susceptibles de rejoindre un jour, et dont l'avis sur la question va se révéler aussi utile que précieux...

CHAPITRE 2

Aimer Jeff Koons est-il un signe de maladie d'Alzheimer ?

La maladie d'Alzheimer agit sur nos souvenirs comme un aspirateur, en commençant par les plus récents et en remontant le temps. Elle s'attaque à notre mémoire explicite, celle qui est véhiculée par le langage, tant pour les éléments de notre biographie que pour la culture qui nous formate. Les souvenirs les plus anciens, les empreintes initiales, les émotions primordiales, la mémoire implicite persistent, eux, plus longtemps et peuvent donc s'exprimer plus « librement ».

Matériel et méthode

Afin d'explorer cette plus grande « liberté », une trentaine de patients Alzheimer ont été interrogés, 16 femmes et 13 hommes, pour un âge moyen de 76 ans – le benjamin avait 62 ans et le plus âgé près de 90 ans[1]. Le mini-mental test constitue l'échelle la plus simple et la plus employée pour juger de la sévérité de la maladie. Il se note sur 30, l'entrée dans la maladie se situant aux alentours de 26/30 (par rapport à un sujet sain qui totalise 30/30). Les patients explorés étaient moyennement atteints avec un test aux alentours de 17/30-3/30 pour le plus atteint et 24/30 pour le « premier de la classe ». Le nombre des œuvres présentées a été réduit à 8 pour ne pas fatiguer les malades ni disperser leur attention. Seuls sont restés en compétition, suivant le classement décroissant observé dans la population « saine » : la porcelaine de chine, Rubens, Van Gogh, puis le masque Fang et Jeff Koons au coude à coude, suivi par Picasso, le crâne de Hirst et Rothko fermant la marche. Toutes les œuvres étaient présentées sous forme de photographies de format A4. Il était demandé aux patients de choisir, dans un premier temps, leurs deux œuvres préférées et de les classer, puis les deux œuvres les moins aimées et de les classer, et de recommencer l'opération avec les quatre photographies restantes.

Pour aller plus avant dans l'étude de la beauté et explorer l'évolution de son appréciation dans d'autres domaines que celui des œuvres d'art qui, rappelons-le, ne représente qu'un faible pourcentage des suffrages exprimés en matière d'émotion esthétique, venant bien après la beauté d'un corps ou celle de la nature, un second test était proposé comportant 6 images : 4 étaient issues du calendrier des postes, incluant deux paysages (une marine représentant le port de Sanary et un paysage de montagne), un chien et un chat ; les deux dernières images représentaient deux acteurs très connus, du temps de leur splendeur, vus en plan rapproché : l'homme, brun ténébreux, était torse nu et coupé à la taille ; la femme, nue, couvrait sa poitrine de son opulente chevelure et d'une serviette et vous fixait de ses grands yeux, la bouche entrouverte.

Résultats

Le premier point, et sans doute le plus important, est l'enthousiasme que ce test a suscité chez les patients. Les neurologues ont pour habitude de proposer des questionnaires plutôt ennuyeux qui contrarient les malades et les mettent en situation d'échec, lorsqu'il s'agit d'évaluer leurs capacités intellectuelles, ou en situation de stress, lorsqu'il s'agit d'apprécier leur anxiété ou de détecter par quelques questions sournoises une éventuelle dépression associée, au risque de la réactiver. Cette fois, ils devaient simplement choisir des images en toute liberté et les classer selon leur bon vouloir, sans crainte de se tromper, et le caractère ludique de la présentation ne leur échappait pas. Les regards fuyants, punition habituelle des praticiens après une consultation qui a servi à savoir si leur patient est encore capable de remplir sa déclaration d'impôts, étaient remplacés par des regards brillants et des clins d'œil réconfortants.

Aussi extraordinaire que cela puisse paraître les patients ont choisi presque systématiquement pour leurs 2 images préférées dans la première série l'inoxydable vase chinois et Jeff Koons. Jeff Koons est ainsi passé de la cinquième à la deuxième, voire la première place, de manière assez spectaculaire et significative. Le diagramme suivant montre en abscisse le mini-mental test : le patient est d'autant plus atteint qu'il se situe vers la gauche du tableau, le sujet sain se situant à droite au niveau du chiffre 30, l'entrée dans la maladie à 26. En ordonnée figure la place de classement sur les 8 œuvres proposées.

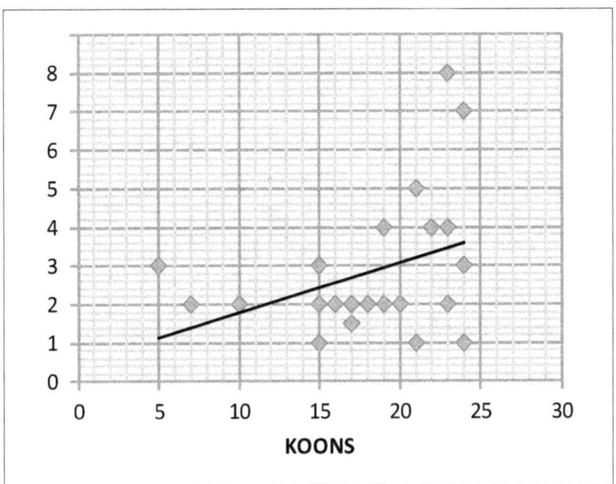

Rothko connaît également une progression, moins spectaculaire mais significative, passant de la huitième et dernière place parmi les œuvres retenues pour cette étude chez le sujet sain (MMS à 30) à la sixième position en début d'évolution de la maladie (MMS 26), puis de la sixième à la quatrième place au cours de l'aggravation de cette dernière.

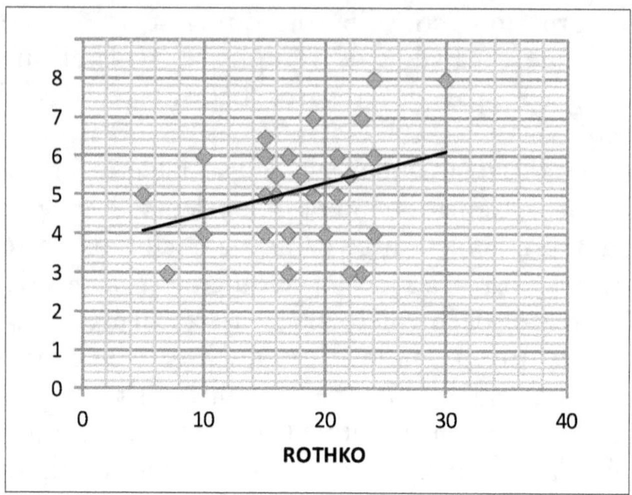

La cote de Van Gogh reste stable : après un léger décro-
chage initial, une progression discrète lui permet de revenir de
la quatrième à la troisième place. De même, Picasso passe de la
sixième à la cinquième position.

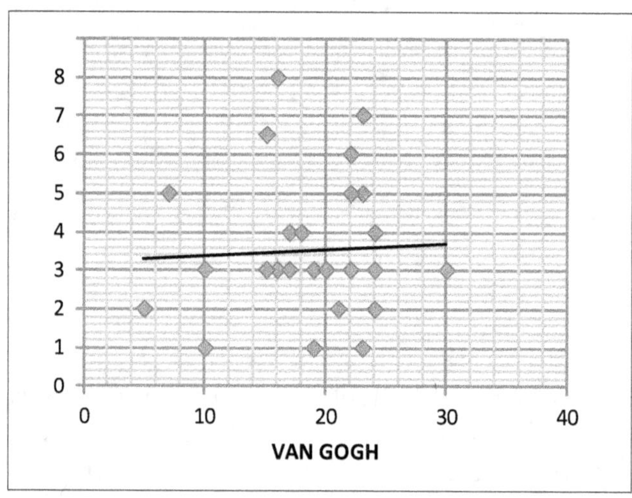

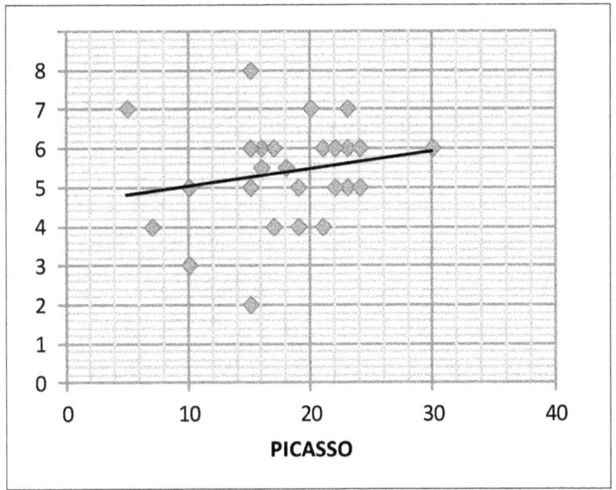

Rubens, en revanche, perd presque une place en cours d'évolution, mais les femmes sont mieux représentées dans la population étudiée en raison de leur espérance de vie supérieure et l'on se souvient que *Le Massacre des Innocents* plaisait surtout aux hommes. Notons tout de même le passage immédiat de la deuxième à la quatrième place entre le sujet « sain » et le sujet Alzheimer et rappelons que la population témoin considérait paradoxalement que la toile de Rubens était belle, mais qu'elle ne l'aimait que dans la moitié des cas. Cette ambivalence semble avoir disparu chez le patient, en même temps que sa mémoire sémantique ou « culturelle », lui permettant peut-être un choix plus proche de ses aspirations authentiques.

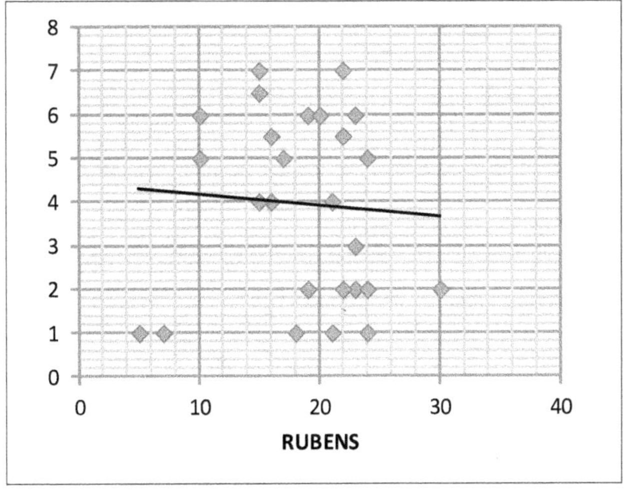

Restent les deux œuvres les moins aimées. Le crâne de Hirst est systématiquement rejeté, malgré ses diamants, en même temps que le masque Fang, dont le symbolisme mortifère semble mieux perçu par les patients Alzheimer que par la population témoin.

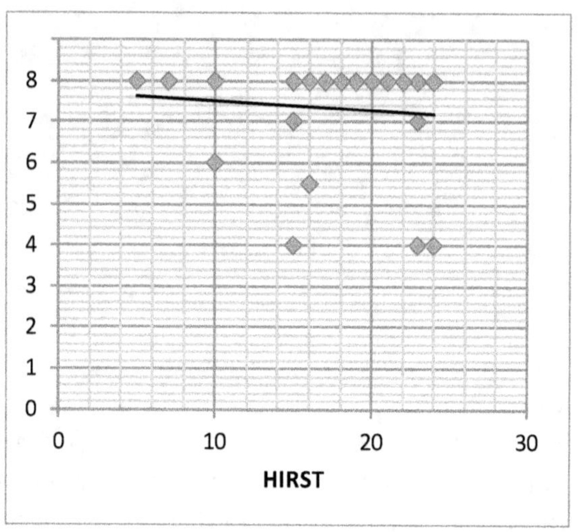

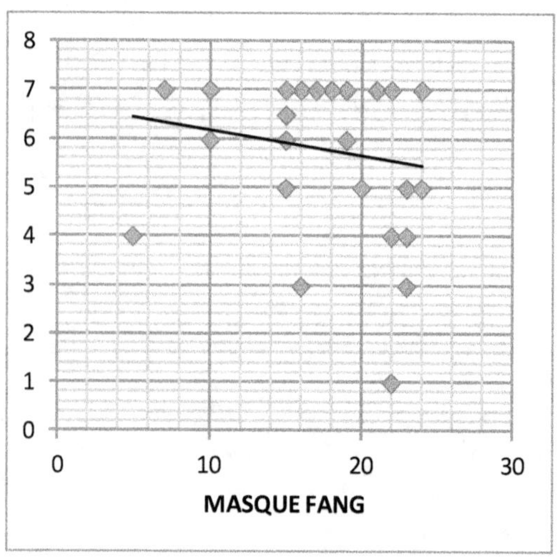

Il faut attendre une maladie très évoluée pour être enfin débarrassé de la porcelaine chinoise :

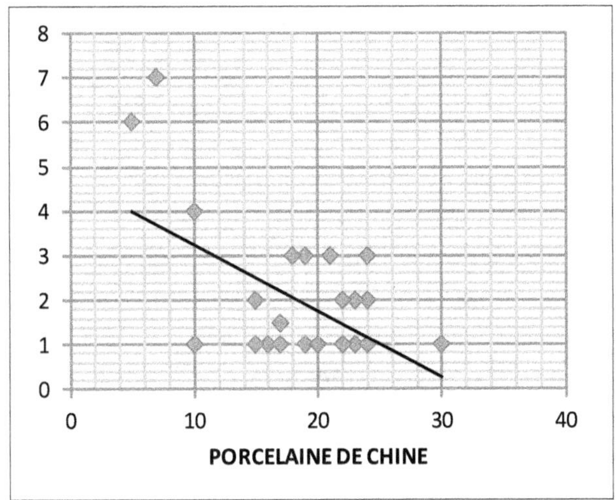

Les résultats sont moins spectaculaires et plus prévisibles avec la deuxième série d'images. Les paysages sont bien placés, comme l'on pouvait s'y attendre compte tenu des données chez le sujet sain qui privilégie les beautés de la nature, avec une nette préférence pour la marine qui arrive largement en tête, le paysage montagnard talonnant les animaux en quatrième position, mais l'enquête a été effectuée à Toulon, à proximité du port de Sanary, et le résultat aurait peut-être été différent à Chamonix avec un premier choix possible pour un panorama montagnard.

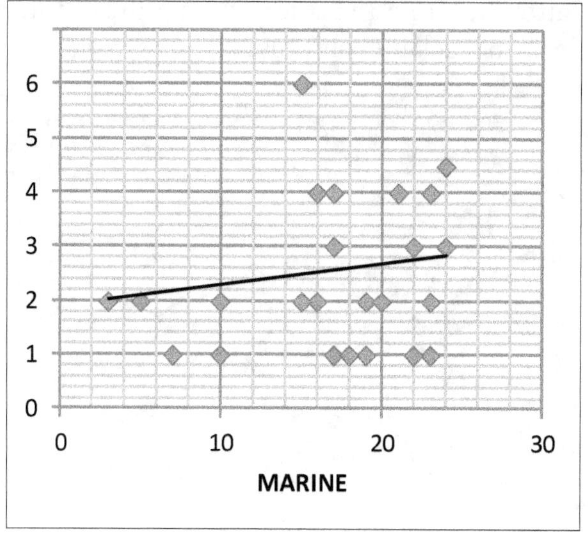

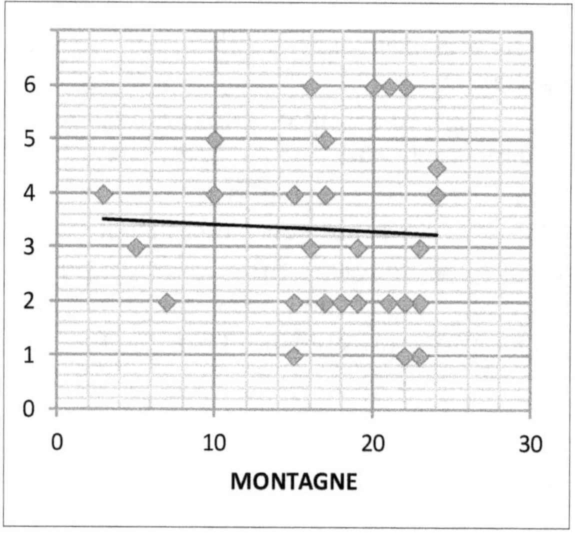

Le matou perd un peu de sa superbe avec les progrès de la maladie, mais il se maintient à la troisième place, alors que l'attrait pour le chien, dont on connaît les exceptionnelles capacités d'empathie pour l'homme, augmente significativement : le meilleur ami de l'homme passe ainsi de la quatrième à la deuxième place et finit par devancer le paysage alpestre et les félins.

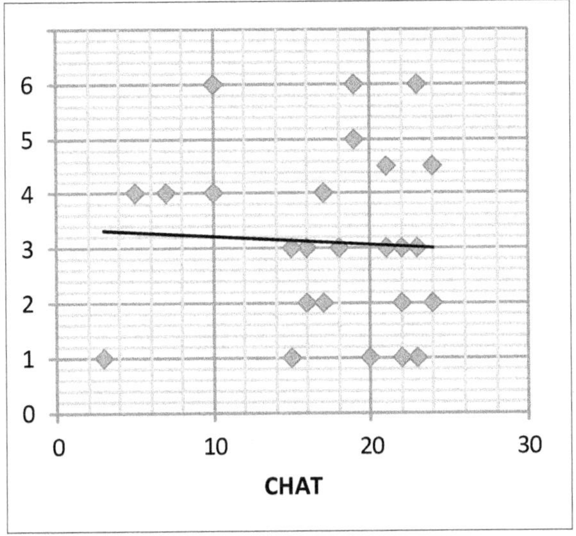

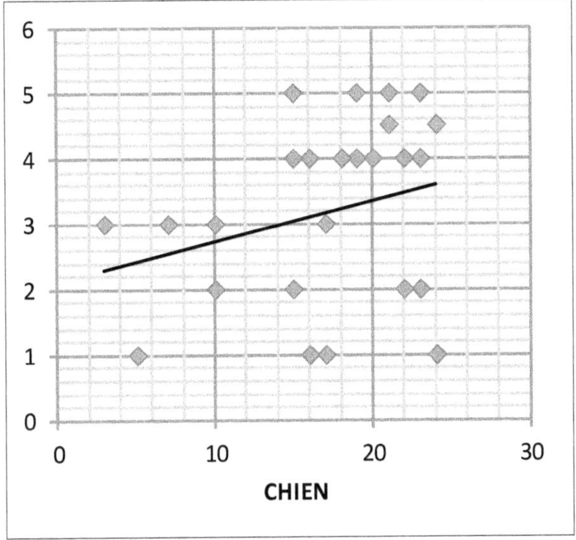

Nos acteurs ferment le peloton et, si la beauté féminine reste encore proche de celle des minets, mais passe progressivement de la troisième à la cinquième place, la lanterne rouge revient au sex-appeal masculin qui n'exerce plus aucun attrait, ce qui en théorie ne laisse donc aucun espoir à un jeune éphèbe qui espérerait conquérir le cœur et la fortune d'un ou d'une riche héritière « vulnérable » sur les seuls atouts de son physique.

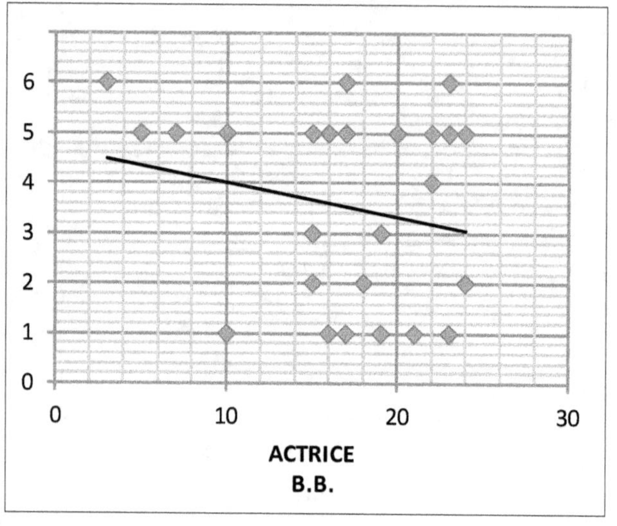

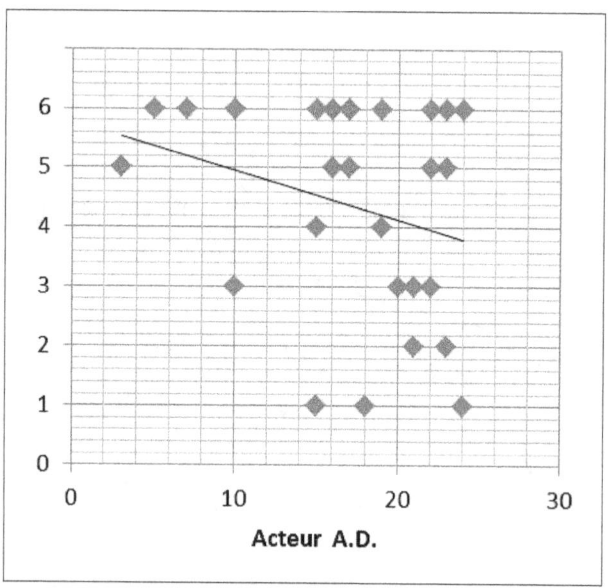

Pourquoi Jeff Koons ?

Aimer Jeff Koons est-il donc un signe de maladie d'Alzheimer ? Pour quelles raisons l'artiste américain est-il presque systématiquement choisi ? Jeff Koons est né en 1955 dans le nord-ouest des

États-Unis, dans l'État de Pennsylvanie, ancien territoire iroquois fondé par la communauté des quakers, la « société religieuse des amis », très tolérante sur le plan spirituel. L'État connut le forage du premier puits de pétrole en 1859 par le colonel Drake, à l'origine de la ruée vers l'or noir. On y trouve des truites bleues, des cerfs de Virginie, des lucioles et la gelinotte huppée ou « perdrix » du Québec qui parade en exibant son postérieur.

Cet étrange mode de séduction et les souvenirs de la ruée vers l'or ont-ils influencé le jeune Jeff Koons ? L'enfant a grandi dans la banlieue de la ville d'York, la « ville de la rose blanche », qui compte 40 000 âmes, s'épanouissant dans une famille de classe moyenne qui encouragea sa créativité. Son père tenait un magasin de décoration intérieure dans lequel il était fier d'exposer et de vendre les dessins de son rejeton. Diplômé de Baltimore, puis de l'Institut des arts de Chicago, sensibilisé au Pop art, il s'installe à New York en 1977. Il trouve un travail à temps partiel dans le service des amis du MoMA, le célèbre musée d'art moderne de Manhattan, réussissant rapidement par son extraordinaire sens du commerce à faire doubler les donations à l'établissement. Il accepte alors, en pleine période de boom économique, un poste de courtier payé à la commission à Wall Street qu'il conservera jusqu'en 1985. Il parvient grâce à cet emploi (qui l'influence) à financer sa propre production artistique, spectaculaire mais très onéreuse, compte tenu des matériaux employés, (bronze, porcelaine, acier inoxydable), des dizaines d'assistants spécialisés qui travaillent pour lui dans son atelier-laboratoire de Soho à l'usinage extrêmement précis de ses sculptures. « Koons est par excellence l'artiste des années 1980 », explique Sarah Cosulich Canarutto, commissaire de la Biennale de Venise ; il est « l'incarnation des changements sociaux qui ont laissé leur marque sur la société matérialiste et superficielle générée par les opportunités et les excès[2] » – précisons ici que Koons, optimiste, brillant et ludique, était l'artiste favori du célèbre financier, et escroc, Bernard Madoff... En digne héritier du Pop art d'Andy Warhol et de Roy Lichtenstein, il réutilise des objets ordinaires issus de la banalité du quotidien de la société de consommation – jouets, aspirateurs, toasters éclairés par des néons, produits alimentaires, publicités pour des marques de sport ou pour des alcools comme dans la série « Luxury et Degradation », bandes dessinées, et il les porte ironiquement au rang de mythes et d'icônes modernes. On pense à la célèbre boîte de soupe à la tomate Campbell starifiée par Warhol au milieu des sixties, écho lointain de l'urinoir en porcelaine exposé par Marcel Duchamp en 1917. Néanmoins, précise Canarutto, « Koons témoigne d'une nouvelle mythologie collective, d'un monde féerique et innocent sous-tendu par la nostalgie et le désir », aboutissant à des œuvres baroques et kitsch évoquant la nostalgie de l'enfance, du paradis perdu, de la sexualité sans tabou comme dans la série avec la Cicciolina. Fleurs en plastique, animaux gonflables, bibelots en porcelaine représentant la panthère rose, Michael Jackson et son singe Bubbles recouverts de feuilles d'or : tous rappellent le magasin de décoration intérieure paternel et « convertissent la banalité du quotidien en une nécessité vitale et fascinante[3] ». Puis vient l'explosion des sculptures monumentales, en fleurs – comme le chiot géant Puppy haut de 12 mètres et composé de 70 000 plantes – ou en métal, lisse et réfléchissant – comme dans la série « Célébration » qui nous préoccupe. Les collages surréalistes plus récents « Easyfun-Ethereal » deviennent des « prisons colorées à l'intérieur desquelles nous pouvons flâner et rêver, nous mirer et nous divertir, mais qui possèdent un pouvoir de séduction dont ni notre imagination ni notre inconscient ne pourront jamais s'affranchir[4] », manifestement même en cas de maladie d'Alzheimer...

Arrêtons-nous un instant sur la fleur-ballon jaune qui nous intéresse et séduit nos patients. Cette œuvre monumentale, arrondie, propre et lisse, presque abstraite, a quelque chose du monde de l'enfance et de l'innocence par son imitation d'un ballon de baudruche noué en fleur. Malgré son poids de plusieurs tonnes, il en émane une impression de légèreté, mais aussi de fragilité. Avec ses formes arrondies, ses courbes presque vivantes et sa tige, elle dégage également quelque chose de sexuel. On pense à ce gigantesque sein échappé du laboratoire d'un savant fou que Woody Allen finira par capturer avec un soutien-gorge géant dans un sketch de son film *Tout ce que vous avez toujours voulu savoir sur le sexe sans jamais oser le demander*. On pense aussi à Darwin pour qui le sein maternel nourricier constituait la première œuvre d'art contemplée – une sorte d'empreinte esthétique initiale. Nikolaas Tinbergen, fondateur de l'éthologie comparative et prix Nobel de médecine en 1973, a réalisé des expériences avec les goélands argentés, cent fois confirmées par Boris Cyrulnik à Porquerolles. La mère goéland possède une tache rouge sur son bec jaune que l'oisillon reconnaît dès la sortie de sa coquille. Lorsqu'il frappe cette tache de son petit bec, sa mère l'alimente en régurgitant de la nourriture qu'elle a prédigérée et calme ainsi sa faim. Si l'éthologue se présente avec un leurre en forme de bec jaune avec une tache rouge, le poussin le confond avec sa mère et réclame sa pitance. Mieux, si l'expérimentateur se contente d'une baguette jaune avec trois bandes rouges, cette dernière constituera un signal plus puissant et sera préférée au bec, qu'il soit vrai ou faux, mais qui ne possède qu'une seule tache, et l'oisillon lui donnera des coups de bec. La tache rouge sur le bec de sa mère est ce qui compte le plus dans sa vie – d'où l'intérêt du rouge à lèvres dans l'espèce humaine ? La maman goéland adopte le même type de comportement avec ses œufs, préférant couver un faux œuf en bois ou en verre à condition qu'il soit plus gros que le sien, même s'il est plus vert ou plus brun, même s'il n'est pas tacheté, même s'il possède de gros points vivement colorés et même s'il a la forme d'un parallélépipède – cela dit, qu'on se rassure, au final, sa préférence va pour les œufs les plus volumineux, tachetés et arrondis comme les siens ; même s'il est vingt fois plus gros, elle tentera de couver l'œuf géant, persévérant dans ses efforts bien qu'il ne cesse de glisser sous elle. Vilayanur Ramachandran, professeur en psychologie et neurosciences à San Diego, parle de la « loi du changement maximum » qu'il place en premier dans les règles universelles de l'art. Selon lui, l'art utilise l'« hyperbole délibérée », l'« exagération » et même la « déformation » pour induire des effets agréables sur le cerveau[5], tel l'œuf gigantesque ou la tache rouge de plus en plus grosse pour les goélands.

Jeff Koons en est la parfaite illustration avec son énorme fleur-ballon, porteuse d'un sentiment de joie et de chaleur, presque thérapeutique, auquel peuvent être sensibles les patients, et qui nous renvoie à notre première émotion esthétique, gastronomique, voire érotique. Comme le déclare l'artiste lui-même : « La sexualité, c'est l'objet principal de l'art. Il s'agit de la préservation de l'espèce. La procréation est une priorité. Mais cela revêt un aspect spirituel pour moi. Cela parle de la manière dont nous pouvons avoir des enfants[6]. » La couleur dorée n'est pas non plus anodine et on se souvient des recherches d'Yves Klein sur les couleurs de l'absolu. Outre la création du bleu outremer mat et très saturé qui l'a rendu célèbre (l'IKB ou International Klein Blue) et qu'il a appliqué sur de nombreux supports, l'avant-gardiste niçois s'intéressait également au rose, symbole du sang et de la chair, et à la couleur dorée. Ses monochromes appelés « Monogold », composés de feuilles d'or et de pièces de monnaie, symbolisaient pour lui l'accès à l'immatériel, l'absolu et l'éternité. « Le feu est bleu, or et rose, dit Klein ; ce sont les trois couleurs de base dans la peinture monochrome, et, pour moi, c'est un principe d'explication universel, d'explication du monde[7]. » Sa sculpture *Ci-gît l'Espace* au centre Pompidou à Paris est d'ailleurs constituée d'une dalle funéraire recouverte de feuilles d'or, d'une couronne en éponge IKB et de roses.

Quatre autres fleurs-ballons ont été créées par Koons : la fleur bleue se trouve à Berlin ; la magenta s'est vendue à Londres chez Christie's ; l'orange est chez un collectionneur privé ; quant à la rouge, qui appartient toujours à Koons, elle trône à New York devant le gratte-ciel qui abrite l'Académie des sciences dans le quartier du World Trade Center. La fleur-ballon obéit à une autre loi neuroesthétique que Ramachandran appelle la « litote ». Les théories de l'attention, en particulier visuelle, nous apprennent qu'il nous est difficile, voire impossible, de nous concentrer sur plusieurs choses à la fois en même temps, *a fortiori* chez un patient Alzheimer, et qu'il ne peut se dégager d'idées directrices dans une toile trop chargée ou hyperréaliste, car l'abondance de stimuli va surcharger notre cerveau et le distraire des points importants. Un célèbre clip vidéo réalisé à l'occasion d'une campagne pour la sécurité routière de Londres focalisait ainsi l'attention du spectateur sur un match de basket et, tandis qu'il comptait les passes entre les deux équipes s'affrontant, on a constaté qu'il n'apercevait même pas l'acteur déguisé en ours qui dansait le *moonwalk* de Michael Jackson au milieu des joueurs. Les hommes préhistoriques aussi l'avaient compris et les peintures rupestres sont des modèles d'ellipse, soulageant notre cerveau des détails inutiles. Picasso avouera avoir toute sa vie cherché à peindre comme un enfant et sa colombe stylisée nous touche plus que la photographie détaillée d'un manuel d'ornithologie. Dans son *Analyse de la beauté*, parue en 1753, le peintre et graveur anglais William Hogarth affirme que le principe de la beauté réside dans une simple ligne ondulée ou serpentine, baptisée par lui du nom de « ligne de beauté », chère à Michel-Ange, qui peut évoquer des courbes féminines ou celle des fleurs-ballons de Koons, et qui reste facilement identifiable par un cerveau vacillant.

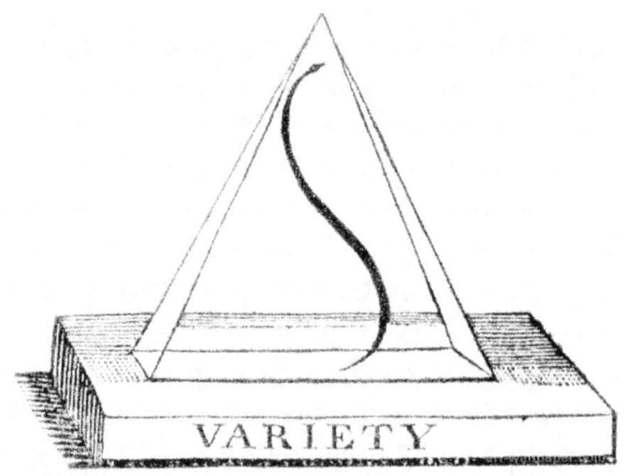

Un dernier point plus « phénoménologique » est peut-être lié au côté réfléchissant de l'œuvre, parfaitement lisse et polie en usine selon la volonté quasi obsessionnelle de son créateur. La fleur brille et reflète, tel un miroir, le monde qui l'entoure, en particulier le spectateur qui se voit dans l'objet contemplé – tel le Caravage devant sa tête de Méduse – et ne peut pénétrer au-delà de sa surface.

Dès ses premières réalisations en 1979, Koons installait des fleurs en plastique gonflables – symboles de l'innocence enfantine, de l'artifice et de sa précarité, mais aussi allégories sexuelles – sur des miroirs qui les multipliaient. Rappelons que l'artiste, dans sa grande générosité, a offert à la fondation Claude-Pompidou, une œuvre appelée *Miroir-Elephant*, issue de la série « Easyfun ». Cette dernière se compose d'une suite de miroirs monochromes aux couleurs vives, mêlant cristal, miroir, plastique coloré et acier inoxydable et figurant des silhouettes d'animaux, comme pour l'éléphant, ou un mélange de personnages de dessins animés, d'images tirées du marketing et de souvenirs de l'enfance. L'éléphant ressemble ainsi à une grosse molaire rose pourpre. Koons souhaitait un art facile, immédiat, amusant, loin de toute conception élitiste : « L'esthétique en tant que telle, j'y vois un grand discriminateur entre les gens ; elle fait qu'ils se sentent indignes de ressentir l'art. Ils pensent que l'art est au-dessus d'eux[8]. » L'éléphant, dont la mémoire est légendaire, a été vendu chez Sotheby's en 2009 près de 600 000 euros, intégralement reversés, selon la volonté de l'artiste, au profit de la création à Nice d'une maison d'accueil pour... patients Alzheimer !

Rothko et les sources inconscientes de la beauté

Mark Rothko, qui connaît la deuxième progression la plus importante dans notre enquête, n'a pas le côté apparemment superficiel et clinquant de Koons. Né Marcus Rothkowitz en Lettonie au début du XXe siècle, il a dû, à 10 ans, fuir les pogroms des cosaques. Il traverse les États-Unis en train pour rejoindre sa famille dans l'Oregon avec une pancarte autour du cou signalant qu'il ne parle pas la langue anglaise. Naturalisé américain, son approche est plus austère, appelant à la méditation. Si la contemplation d'un monochrome bleu d'Yves Klein vous immerge immédiatement en eau profonde pour peu que vous laissiez ouverte la moindre petite écoutille, il vous faut un peu de temps pour vous habituer aux vastes « champs colorés » de Rothko, fruits d'une évolution intellectuelle remarquable et d'une réflexion rigoureuse, qui va de l'interprétation des rêves de Freud aux archétypes de Jung, en passant par Nietzsche et la naissance de la tragédie grecque. S'attarder, s'approcher, s'éloigner, puis revenir vers la toile immense, sans cadre, ni frontière ni titre, sans aucune forme de description, à 45 centimètres précisément selon les vœux de l'artiste, et attendre silencieux, contemplatif, puis se laisser peu à peu aspirer par la couleur, envahir par sa brillance, happer par sa texture, sentir sa pulsation intérieure et s'y dissoudre avec la sérénité d'une expérience quasi mystique, au bord de l'extase et des limites de l'expérience humaine : voilà comment s'offrent au spectateur ces couleurs simplement posées sur la toile, en rectangles ou en bandes à bordures floues, prolongeant vers l'absolu les ultimes recherches de Monet sur les nymphéas, parvenant à une dimension spirituelle et verticale au-delà des mots et du temps.

Rothko se défendait contre les critiques décrivant son travail comme simplement décoratif : « Mon seul but est d'arriver à exprimer des émotions humaines fondamentales : la tragédie, l'extase, le découragement, et ainsi de suite, et le fait que des gens s'effondrent et se mettent à pleurer en présence de mes peintures prouve que je suis parvenu à leur transmettre ces émotions humaines fondamentales… Les gens qui pleurent devant mes tableaux ressentent la même expérience religieuse que j'avais en les peignant[9]. » L'ancien élève de l'école hébraïque de Dvinsk, l'admirateur de Fra Angelico et de Matisse, mettra fin à ses jours en 1970, happé par un rectangle noir sur fond noir, devenu rouge sur fond rouge, qui lui rappelait les fosses communes des bois de son enfance, là où les cosaques ensevelissaient les corps des juifs assassinés.

Le peintre disait aussi : « Et si je devais placer ma confiance dans quelque chose, ce serait dans la psyché du spectateur sensible, libre de tout modèle de pensée conventionnel. Je n'aurais aucune idée de la manière dont il pourrait user de ces images pour les besoins de son esprit. Mais tant que ces deux choses – le besoin et l'esprit – sont présentes, on est garanti qu'il y a un échange vrai[10]. » Serait-ce la raison pour laquelle les tableaux de Rothko, expressions abouties de l'enfant qui traversait en silence le continent américain avec autour du cou la pancarte signalant qu'il ne pouvait pas parler la langue du pays, méditations sur la couleur, la forme et l'espace, calmes mais si chargées émotionnellement, sont mieux perçues par les patients Alzheimer qui perdent eux aussi le langage, tout en restant longtemps sensibles aux émotions, que par la population générale ?

Rothko aimait profondément la musique. Elle représentait pour lui un besoin fondamental, non seulement source d'inspiration et de réconfort, mais d'exaltation, un langage universel pour les émotions, comme le pensait Schopenhauer, permettant l'expression de l'indicible. Il peignait lui-même en écoutant Mozart, qu'il pouvait aussi écouter des heures durant, allongé sur un canapé ; dans ses toiles abstraites, il cherche à en retrouver la puissance émotionnelle et métaphysique. Rothko souhaite que l'on se perde entièrement dans la couleur, qu'on en soit complètement imprégné comme avec la musique. Il trouve avec la maturité de son style une armature structurelle à ses toiles, équivalent pictural de la forme « sonate », plus ou moins symétrique, en trois mouvements, variant selon l'humeur les tensions chromatiques, les effets d'expansion ou de concentration des surfaces. Il considère que ses tableaux sont vivants. « L'art ne représente pas le visible, il rend visible », dit en écho Paul Klee dans son « Credo du créateur[11] » en 1920, témoignant de l'accès possible au monde intérieur, à l'esprit, à la spiritualité par l'art dont le but n'est pas une simple représentation du monde sensible, plus ou moins embellie, voire transfigurée. Refusant toute représentation du concret, Rothko fonde ce que l'on nomme l'« expressionnisme abstrait ».

Pendant près de vingt-cinq ans, de 1929 à 1952, Rothko a donné deux fois par semaine des cours de peinture et de modelage à des enfants de Brooklyn, émerveillé par leur créativité, leur spontanéité, leur simplicité et l'immédiateté de leur approche. Il a conclu à l'existence d'un sens inné de la forme qui doit se développer librement, sans carcan académique ni intellectuel. Plutôt que d'apprendre aux enfants à dessiner en premier, il préférait leur enseigner la couleur. La propre libération picturale de l'artiste sera influencée par l'art de ses petits élèves.

En soulignant le caractère inné du sens de la forme, Rothko rejoint la psychologie de la *Gestalt* théorisée en 1890 par le philosophe autrichien Christian von Ehrenfels qui s'inspirait de Goethe : notre cerveau est ainsi fait qu'il cherche un sens à tout ce qu'il perçoit, même involontairement. Il relie les étoiles par des lignes imaginaires : il inventera 88 constellations et les signes du zodiaque, s'il est occidental, et 280 s'il est chinois, et il les reliera à son existence. Dans la figure inventée en 1955 par Gaetano Kanizsa et reproduite ci-dessous, on distingue immédiatement un triangle blanc, qui pourtant n'existe pas. Il nous semble recouvrir et cacher en partie un autre triangle et des cercles noirs. Il s'agit en réalité d'une illusion d'optique qui nous montre comment nous créons de toutes pièces une forme dont nous inventons subjectivement les contours et comment nous l'interprétons en fonction de nos expériences antérieures ou de celles de nos ancêtres.

Un autre exemple célèbre est celui du d… de Gregory – l'avez-vous vu ? Sinon, attendez quelques dizaines de secondes et laissez votre cerveau regrouper les taches, hiérarchiser les informations…

Pour le professeur Ramachandran, déjà cité, la vue « s'est surtout développée dans le but de découvrir des objets et de faire échouer le camouflage[12] ». Repérer les taches du pelage d'un léopard à travers le feuillage de la savane, reconstituer l'animal et ne pas le confondre avec une girafe, revêtait quelque importance pour la survie de nos lointains ancêtres aux prises avec la sélection naturelle, déclenchant un comportement de fuite adapté. Inversement, entrapercevoir quelques fragments d'un corps laisse libre cours à l'imagination et se révèle souvent bien plus excitant qu'un nu intégral – d'où l'intérêt du voile... dans l'érotisme. Le concept d'oblitération (« cacher pour mieux montrer ») a été particulièrement développé par le peintre et sculpteur Sacha Sosno, théoricien de l'École de Nice, avec ses vastes panneaux dans lesquels se découpe une silhouette ou ses Vénus trouées – tête carrée aux arêtes, bustes dans le vide. Sosno cite volontiers le philosophe Emmanuel Levinas : « L'art d'oblitération, oui, ce serait un art qui dénonce les facilités ou l'insouciance légère du beau et rappelle les usures de l'être, les "reprises" dont il est couvert et les ratures, visibles ou cachées, dans son obstination à être, à paraître et à se montrer. L'oblitération interrompt le silence de l'image. Oui, il y a un appel, du mot, à la socialité, l'être pour l'autre. Dans ce sens-là, évidemment, l'oblitération nous mène à autrui[13]. »

Comme avec les étoiles réunies en constellations, nous finissons par percevoir au milieu des taches du dessin de Gregory (voir *supra*) des regroupements et la forme d'un dalmatien apparaît – vous l'aviez bien repéré, n'est-ce pas ? Ces derniers sont immédiatement mémorisés, vous ne les oublierez pas et les reconnaîtrez instantanément lors d'une seconde présentation. Il en est de même d'une musique : l'enchaînement des notes aboutit à la reconnaissance d'une mélodie qui sera mémorisée telle quelle, et non pas sous la forme d'une succession de notes isolées. La forme de la mélodie pourra d'ailleurs être transposée dans une autre tonalité et donc jouée avec des notes différentes, mais elle restera parfaitement reconnaissable, le tout étant différent et dépassant la somme des parties. Ehrenfels fut l'élève du philosophe viennois Franz Brentano, tout comme Husserl, qui inventa la phénoménologie, l'étude de l'« essence » des choses qui implique également l'idée de forme ; Freud aussi en a subi l'influence. Pour Brentano, nous ne percevons, à proprement parler, que des aspects des choses. Husserl, lui, parle d'esquisses, se succédant à l'infini et requérant une loi pour les unifier, et développe l'idée d'intentionnalité de la vie psychique, « opérateur d'anticipations » qui permet à l'esprit de combler les « blancs » ou « vides » de la perception pour constituer un objet intégral pour la conscience (comme dans le triangle de Kanizsa). Rappelons que Brentano était le neveu de Bettina von Armin, l'amie de Goethe, de Beethoven et de Schumann et qu'il doit son concept d'intentionnalité à saint Thomas d'Aquin et à son interprétation d'Aristote selon laquelle « l'art complète ce que la nature ne peut terminer[14] ». Schopenhauer le formule autrement : « Quelque chose, et sans doute la chose ultime, doit être laissé à faire à l'esprit. » Il serait logique, dès lors, que j'interrompe ici mon propos et vous en laisse deviner la suite. Mozart a-t-il volontairement laissé son *Requiem* inachevé ? Pourquoi les cathédrales, y compris la Sagrada Familia à Barcelone, ne sont-elles jamais tout à fait terminées ? Par volonté de leurs architectes ? Et pourquoi Michel-Ange ne finissait-il jamais entièrement ses sculptures ? « *Infinito* », disait-il, mais ne faut-il pas entendre « in-fini » ?

Ainsi les grandes toiles verticales de Rothko entrecoupées de lignes et de carrés colorés auraient à voir avec les paysages de la savane, la musique et les émotions primordiales. Le flou des limites des champs colorés rectangulaires et l'absence d'encadrement des toiles de Rothko leur confèrent un aspect non fini, non limité, laissant le champ libre à l'esprit et à l'imagination du spectateur. Le peintre avouera avoir peint des temples grecs toute sa vie sans le savoir, quand il découvre les proportions idéales des temples d'Héra à Paestum lors d'un voyage en Italie. Le visiteur assidu des antiquités grecques du Metropolitan Museum de New York se sent en pays de connaissance et il n'est pas étonnant que la section dorée, principe d'harmonie, d'esthétisme et d'architecture sacrée, se retrouve parfois dans ses tableaux les plus équilibrés. Si un rectangle possède un rapport de la longueur sur la largeur égal au nombre irrationnel « Phi » (comme Phidias et Fibonacci), soit environ 1,6 et que l'on trace un nouveau rectangle en retranchant la largeur de la longueur initiale, ce dernier possède les mêmes proportions, et ce jusqu'à l'infini…

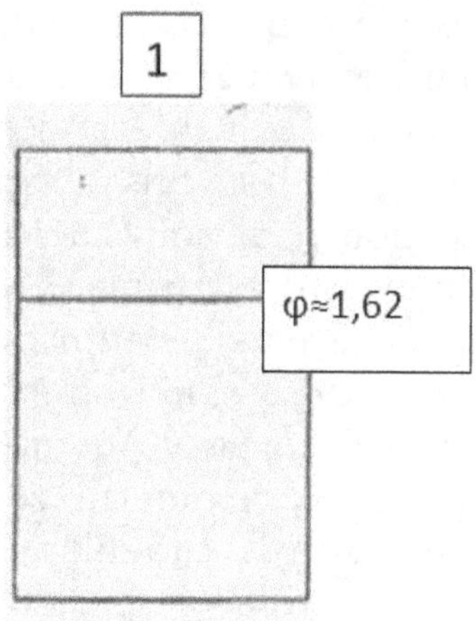

Découverte par le sculpteur grec Phydias qui vivait au temps de Périclès, cette proportion aurait été utilisée pour la construction du Parthénon, puis redécouverte à la Renaissance. Elle se retrouve également en musique, mais aussi dans la nature (pomme de pin, graines de tournesol, spirale de la coquille du nautile… ADN ?), dans la suite de Fibonacci et jusque dans… les proportions de la carte bleue ! La sensation spontanée de perception harmonieuse de cette proportion, parfois qualifiée de « divine », s'accorde avec l'idée du caractère inné du sens de la forme et avec la notion d'« essence » chère aux phénoménologues. Rothko, lui, préfère parler des « sources inconscientes » de la beauté que nos patients Alzheimer, « libérés » et délestés d'une partie de leur mémoire culturelle (dite sémantique), semblent avoir perçue plus facilement, accueillant généreusement Koons au point d'y suggérer un signe clinique et s'ouvrant à Rothko avec plus d'aisance que la population témoin. Avant d'envisager les données fournies par les neurosciences, la poursuite de notre enquête à la recherche des sources de la beauté va nous conduire à un retour aux origines.

CHAPITRE 3

Qu'en pensent les animaux ?

Au début était l'océan, limpide et transparent, accueillant petit à petit en son sein des êtres vivants, des archéobactéries, qui créèrent un pigment pour lui offrir ses premières couleurs. Celui-ci, photosensible, permet encore aujourd'hui aux algues de se nourrir de la lumière du soleil. On le nomme la « rhodopsine », du grec *rhodos*, « rose », et *opsô*, le verbe « voir » au futur. Tu verras la vie en rose… Tout un programme, parfaitement respecté par le pigment pourpre qui, plusieurs milliards d'années après, a colonisé la rétine de nos yeux et nous permet de voir le monde. Les algues cherchaient à capter la lumière pour la transformer en énergie ; le pigment, désormais tapi au fond de nos yeux, nous sert à transformer les photons qui le percutent en signaux électriques qui permettent à notre cerveau de voir la lumière. Nous pouvons ainsi observer, avec les yeux que nous a donnés l'océan, les algues qui semblent nous dévisager du fond des âges : voir, c'est être vu…

Voir, c'est être vu

Certains animaux nocturnes se contentent de ce type de vision lumineuse en noir et blanc mais, pour apprécier la beauté des algues et de la terre entière, la vision des couleurs est nécessaire. Elle sera assurée par d'autres pigments proches, qui se déclineront en bleu, vert et rouge chez l'homme et dont le savant mélange permettra la vision de toutes les couleurs de l'arc-en-ciel. Les femmes, comme les reptiles et les oiseaux, bénéficient parfois de la quadrichromie grâce à la présence de quatre pigments fondamentaux. Elles sont de toute façon mieux équipées génétiquement pour détecter les verts et les rouges portés par leurs deux chromosomes X, une chance pour les académiciens et les cardinaux si l'on en croit les travaux de l'ingénieur-jardinier Claude Gudin[1]. La plupart des mammifères se contentent de deux pigments ; certaines espèces d'oiseaux, comme les perruches, détectent eux jusqu'à cinq couleurs fondamentales et perçoivent les ultraviolets, nous reléguant au rang de pauvres daltoniens.

LES YEUX MYTHIQUES D'ARGOS

Avez-vous déjà vu un jeune paon mâle au printemps s'entraîner à faire la roue ? Rendant un hommage involontaire à Prévert, il se placera parfois devant une brouette ou le pneu d'un tracteur qu'il défiera, déployant en éventail les longues plumes multicolores de sa queue. Les agitant, il cherchera à écarter ses rivaux, espérant séduire la belle. La parade nuptiale ne serait pas complète sans le cri spécifique « Léon ! Léon », le ramage du paon étant tout aussi tape-à-l'œil que son plumage est bruyant. La paonne, plus discrète, cherche au contraire à se fondre avec prudence dans le paysage pour couver ses œufs en toute quiétude.

Les plumes de la queue du paon possèdent des « ocelles » ressemblant à des yeux qui nous hypnotisent. Elles sont en fait de couleur noire, mélanisée, et absorbent la lumière. L'absence de mélanine donne un animal albinos, blanc aux yeux rouges. La couleur qui apparaît à nos yeux résulte donc principalement de la diffraction de la lumière par des microlamelles parallèles présentes dans l'enchevêtrement des filaments qui composent les plumes ; elle dépend aussi de l'écartement entre celles-ci, minutieusement régulé, de l'ordre de la longueur d'onde, soit quelques dixièmes de micron. En inclinant une plume de paon dans un rayon de soleil, on peut voir dans ses yeux, dans un ocelle, un violet succéder à un bleu, un orangé à un jaune.

D'après la mythologie, ces yeux sont ceux du géant Argos, « celui qui voit tout » et qui en possédait cent, selon Ovide qui latinise son nom en Argus. La moitié dort, les autres veillent toujours. Redoutable gardien au service d'Héra, Argos est chargé par la déesse de surveiller Io, la maîtresse de son mari volage.

Zeus a transformé l'infortunée prêtresse en génisse blanche pour tenter de la cacher à la vue de son épouse et aux multiples yeux du géant, n'hésitant pas à se changer en nuage ou en taureau pour la rejoindre. Mais le géant Argos veille, jour et nuit, sur la captive. Hermès trompera sa vigilance en lui racontant des histoires et en lui jouant un air de flûte, il lui tranchera prestement la tête, libérant ainsi la jeune femme. Héra honorera la mémoire de son fidèle serviteur décapité en décorant de ses yeux multiples la queue du paon, son animal favori. Ainsi Argos nous observe encore quand l'animal se pavane sous nos yeux. Dans l'Odyssée, le chien d'Ulysse, couvert de tiques, abandonné sur le fumier, sera le seul à reconnaître son maître lors de son retour de la guerre de Troie dans sa patrie d'Ithaque, après vingt ans d'absence. La transformation du héros d'Homère en misérable vieillard ne trompera pas le fidèle animal qui lèvera la tête, dressera les oreilles et agitera la queue dès qu'il l'apercevra, mais, trop affaibli, le fidèle Argos, car tel est son nom, sera aussitôt enveloppé par les ombres de la mort.

LE REGARD DE LA MÉDUSE

On se souvient du regard de la Méduse, qui pétrifie ceux qui le croisent, et comment Persée réussit à retourner son arme contre elle en se servant comme d'un miroir du bouclier en bronze poli qu'Athéna lui a confié. Il lui coupe la tête avec la serpe d'Hermès, la même qui trancha celle d'Argus. Le Caravage la représente terrifiante et terrifiée, la chevelure transformée en serpents, le cou sanguinolent, les yeux écarquillés, la bouche hurlante et grande ouverte. Le visage de la Méduse est un auto-portrait du Caravage, peint en 1598 sur un bouclier de parade en bois de peuplier à l'intention du fondateur de la villa Médicis, le grand-duc de Toscane, Ferdinand Ier. Regardant sa peinture, le Caravage voit son reflet dans son œuvre, dans son autopor-trait en Méduse, comme dans un miroir. Il voit sa mort dans le regard oblique de la Gorgone, tout en survivant dans sa toile. Il se représentera bientôt sous les traits d'Holopherne se faisant trancher la gorge par Judith, de Goliath vaincu et décapité par un David triomphant qui tient son trophée à bout de bras par les cheveux, et Salomé embrasse la tête de saint Jean Baptiste déposée sur un plateau dont les reflets argentés résonnent avec le bouclier d'Athéna. Angoisse et castration ?

LE REGARD D'ARGUS

D'autres animaux possèdent des ocelles, des yeux factices qui servent à éloigner les prédateurs. Des reptiles comme le gecko diurne vert possèdent au niveau des pattes antérieures des ocelles sous la forme de taches noires cerclées de blanc. Au XVIIIe siècle, le naturaliste suédois Carl von Linné rendra hommage à Io, la maîtresse de Zeus transformée en génisse, se souvenant qu'elle est la fille du dieu fleuve Inachis, et nommera Inachis Io le papillon communément appelé « paon de jour ». Ses ailes repliées sont brunes et le rendent invisible au milieu des feuilles mortes, mais, si un prédateur s'approche, il les déploie brutalement avec un bruit de sifflement, exposant l'éclat félin de ses ocelles sur un fond rouge vif, pétrifiant l'oiseau perturbateur le temps de prendre la fuite. Les poissons papillons des récifs de l'océan Indien et du Pacifique en sont un écho sous-marin. Le poisson saint-pierre, ou *Zeus faber*, créé par Zeus, est également appelé « soleil » à Dunkerque à cause de sa couleur. C'est un poisson abondant que l'on retrouve sur l'étal des poissonniers, de l'Atlantique au vieux port de Marseille, où il peut mesurer plus de 60 centimètres de long selon l'humeur et l'imagination du pêcheur. Son corps est très aplati, de couleur marbrée, variant du vert au brun. Le saint-pierre possède un ocelle, grosse tache ronde et noire, plus ou moins marquée sur le flanc. Une légende raconte que saint Pierre aurait laissé cette empreinte sur le poisson en voulant retirer une pièce d'or que celui-ci avait dans la bouche. Des oiseaux également comme l'argus ocellé des forêts primaires d'Indonésie perpétuent la légende du géant aux cent yeux. Habituellement craintifs, discrets et solitaires, les mâles changent soudain de comportement peu avant la saison de la reproduction et se mettent à défendre farouchement leur territoire. Ils possèdent en effet une piste de danse privée qu'ils défendent bec et ongles contre l'intrusion de tout concurrent, de la même espèce ou non. Il s'agit d'une sorte d'arène pouvant atteindre 20 mètres carrés qu'ils réutilisent d'une année à l'autre, entretiennent avec soin, aplanissent, débarrassent méticuleusement de tout obstacle, déblayant cailloux, brindilles et autres débris végétaux en vue des rituels de la parade nuptiale qui commence dès le début de l'année. Lorsque le grand jour arrive, le mâle s'installe au centre de sa piste de danse rutilante, immobile, huppe déployée comme John Travolta dans *La Fièvre du samedi soir*, plumes du cou et de la gorge hérissées. Il émet des appels pendant de longues minutes « oo-kia-wau », avec une première syllabe lente et montante, les deux suivantes plus rapides et plus résonnantes dignes des Bee Gees. Il peut répéter son cri huit fois – « *Stayin' Alive* » ! Lorsque la femelle arrive, il entame une danse gracieuse, quelques pas sur le côté, huppe toujours déployée, s'approche de sa partenaire en étalant la queue, abondamment tachée d'ocelles, blancs et châtains avec des centres noirs, abaissant les ailes et la tête tout en tendant le cou vers l'avant, faisant vibrer l'ensemble de son plumage – « *Disco Inferno* »…

LE CAUCHEMAR DE DARWIN

Buffon écrit : « Si l'empire appartenait à la beauté et non à la force, le paon serait, sans contredit, le roi des oiseaux. » Pour Charles Darwin, par contre, le paon représente le pire des cauchemars. Il contredit sa théorie de l'évolution ! Un animal aux couleurs si voyantes, aux cris si facilement localisables, si maladroit à l'atterrissage et au décollage et courant aussi lentement, aurait dû disparaître depuis longtemps, mal adapté à son environnement et hautement vulnérable. Dans *L'Origine des espèces* en 1859, Darwin n'a envisagé que la sélection naturelle (compétition interespèces). En fait, il est tout simplement passé à côté de la sélection sexuelle (compétition intra-espèce). Lacune qu'il comble en 1871 dans son ouvrage *La Filiation de l'homme et la sélection liée au sexe*, acceptant désormais l'idée de l'évolution d'un attribut sexuel apparu au départ de façon arbitraire, prenant ensuite de plus en plus d'importance selon la pression du milieu et pouvant conduire à des formes aberrantes et des attributs plutôt encombrants (dent du narval, bois de cerf, queue de paon…). Le paon fait la roue, le hasard fait le reste. La couleur du plumage est un gage de bonne santé et souvent de virilité. Un oiseau malade ne se lave plus, son plumage se ternit, des parasites peuvent l'envahir, il n'absorbe plus les pigments alimentaires nécessaires. Un plumage bien coloré, des plumes lustrées mises en valeur par la parade nuptiale révèlent un reproducteur en pleine santé, riche en antioxydants et qui aura la préférence des femelles.

Il faudra donc savoir faire le beau, se pavaner, chanter et danser, lancer des parfums pour survivre et se reproduire ; cela se nomme l'esthétique évolutionniste, mais sans doute faisons-nous aussi parfois le paon uniquement pour le plaisir, pour activer les circuits neuronaux de notre système de récompense si nécessaire à nos motivations et à notre élan vital.

L'art de la séduction
(« Voulez-vous coucher avec moi ce soir ? »)

L'orchidée de Provence imite la forme, la couleur et les odeurs d'une abeille femelle, attirant le mâle qui, croyant féconder une partenaire aguichante, emporte son pollen qu'il dépose plus loin sur une autre orchidée tentatrice. D'autres fleurs imitent une guêpe, une mouche, voire un oiseau, ou se métamorphosent en une autre plante, imitent une roche. L'insecte trompé, se prenant pour Don Juan, va assurer involontairement la reproduction des fleurs, dont la beauté éclatante attirera plus tard un citadin en costume sombre qui les offrira à sa fiancée, espérant lui aussi séduire la belle avec son bouquet de sexes végétaux déployés, sans une pensée pour les abeilles. Peut-être y ajoutera-t-il un parfum, comme l'étourneau dépose une herbe aromatique dans le nid de sa belle, ou une friandise, comme la punaise avec une graine de figue enveloppée de salive. En cas d'échec, il se tournera vers d'autres sources de beauté, les voluptueuses play-mates du magazine *Playboy* ou quelques sites Internet spécialisés pouvant à défaut remplacer la chair par l'orchidée, les mâles étant décidément bien faciles à leurrer.

De la luminescence des poissons des profondeurs aux ten-tacules rayés de jaune et de bleu des pieuvres, aux couleurs flamboyantes des seiches géantes au rouge cardinal des écrevisses et du poisson combattant amoureux, des couleurs bigarrées des poissons séduisant femelles et aquariophiles à la couleur et aux odeurs des fleurs qui invitent à la cueillette, à celles des fruits et des légumes qui incitent à la palpation et à la dégustation, des plumes aux cris du paon, du faisan et du coq, des couleurs des oiseaux, alimentaires, par ingestion de pigments caroténoïdes, ou artificielles, par diffusion de la lumière dans leurs plumes, du pelage des félins ornés de rosettes, tout concourt à célébrer la beauté.

MUSIQUE !

Mais ce festival pyrotechnique ne serait pas complet sans la musique – « Viens voir les comédiens, voir les musiciens qui arrivent... » Percussions stridentes des cigales au grand soleil qui finissent par se synchroniser à l'heure de la sieste ; vibrations des ailes des mouches et moustiques ; croassements des grenouilles la nuit tombée accompagnés par les stridulations des grillons noirs qui se frottent les ailes, sans oublier le crabe violoniste avec son énorme pince en forme de Stradivarius rouge, les castagnettes des papillons d'Amérique du Sud, le sifflement des dauphins, les chants des oiseaux, langage analogique comme celui des baleines, qui renseigne et séduit la femelle, mais aussi certains musiciens comme Olivier Messiaen. L'appel printanier est d'autant plus apprécié par les femelles qu'il est puissant et difficile à produire, donc signe de bonne santé ; les chants de l'automne, ne répondant à aucun impératif biologique précis, seront plus musicaux, plus mélodieux et plus directement liés au simple plaisir du compositeur[2] : Caruso au printemps, Chopin à l'automne. Même les souris chantent[3]. Accéléré, ce chant ressemble à celui des oiseaux ; ralenti, à celui des baleines...

LE TANGO DES SCORPIONS

Et puis vient l'heure des danseurs, le flamenco des danseuses espagnoles, des mollusques gastéropodes aquatiques rouges et oran-gés dont la nage ondulatoire rappelle la robe des gitanes ; vient le ballet aquatique des méduses, des calmars et des seiches, les crabes et les crevettes bientôt rejoints par les perches bariolées, nage nuptiale. Panpan le chaud lapin, représente les rongeurs danseurs de claquettes. Il frappe le sol de ses pattes arrière, tel Fred Astaire : la lapine en ovule d'excitation. Au bal des débutantes, les coqs des rocheuses (gélinotte des armoises) déploient leur queue en éventail, plastronnent en gonflant leur sac œsophagien tels des danseurs mondains. Lors de son vol nuptial, la drosophile profite de sa chorégraphie aérienne pour susurrer un chant d'amour discret par frottement des ailes, annonçant les ballets des libellules et des éphémères. La grue du Japon, l'un des plus gros oiseaux du monde, danse sur ses longues pattes d'échassier en sautant autour de sa femelle, tenant longtemps chaque pose comme un danseur de Butô. C'est en général, à la tombée de la nuit, que la danse des scorpions s'effectue. Le mâle attiré par l'odeur de la femelle se présente, risquant à tout moment un coup de dard mortel. Il n'hésite pas à calmer l'agitation de sa belle en la piquant légèrement pour l'anesthésier d'un peu de venin. Le couple se fait face, se toise, puis, sans se quitter du regard, chacun redresse fièrement son aiguillon venimeux au-dessus de sa carapace noire. Le mâle saisit les pinces de la femelle pour la guider, l'entraînant dans une sorte de tango vénéneux, entrecoupé de haltes, qui peut durer quelques minutes à plus d'une heure. Pendant la danse nuptiale, le mâle recherche un endroit propice, une surface plate et lisse, afin d'y déposer discrètement son spermatophore, baguette de quelques millimètres qui contient les spermatozoïdes, qu'il colle subrepticement au sol. Le mâle poursuit ensuite astucieusement sa chorégraphie et dirige sa partenaire pour l'amener exactement au-dessus de ce spermatophore équipé d'une sorte de ressort qui lui permet de se projeter dans ses organes sexuels. « *Still loving you* », chantaient les Scorpions… Il n'est pas rare cependant que la femelle dévore le mâle à l'issue de cette virée nocturne sadomasochiste.

L'ARAIGNÉE VIOLONISTE

L'énorme araignée presque aveugle repose en négligé de soie au centre de sa toile, prête à bondir sabre au clair au moindre signal d'alerte, à la moindre vibration irrégulière transmise par les fils de son gigantesque hamac. Le mâle, dix fois plus petit, joue les funambules, risquant sa vie à chaque pas. Il tente d'amadouer la belle en lui apportant en cadeau une mouche empapillotée de soie qui l'alourdit et le gêne dans sa progression. Pour parvenir jusqu'à sa promise et la féconder il doit impérativement avancer d'une manière régulière, aérienne et rythmique, accomplissant une sorte de danse élégante qui le distingue de la frénésie d'un insecte pris au piège, jugeant de la distance qui le sépare de l'élue en fonction de la note plus ou moins aiguë émise par la longueur du filament restant à parcourir sur lequel il progresse avec la prudence la plus extrême. Le chercheur japonais Shigeyoshi Osaki a réussi à fabriquer des cordes de violon en tressant des milliers de fils de soie d'araignée. Il assure que le son obtenu est exceptionnel, profond, doux et cristallin.

LA DANSE EXTATIQUE DE L'ALBATROS

L'albatros des Galápagos pratique une danse moins risquée, plus aérienne et qualifiée d'« extatique ». L'oiseau dans sa jeunesse commence par valser avec de nombreuses partenaires puis une sélection progressive s'effectue jusqu'à ce qu'il n'en reste plus qu'une seule. Le couple est alors formé, généralement fidèle pour la vie. La parade nuptiale donne lieu tous les ans à des danses rituelles durant lesquelles les deux oiseaux développent leurs propres moyens de reconnaissance, se frottant le bec l'un contre l'autre, s'épouillant, claquant du bec, poussant des cris spécifiques… La parade amoureuse peut durer un bon quart d'heure, avec une chorégraphie fort complexe. Plus les couples se fréquentent, plus leurs gestes s'harmonisent au fil des années.

Les fous de Bassan pratiquent également une parade nuptiale élaborée avec une révérence. Chez les fous à pieds bleus du Pacifique, le mâle entreprend tout d'abord le tour de son territoire suivi d'un atterrissage spectaculaire au cours duquel il exhibe fièrement ses belles palmes bleues, continuant sa démonstration à terre d'un pas de l'oie appuyé, offrant à sa belle des fragments de matériaux. Pour la troisième phase de la parade précédant l'accouplement, les partenaires se tiennent en vis-à-vis, chaque oiseau pointant le bec vers le ciel et tournant les ailes de façon à en présenter le dessus, poignet vers l'avant. Le mâle pousse ensuite un sifflement strident auquel la femelle répond par des grognements. Les cinéphiles n'auront pas non plus manqué les exploits chorégraphiques des manchots empereurs.

LE FOU CHANTANT

Le jardinier de Lauterbach est un oiseau qui vit en Nouvelle-Guinée, dans les prairies de montagne, et fabrique d'extravagants berceaux ouverts tressés avec ingéniosité, pouvant mesurer 75 centimètres de long, un demi-mètre de large et presque autant de hauteur et qui ne contiennent pourtant pas de nid. Il recycle pour leur décoration des morceaux colorés de fleurs, plumes, mais aussi de rubans, capuchons de bouteilles, morceaux de verre cassé et même de la vaisselle et des ustensiles en plastique volés dans le voisinage. Il peint son intérieur en bleu avec une mixture de baies, d'écorce, de charbon, de salive et de terre en se servant d'une paille comme d'un pinceau. L'architecture sera d'autant plus élaborée que ses propres couleurs sont moins étincelantes, atteignant des sophistications inouïes tentant de compenser son manque d'éclat par son œuvre d'art pour séduire les femelles qu'il tente d'attirer pour sa parade. Avant de procéder à leur choix, celles-ci, prudentes, viennent visiter deux fois sa maison : une première fois seules, en l'absence du mâle ; la seconde fois lorsque le mâle est présent et qu'il accomplit les rituels de séduction. Les femelles les plus jeunes, celles qui sont dans leur première ou deuxième année de reproduction, sont un peu effrayées par leur partenaire potentiel. Elles seront donc surtout sensibles à ses biens matériels, au bling-bling, et se laisseront influencer par le standing de l'appartement, prenant prioritairement en compte les informations recueillies au cours de la première visite. Les femelles expérimentées, moins matérialistes, moins effrayées et plus avisées, effectueront surtout leur choix en fonction des qualités de la danse du futur partenaire qui les renseigne sur ses aptitudes physiques. Notre séducteur a donc plusieurs cordes à son arc, étalant aux yeux de sa dulcinée ses talents d'architecte, de peintre, de chorégraphe, ses capacités intellectuelles, artistiques et physiques. Au cours de la troisième visite, les dames ont suffisamment réfléchi. Elles pénètrent à l'intérieur du palais où les accueille habituellement leur Roméo la fleur (ou un autre objet décoratif) au bec. La danse d'accouplement sera aussi complexe que la construction du berceau : se raidissant sur ses pattes, Roméo ouvre grand ses ailes, siffle et se lance dans un numéro d'imitateur au cours duquel il reproduit des chants d'autres oiseaux de la forêt, de chiens qui aboient, de chevaux au galop, d'obturateur photographique, de tronçonneuse et autres bruits du voisinage. Dès que l'accouplement a eu lieu, sous l'œil de jeunes mâles non dominants qui se tiennent à distance et s'instruisent, les femelles quittent leur artiste à moitié fou et s'envolent rapidement vers la forêt proche pour y construire un nid très sobre où elles élèveront seules et au calme les oisillons. Après le départ de la femelle, le mâle entretient son berceau et continue son rituel de parade pour attirer une future partenaire. « *The show must go on...* »

GAY PRIDE

Ouvrons une parenthèse dans ce survol de la séduction animale et force est de constater que ce sont habituellement les mâles qui sont extravertis, chantent, se pavanent, affichent de somptueux accoutrements colorés et pratiquent la danse des sept voiles. Les femelles, plus discrètes et introverties, tentent de ne pas se faire remarquer des prédateurs et protègent leur progéniture. À quel moment ce type de comportement s'est-il inversé dans l'espèce humaine ? Pourquoi un homme qui s'affiche dans la tenue naturelle habituelle des mâles dominants des autres espèces donne-t-il l'impression de se rendre à la Gay Pride, à moins d'être convié à une réunion de hauts dignitaires ? Que signifiait le regard malicieux de Claude Lévi-Strauss essayant son habit vert d'académicien et découvrant dans un miroir son crâne couronné du célèbre bicorne ? Ses pensées allaient-elles vers les chefs des tribus de l'Amazonie ? Pourquoi les femmes actuelles appliquent-elles les recettes masculines animales de séduction pour augmenter leur sex-appeal ? L'accès à la conscience de soi par l'invention du miroir, initialement réservé aux femmes[4] et même interdit aux hommes pour les Grecs anciens, qui craignaient le sort de Narcisse en utilisant cet objet dépourvu de valeur virile, serait-il responsable de cette évolution paradoxale ? Le génie d'Yves Saint Laurent fut-il de rendre aux femmes leur féminité naturelle en se servant de codes que l'on croyait à tort masculins ?

Faut-il encourager
les échanges culturels ?

Distinguer Monet de Picasso implique la reconnaissance de multiples éléments allant de la palette des couleurs, aux formes, à la technique de peinture employée... Les rythmes, les structures mélodiques, les timbres constituent des indices permettant de distinguer Bach de Stravinsky. De la mémoire et de l'expérience sont nécessaires, mais ces dernières peuvent parfaitement se passer du langage pour l'amateur éclairé. Par analogie il sera capable de distinguer deux peintres ou deux musiciens, puis, par la suite, de généraliser ses acquis et de distinguer un peintre impressionniste d'un cubiste, un musicien baroque d'un romantique par exemple. La preuve en est que certains animaux, même très éloignés de notre espèce, sont capables d'une telle distinction.

DES PIGEONS AU MUSÉE

On sait que les oiseaux ont d'excellentes capacités visuelles et sont en particulier capables d'apprentissages, tels la reconnaissance sur une diapositive en couleurs de la présence ou non d'un humain, qu'ils sont sensibles à la symétrie des objets et peuvent parvenir à distinguer des concepts naturels, des objets, et même accéder à une certaine abstraction. En 1995, Shigeru Watanabe, professeur de psychologie à l'Université de Keio (Japon), et ses collègues en ont conclu qu'ils pouvaient tenter d'apprendre à huit pigeons (*Colomba Livia*) à distinguer Claude Monet de Pablo Picasso[5]. Les chercheurs prennent bien soin de préciser dans leurs articles que ces pigeons étaient « naïfs », c'est-à-dire totalement inexpérimentés sur le plan artistique, tout au moins en ce qui concerne les mouvements impressionniste et cubiste : la rigueur scientifique de l'étude ne sera donc pas contestée.

Les toiles présentées différaient par leurs couleurs, la netteté des contours et les « objets » représentés. Elles pouvaient être présentées avec une inversion droite/gauche du tableau et parfois carrément à l'envers, le haut en bas. Monet était représenté par dix tableaux s'échelonnant de la *Terrasse à Sainte-Adresse* (1867) au *Portrait de Madame Monet* (1870) en passant par les *Peupliers à Giverny* (1888), *L'Étang aux nymphéas* (1899), jusqu'au *Palazzo da Mula* à Venise (1908). Picasso affichait ses *Demoiselles d'Avignon* (1907), l'*Homme avec un violon* (1911), la *Baigneuse au ballon de plage* (1932), la *Femme nue au peigne* (1940), la *Femme nue couchée sous un pin* (1959) et cinq autres toiles représentatives, la période bleue ayant été exclue.

De petites vidéos complétaient l'éducation artistique des pigeons. Pour Monet, *Le Fleuve* (1868), *Impression, soleil levant* (1872), *La Gare Saint-Lazare* (1877) entre autres et, pour Picasso, des œuvres aux styles et contenus très variés, comme la *Femme avec éventail* (1908), la *Femme nue aux mains croisées* (1909), *Les Trois Musiciens* (1921) ou *La Danse* (1925).

Présentées en ordre aléatoire, les diapositives étaient projetées dans l'obscurité durant 30 secondes, avec un intervalle de 5 secondes entre deux images. La pièce n'était pas isolée phoniquement, mais, pendant l'expérience, des haut-parleurs diffusaient un « bruit blanc » d'une intensité de 70 décibels – à l'instar de la lumière blanche qui est un mélange de toutes les couleurs, le bruit blanc est composé de toutes les fréquences du spectre, chaque fréquence ayant la même énergie et pouvant servir à masquer les autres bruits. La moitié des oiseaux recevait des graines chaque fois qu'ils voyaient une peinture de Monet, mais rien quand il s'agissait d'un Picasso. Et réciproquement pour l'autre moitié des pigeons.

Cet apprentissage fut répété quotidiennement jusqu'à ce que les oiseaux obtiennent un résultat de 90 % au test durant deux jours d'affilée. Pour cette épreuve, on leur montrait les peintures au hasard, et ils devaient presser du bec sur une touche s'il s'agissait de leur peintre favori, ou ne rien faire dans le cas contraire. Après quelques semaines, les pigeons affrontèrent des tests plus délicats. On leur projeta les mêmes diapositives mais déréglées, volontairement floues, pour supprimer la différence d'épaisseur des traits des contours entre les deux peintres, ou monochromatiques, pour éliminer la distinction des couleurs utilisées par chacun. Cela n'affecta pas la capacité des oiseaux à distinguer les deux artistes. Les tableaux furent ensuite montrés inversés ou la tête en bas : les oiseaux reconnaissaient très bien Picasso dans ce cas, mais éprouvaient des difficultés quand il s'agissait de Monet, se repérant vraisemblablement aux objets réels représentés par l'impressionniste et à d'autres éléments pour le cubiste. Rappelons que Kandinsky aurait inventé l'art abstrait en voyant l'une de ses toiles accrochée à l'envers.

Les pigeons furent ensuite capables de distinguer de nouvelles toiles de Picasso et de Monet qu'ils n'avaient jamais vues auparavant et de généraliser en regroupant Monet, Cézanne et Renoir, d'une part, et Picasso, Braque et Matisse, de l'autre, mais ne sachant manifestement pas dans quelle catégorie ranger Delacroix…

En 1998, des universitaires hollandais répondent au travail de l'équipe de Watanabe en le critiquant, posant la question de savoir ce qu'un pigeon pouvait bien voir dans un Picasso[6]. Ils soulignent qu'il n'est pas possible d'envisager le fait que des pigeons puissent manipuler des concepts purement humains comme ceux de « cubisme » et d'« impressionnisme », ce dont on se doutait, et que leur difficulté pour classer Delacroix en est la preuve. Ils n'admettent comme catégorisation acceptable pour les pigeons que des classes « écologiques » par rapport à leur espèce. Par exemple : comestible/non comestible ; endroit pour construire un nid possible/impossible ; même sexe/autre sexe. Ils n'attribuent leur possibilité de discrimination entre les deux styles de peinture qu'à certaines de leurs caractéristiques : par exemple, pour les impressionnistes, la lumière ; les coups de pinceau ; les couleurs verdâtres et bleuâtres ; le contour flou des objets, facilement reconnaissables ; les sujets, essentiellement des paysages et des natures mortes. Les cubistes, par contre, se différencient nettement en montrant simultanément les objets sous différents angles, déformés et avec une palette de couleurs réduite, bruns et gris essentiellement. La critique hollandaise est acceptable et évidente, mais l'intérêt de l'étude de Watanabe est surtout de montrer qu'avec leur cervelle d'oiseau, les pigeons ont réussi à saisir des analogies entre les toiles des cubistes et entre celles des impressionnistes au point de reconnaître d'autres toiles des mêmes peintres et des œuvres d'autres artistes proches. Ils ne se sont pas contentés d'utiliser leurs capacités mnésiques, pourtant considérables – des pigeons formés pour trier des images par catégories peuvent facilement mémoriser des centaines de photos et les retenir pendant au moins deux ans. Watanabe et son équipe ont reçu pour ce travail le prix Ig Nobel, prix parodique (Ignobel se prononce « ignoble » en anglais) remis à

Harvard et qui récompense une découverte pouvant paraître inutile, ridicule ou nuisible, qui fait rire au premier abord, mais peut ensuite faire réfléchir.

Encouragé, Watanabe réitère en 2001 son expérience avec Van Gogh et Chagall[7], montrant à nouveau la possibilité pour ses pigeons, après une phase d'apprentissage, de reconnaître de nouveaux tableaux de ces deux peintres, y compris sur des photos en noir et blanc ou partiellement occultées, la discrimination devenant plus laborieuse lorsque les images sont transformées en mosaïque – mais le même résultat est obtenu avec une population humaine témoin. En 2010, il montre par un test similaire que les pigeons sont capables de distinguer parmi des peintures d'enfants celles qui avaient été jugées belles ou laides par des adultes[8].

Le scientifique japonais s'est aussi intéressé aux oiseaux et à la musique. Si Porter et Neuringer avaient étudié dès 1984 des pigeons pouvant distinguer Bach de Stravinsky, Watanabe réussit à montrer en 1999 que des moineaux de Java parviennent à différencier des extraits de Jean-Sébastien Bach et d'Arnold Schönberg, puis, dans une autre étude, d'Antonio Vivaldi *versus* Eliot Carter. Remarquons que, dans les tentatives de catégorisation menées chez les pigeons de Porter, ces derniers rapprochaient curieusement un concerto pour violon de Vivaldi de la musique orchestrale de Stravinsky plutôt que de l'orgue de Jean-Sébastien Bach, se référant sans doute plus aux timbres des instruments qu'au style musical. Les moineaux de Watanabe distinguent, par contre, Schönberg de Bach, qu'il s'agisse d'un morceau de piano ou d'un ensemble orchestral, mais l'expérience la plus insolite est bien celle de d'Ava R. Chase à Cambridge.

DES CARPES À L'OPÉRA

Apollinaire, mis en musique par Francis Poulenc, s'était déjà adressé aux carpes :

« Dans vos viviers, dans vos étangs,
Carpes, que vous vivez longtemps !
Est-ce que la mort vous oublie,
Poissons de la mélancolie ? »

À Cambridge, Ava R. Chase parvient, elle, à montrer que trois carpes koï, âgées de 7 à 11 ans et répondant aux doux noms de Beauty, Oro et Pepi, sont capables de distinguer entre le blues de John Lee Hooker et les concertos pour hautbois de Jean-Sébastien Bach ; elles réussissent ensuite à généraliser et même à reconnaître les mélodies à l'envers[9]. Les poissons vivent dans un milieu particulièrement bon conducteur pour les sons et il n'est pas surprenant qu'ils puissent faire preuve de capacités perceptives et cognitives sophistiquées pour les stimuli acoustiques à l'instar d'autres vertébrés. Les carpes koï, réputées peu loquaces (ne dit-on pas « muet comme une carpe » ?), sont de proches parents des poissons rouges. Ni les uns ni les autres ne sont connus pour communiquer en produisant des sons. Les deux groupes cependant possèdent une double chaîne d'osselets unissant leur vessie natatoire aux organes auditifs de leur oreille interne. Ces osselets, décrits en 1820 par Weber, proviennent des premières vertèbres qui se soudent entre elles et dont les éléments distincts, au nombre de quatre paires, forment une double chaîne unissant la paroi antérieure de la vessie natatoire à un diverticule endolymphatique de l'oreille interne pourvu de cellules ciliées, amplifiant ainsi la transmission des vibrations acoustiques et faisant de la carpe une mélomane potentielle. Sa perception musicale, compte tenu de sa bande spectrale, est analogue à celle que nous aurions en écoutant un concert au téléphone.

Dans l'expérience, la musique est diffusée par un haut-parleur sous-marin ; les fréquences en dessous de 200 hertz sont filtrées pour ne pas stimuler la ligne latérale des poissons, qui est sensible aux vibrations, permettant de focaliser l'étude sur les effets produits sur l'oreille interne. Lorsqu'elle reconnaît l'extrait musical, la carpe appuie de tout son corps sur un bouton au fond de l'aquarium, ce qui déclenche l'arrivée d'une récompense nutritive. Les extraits musicaux durent 30 secondes et sont séparés de phases de silence de 15 secondes, le morceau se poursuivant à chaque nouveau passage. Au départ, le même morceau est utilisé : *Blues Before Sunrise* pour J. L. Hooker et un concerto pour hautbois pour Bach ; puis l'ensemble du CD, puis d'autres CD du même compositeur puis des CD d'autres musiciens sont proposés, tant pour le blues que pour la musique baroque. Haendel, Vivaldi et des compositeurs classiques comme Mozart, Beethoven et même Schubert – avec son célèbre quintette *La Truite* – font

leur apparition, prouvant que les carpes ne se sont pas conten-
tées de retenir par cœur le premier morceau, mais qu'elles sont
capables d'en repérer des éléments leur permettant d'identifier
ensuite des morceaux analogues, de la même « catégorie ». Elles
éprouvent quelques difficultés à classer le *Concerto pour guitare* de
Vivaldi face à la guitare de John Lee Hooker, mais les difficultés
disparurent une fois le filtre 200 hertz basse fréquence activé,
quitte à le supprimer ensuite. La suppression de la différence de
timbre par la numérisation des sons (codage MIDI) perturbe les
performances qui restent tout de même valables. La mélodie du
24ᵉ Caprice de Paganini, repris par Rachmaninov sous la forme
de *Rhapsodie sur un thème de Paganini,* sera même reconnue jouée
à l'envers – performance attendue de la part des carpes dont une
variété se nomme « miroirs »...

CANULARS DE SINGES

En 1964, un artiste avant-gardiste français inconnu, Pierre
Brassau, crée l'événement en Suède à la célèbre galerie Christina de
Götenborg. Le critique d'art Rolf Anderberg s'extasie : « Brassau
peint avec des traits puissants, mais aussi avec une claire détermi-
nation. Son coup de pinceau se déroule avec une furieuse délicatesse. Pierre est un artiste qui peint avec la grâce d'un danseur
de ballet[10]. » Un esprit chagrin hausse les épaules : « Seulement
un singe aurait pu faire cela[11]... », et le canular est révélé : Pierre
Brassau est effectivement un chimpanzé nommé Peter qui réside
dans un zoo proche, à qui deux farceurs, un journaliste et un
artiste, ont confié de la peinture et des pinceaux. Le critique
d'art maintiendra son idée que les peintures du singe sont les
meilleures de l'exposition et un collectionneur en achètera une
pour 90 dollars. Un singe peut-il peindre ? La question paraissait
futile et sans intérêt jusqu'à la découverte à la fin des années
1950 d'une exposition en Angleterre consacrée aux œuvres de nos
proches cousins. Si la production des gorilles et des orangs-outangs
pouvait laisser sceptique, les qualités artistiques de Congo, un
chimpanzé particulièrement doué, paraissaient indéniables. Congo
n'était pas un singe comme les autres. Ses talents avaient été
découverts par Desmond Morris, le célèbre zoologue et éthologue britannique, auteur du *Singe nu* et du *Zoo humain* et peintre

surréaliste à ses heures. Offrant un crayon à Congo qui vivait au zoo de Londres et n'était alors âgé que de 2 ans, il place le singe devant un morceau de carton et observe. Le singe se met à tracer une ligne, s'arrête puis continue, encore et encore. Il arrive bientôt à tracer des cercles et affiche un sens certain pour la composition, en particulier pour la symétrie, complétant avec talent un dessin commencé par le zoologue, répartissant harmonieusement les couleurs avec une nette préférence pour le rouge et un manque d'intérêt pour le bleu. Il se met très vite à peindre dans un style qualifié d'« expressionnisme abstrait », produisant plus de 400 toiles et dessins entre 2 et 4 ans. Très concentré lorsqu'il peint, Congo est installé dans un siège pour bébé et tient son pinceau spontanément comme l'on tient un stylo. Il ne supporte pas d'être dérangé ou interrompu avant d'avoir terminé son tableau et se met en rage, hurlant, prêt à en découdre avec l'importun, refusant toute nouvelle commande tant que la précédente n'est pas achevée. Inversement il ne continue pas une œuvre qu'il estime avoir terminée même si vous le cajolez tendrement. Un critique enthousiaste commente dans le *Times* : « La composition sur papier, peinte le 31 octobre 1957, est peut-être le chef-d'œuvre de Congo. Construit autour d'une composition centrale pourpre, il propose une large gamme de noirs et vert pâle autour de la flambée des rouges comme des vautours autour d'une montagne. L'ambiance évoque Kandinsky, la réalisation en est profonde… tant qu'il s'agit de pigments, Congo est un puriste. » Le singe fait quelques apparitions à la télévision britannique dans une émission en direct du zoo de Londres présentée par Desmond Morris, mais il décède prématurément de tuberculose en 1964, à l'âge de 10 ans, comme tant d'autres artistes romantiques…

Les réactions du public et des critiques d'art furent globalement positives et Pablo Picasso l'apprécia au point d'accrocher un de ses tableaux dans son atelier. Desmond Morris raconte que lorsqu'un journaliste interrogea l'artiste catalan sur son intérêt pour l'œuvre de ce singe, Picasso sortit de la pièce, revint en se déplaçant et en balançant les bras comme un chimpanzé, puis se jeta sur le journaliste et le mordit. Salvador Dali aurait dit en chahutant l'inventeur de l'Action Painting : « La main du chimpanzé est quasi humaine ; celle de Jackson Pollock est totalement animale. » En juin 2005, des œuvres de Congo ont été vendues aux enchères en même temps que des Renoir et des Warhol ; elles ont créé la surprise, un collectionneur américain n'hésitant pas à en acheter trois pour plus de 26 000 dollars. Desmond Morris, qui a étudié une centaine de primates peintres, insiste sur l'importance de l'art des grands singes dans notre compréhension des origines de l'impulsion esthétique : « C'est le travail de ces grands singes, et non pas celui des artistes rupestres de la préhistoire qui peuvent vraiment être considérés comme représentatifs de la naissance de l'art[12]. » Le biologiste Julian Huxley, le frère d'Aldous, l'auteur du *Meilleur des mondes*, observa un jour un gorille qui traçait avec les doigts les contours de son ombre projetée sur le mur de sa cage à plusieurs reprises. Il publia le dessin en 1942 dans la revue *Nature*[13] « pour son intérêt intrinsèque aussi bien que pour sa possible relation avec les origines de l'art graphique humain ». Il se souvenait sans doute de Pline l'ancien qui raconte, dans le livre XXXV de son *Histoire naturelle*, la légende de la Corinthienne Dibutade qui inventa l'art du dessin en traçant sur un mur la silhouette du profil de l'ombre de son amant qui s'en allait pour un long voyage…

DU COQ À L'ÂNE

D'autres animaux s'illustrèrent dans la peinture. Au Japon, en 1806, le peintre Hokusaï gagne un concours organisé par le shogun Iyenari. Il se mesure à Bunchô Tani (1763-1840), dit Shazanro, qui représente l'école chinoise. Les concurrents devaient improviser une œuvre sous les yeux du jury. Hokusaï déroule un grand rouleau de papier sur le sol sur lequel il dessine de grandes boucles bleues représentant une rivière. Il enduit ensuite les pattes d'un coq de peinture rouge et le laisse courir sur la toile, expliquant que ces traces représentent des feuilles d'érable rouge descendant la rivière. On se souvient de l'écrivain et journaliste Roland Dorgelès, espiègle et futur membre de l'académie Goncourt, qui, en 1909, n'appréciait pas l'avènement du cubisme. Pour ridiculiser Picasso, Juan Gris et leur mouvement naissant, il invente un peintre « futuriste » génois, Boronali, en accrochant un pinceau à la queue d'un âne, lequel barbouille de diverses couleurs une toile intitulée *Coucher de soleil sur l'Adriatique*. Celle-ci est exposée au Salon des indépendants de 1910 avant que la supercherie ne soit révélée : l'auteur Boronali était en fait une anagramme d'Aliboron, l'âne du patron du célèbre cabaret de Montmartre Au Lapin agile, fréquenté par Dorgelès et Picasso, et appelé ainsi en hommage aux fables de La Fontaine...

TROMPERIES D'ÉLÉPHANTS

Tillamook Cheddar, un jack russel terrier, est ce chien artiste qui officie à Brooklyn avec ses griffes. Des perroquets, des dauphins tentent aussi de percer, mais les éléphants ont un talent indéniable. Les gardiens de zoo savent que tous les pachydermes de temps à autre ramassent un bâton ou une pierre et dessinent sur le sol. En 1982, un journaliste et un gardien de zoo ont montré à un professeur d'art réputé de l'Université de Syracuse un ensemble de dessins réalisés par Siri, une éléphante d'Asie de 4 tonnes, sans lui révéler l'identité de l'artiste. L'éléphante dessinait pour le plaisir, avec un crayon et du papier, et non pas dans l'attente d'une récompense ni instrumentalisée par son gardien comme le coq d'Hokusaï. Le spécialiste de l'art abstrait a évalué ses œuvres, admirant l'équilibre des compositions, et déclaré : « Ces dessins sont très lyriques, très, très beaux. Ils sont manifestement pleins d'assurance, de conviction et de tension, l'énergie est si compacte et si contrôlée, c'est tout simplement incroyable... Ce dessin montre une parfaite maîtrise des mécanismes qui provoquent des émotions... Je n'ai jamais obtenu un tel résultat avec la plupart de mes élèves[14]. » Après avoir appris l'identité du créateur qu'il voyait comme une femme s'étant intéressée à la calligraphie asiatique, le professeur déclarera : « Notre ego en tant qu'êtres humains nous a empêchés pendant trop longtemps d'envisager la possibilité d'expression artistique chez d'autres espèces. » En 1984, ces dessins ont été envoyés au célèbre peintre abstrait Willem de Kooning. Celui-ci, très impressionné, les a trouvés « pleins d'intuition, d'aisance et d'originalité », avant d'ajouter, stupéfait d'apprendre quelle créature en était l'auteur, « cet éléphant a un talent d'enfer ». En 1997, un Californien, Richard Lair, s'est associé à deux artistes afin d'apprendre à des éléphants retraités thaïlandais à peindre avec leur trompe, de façon à sensibiliser l'opinion sur le sort des éléphants d'Asie en voie d'extinction. Le projet est devenu une organisation caritative influente, basée à New York, qui gère un marché international de l'art d'éléphant – le tableau d'une éléphante du zoo de Phénix en Arizona s'est vendu à 25 000 dollars chez Christie's. Les peintures sont le plus souvent abstraites mais peuvent parfois représenter des objets quotidiens, en particulier des fleurs ou... des éléphants, ce qui n'est pas surprenant, car on sait que cet animal, comme le dauphin, à conscience de soi et passe avec succès le test du miroir (dans lequel il se reconnaît). Les professeurs aident parfois leurs élèves à commencer une œuvre ; d'autre fois, les créations sont spontanées. Les œuvres de Sela, âgée de 23 ans, ont été comparées à celles de Willem de Kooning et de Jackson Pollock. D'autres critiques pensent qu'il ne s'agit là que de formes et de couleurs jetées au hasard sur la toile et que les hommes, confrontés à un assortiment agréable de formes abstraites, ont une incroyable propension à y trouver du sens et à y prendre plaisir.

EN EST-IL DE MÊME POUR LA MUSIQUE DES ÉLÉPHANTS ?

Peut-être serez-vous fasciné par l'audition de quatorze mastodontes frappant sur des tambours surdimensionnés, des xylophones et des cymbales et pesant plus de trois fois le poids de l'orchestre philharmonique de Vienne au complet, ou peut-être trouverez-vous le concert ennuyeux. En tout cas, au printemps 1999, partant du principe que si les éléphants aimaient écouter de la musique, ils devraient aimer en jouer, Richard Lair poursuivant son exploration du talent artistique des éléphants s'est associé au compositeur Dave Soldier pour construire des instruments adaptés aux pachydermes, leur apprendre à en jouer et fonder en Thaïlande un orchestre d'éléphants. « Les éléphants ont un excellent sens du rythme, ils apprennent à jouer vite, en quelques heures, et certains arrivent même à improviser[15] », explique Soldier. L'orchestre a produit plusieurs albums, *Thai Elephant Orchestra* et *Rhapsodies Elephonic*, sorti en 2002 et 2005, ainsi que *Water Music* en 2011 ; il se produit régulièrement au Thai Elephant Conservation Center à Lampang, en Thaïlande. « Les éléphants ne reçoivent pas d'instructions sur leur façon de jouer. Le chef d'orchestre indique seulement le début et la fin du morceau improvisé, précisant parfois en montrant ses doigts le nombre de fois où les animaux doivent frapper d'un instrument[16] », précise Lair. Son acolyte, Dave Soldier, est un musicien américain accompli né dans le sud de l'Illinois en 1956, bercé par le blues, la country et le R&B. Ses icônes s'appellent James Brown et autres *soul men* comme Isaac Hayes.

Formé par la suite à la musique classique, Soldier joue du violon, de l'alto, du piano et de la guitare. À New York, il se met à la salsa et au jazz. Il crée des instruments pour des oiseaux mandarins, des chimpanzés pygmées, il improvise avec des enfants de Brooklyn, de Harlem ou du Guatemala, monte un quartet à cordes qui mixte les genres et les cultures, du blues du delta du Mississippi à la musique sérielle, en passant par Haydn et Beethoven, il crée des opéras, des musiques de chambre, des musiques de film (*Basquiat* de Julian Schnabel) et s'intéresse à la musique arabo-andalouse et sépharade avec un groupe baptisé The Spinoza's. Peu de gens savent que Soldier, dont la vie paraît pourtant bien remplie, est sous sa véritable identité David Sulzer un éminent neurobiologiste et qu'il ne se contente pas de diriger un orchestre d'éléphants mais qu'il tient également un laboratoire de recherche performant à l'Université de Columbia. Spécialisé dans le rôle des synapses dopaminergiques dans la consolidation de la mémoire, l'apprentissage et le comportement et dans le fonctionnement des circuits cérébraux de la récompense et du plaisir, Soldier/Sulzer s'intéresse aux pathologies qui découlent de leur dysfonctionnement : Parkinson, schizophrénie, autisme, toxicomanie. L'orchestre des éléphants a attiré un autre célèbre neurobiologiste en Thaïlande, Aniruddh Patel de l'Université de San Diego, spécialisé dans le cerveau musical et les liens entre musique et langage. Celui-ci s'est tout particulièrement attaché à Pratidah, le batteur vedette de l'orchestre « Qu'elle joue du tambour seule ou avec l'orchestre, Pratidah reste remarquablement stable[17] », note-t-il. Le plus intriguant, c'est que, quand elle joue avec les autres éléphants, elle adopte un rythme de type swing, longue/brève un jour et un rythme brève/longue un autre jour. Une, deux, une, deux, en avant ! Voici *La Marche des éléphants* emmenés par le colonel Hathi, sous l'ombre bienveillante de Rudyard Kipling et de l'oncle Disney !

Il paraît donc évident que les animaux sont sensibles à la beauté, qu'elle est essentielle à leur vie affective, à leurs comportements de séduction, mais qu'ils peuvent également en retirer du plaisir et se montrer capables de créations originales qui peuvent nous toucher. Ils perçoivent des analogies entre certains courants artistiques et styles musicaux, même avec un cerveau de poisson ou d'oiseau. Comment ne pas espérer que ces facultés archaïques puissent longtemps persister dans notre cerveau humain et nous permettre de continuer à aimer la vie, voire à la transcender, au-delà des ravages du temps ou des maladies neurodégénératives ?

CHAPITRE 4

L'apport des neurosciences

La neuroesthétique constitue une tentative d'approche scientifique, notamment par des techniques expérimentales issues des neurosciences, des perceptions et des expériences esthétiques sur un plan neurologique. Le mot « esthétique » vient du grec αίσθησις qui signifie « sensation » ; l'absence de sensations sera donc l'« anesthésie ». L'expérience esthétique présuppose ainsi un mécanisme physiologique à l'origine de l'état mental permettant d'apprécier la beauté, et non l'inverse. Son étude a pourtant longtemps été l'apanage des philosophes depuis la *Poétique* d'Aristote ; elle devient ensuite celle des psychologues avec la « révélation » nocturne de Gustav Fechner qui invente la « psycho-physique » dans un demi-sommeil le 22 octobre 1850, gommant l'habituelle distinction platonicienne entre « choses sensibles » et « choses intelligibles » et annonçant la psychologie expérimentale. La loi dite de Weber-Fechner selon laquelle « la sensation perçue varie proportionnellement au logarithme de l'intensité d'excitation » établit, en effet, un parallélisme entre l'esprit et le corps, manifestement influencé par la philosophie de Baruch Spinoza pour qui matière et esprit sont indissociables, comme les deux faces d'une même médaille. Il faut cependant attendre 1999 et le développement des moyens d'investigation des neurosciences pour que Semir Zeki[1], professeur à l'University College de Londres, « invente » la discipline scientifique de la neuroesthétique. Spécialisé dans le fonctionnement du cerveau visuel et, en particulier, dans sa capacité à détecter des constantes, c'est-à-dire des propriétés immuables d'objets ou de situations, Zeki va développer des idées qui se rapprochent de celles des phénoménologues : le cerveau, comme l'artiste, doit éliminer les informations qui ne sont pas essentielles pour parvenir à percer le caractère propre des objets, leur « essence » et ainsi parvenir à une véritable connaissance du monde, s'approchant au plus près des sources inconscientes de la beauté chères à Rothko.

Bien entendu, le caractère subjectif de l'expérience esthétique a conduit à une grande hétérogénéité de résultats dans les études visant à clarifier les corrélats neuraux qui y sont associés. La distinction, par exemple, entre la beauté supposée d'une œuvre d'art et les émotions qu'elle procure a été mentionnée (voir chapitre 1) et le philosophe allemand Baumgarten à qui l'on doit le terme d'« esthétisme » au XVIIIe siècle voulait déjà souligner par son néologisme que l'idée du beau est une notion confuse qui s'oppose à la logique. Demander à un patient de ressentir une émotion esthétique engoncé dans un appareil d'imagerie fonctionnelle est, par ailleurs, aussi difficile que de proposer dans les mêmes conditions à une sœur carmélite de se souvenir d'une expérience mystique – cela a tout de même été réalisé à Montréal[2]... De plus, il n'est pas concevable d'explorer par ces procédés un artiste en phase de création. Malgré ces obstacles, les neurosciences, en permettant l'enregistrement rigoureux de nos réponses physiologiques à la base de nos émotions esthétiques, ont percé quelques secrets de notre cerveau artistique.

Un tableau qui vous regarde ?

On sait aujourd'hui que l'information sensorielle est analysée par la partie la plus « élaborée » de notre cerveau, l'écorce ou cortex cérébral, en fonction des informations mémorisées, mais les circuits plus anciens, en particulier ceux des émotions, du plaisir et de la récompense, interviennent simultanément. Pour en savoir plus, Oshin Vartanian et Vinod Goel[3] du département de psychologie de l'Université de Toronto au Canada ont tenté d'établir des corrélations anatomiques pour les préférences esthétiques en peinture, à l'aide d'une technique d'imagerie fonctionnelle par résonance magnétique. Cette technique permet de visualiser l'activité des zones du cerveau stimulées en mesurant les variations locales du flux sanguin. Dans cette expérience, 12 droitiers, dont 10 femmes, âgés d'environ 30 ans, regardent pendant seulement 6 secondes des reproductions de tableaux figuratifs et abstraits.

Ces derniers sont également présentés de façon « altérée » par déplacement d'un élément de la composition. Par exemple, dans la toile de Van Gogh *Les Premiers Pas* (inspirée de Millet), le père agenouillé qui tend les bras vers son enfant qui apprend à marcher est plus près de lui ; un porc facétieux passe de la droite à la gauche de son gardien dans un tableau de Gauguin ; un point blanc central dans une toile de Kandinsky migre vers la droite ; la porte noire d'un tableau d'O'keeffe est translatée à gauche… Les œuvres sont également présentées « filtrées » et « floutées » par modification des couleurs.

Les sujets, qui ont pour mission de coter les œuvres présentées de 0 à 4, montrent une préférence pour les œuvres figuratives et pour les versions originales. Ils prennent très rapidement leur décision et rejettent une œuvre en à peine plus de 2 secondes en moyenne – ce qui donnera froid dans le dos aux artistes informés (seulement 2 secondes pour retenir l'attention et ne pas être éliminé !). Les spectateurs se décident néanmoins « plus lentement » et prennent 1 ou 2 secondes supplémentaires pour affirmer que le tableau leur plaît (seulement, 4 secondes pour convaincre !). Les œuvres avec les couleurs « filtrées » ont moins de succès, mais l'écart est moins grand dans l'art abstrait. De façon très schématique, on observe, lorsque le tableau plaît, une activation plus importante des zones situées à l'arrière du cerveau, dans le lobe occipital, zones impliquées dans le décryptage des informations visuelles, comme si le cerveau attentif augmentait la luminosité, le contraste, les couleurs pour profiter plus intensément de l'œuvre qui le séduit… On se souviendra peut-être qu'il en va de même avec la musique qui, lorsqu'elle plaît, active de façon plus intense les zones temporales du cerveau responsables de la détection des sons[4]. Mais voir, c'est être vu, car sont également activées avec les tableaux des zones impliquées dans la reconnaissance des visages (gyrus fusiforme bilatéral), ce qui incite à considérer l'œuvre d'art comme une personne ou son émanation, mais également à relier la vision d'un visage aimé à une émotion esthétique et à placer les comportements de séduction à l'origine du sentiment du beau dans une perspective évolutionniste comme le suggère l'étude des comportements animaux dans notre chapitre précédent. Enfin, sont concernés le cervelet et des circuits impliqués dans les émotions (sillon cingulaire gauche). Dans le cas contraire, lorsque l'œuvre est rejetée, on observe une baisse d'activité des circuits impliqués dans le plaisir et la récompense. Ici encore, je me permets de renvoyer le lecteur à mon précédent ouvrage consacré au cerveau musicien, car on note, pour une musique plaisante, une activation des circuits de la récompense avec, en plus, une activation des circuits de la mémoire de travail (lobes frontaux) témoignant du caractère temporel de la musique et de la nécessité de mémoriser quelques mesures d'une phrase musicale pour l'apprécier pleinement[5]. Kawabata et Zeki[6] ont montré, en soumettent diverses peintures à l'appréciation de sujets (paysages, portraits...) et en leur demandant de les classer en « beau », « neutre » ou « laid », une diminution de l'activité du cortex orbito-frontal quand les œuvres ne sont pas appréciées. Cette partie du cerveau située en avant, juste au-dessus des cavités orbitaires, joue un rôle dans les prises de décision, les émotions et leur souvenir, les circuits de la récompense et du plaisir ; elle joue vraisemblablement un rôle à la fois activateur et inhibiteur dans le contrôle des processus esthétiques créatifs ou réceptifs. Nous en reparlerons plus loin, dans le cadre des atrophies frontotemporales, mais signalons accessoirement ici son implication initiale dans le goût et l'odorat, la texture et la reconnaissance des aliments, peut-être à l'origine de l'apparition de la gastronomie, qui constitue également une sorte d'esthétique impliquée dans l'évolution...

Neurosciences et nombre d'or :
beauté subjective et objective

En 2007, Cinzia Di Dio, professeur de neuroesthétisme, se lance avec Giacomo Rizzolatti, professeur de physiologie à Parme et découvreur des neurones miroirs en 1992, à la recherche de fondements biologiques objectifs du sens de la beauté, pourtant réputé hautement subjectif. Rappelons que les neurones miroirs constituent la découverte en neurosciences la plus spectaculaire de la fin du XXe siècle. Ils constituent un ensemble de cellules du cerveau qui s'activent « en miroir » lorsqu'un sujet observe un autre individu en train d'exécuter une action, permettant ainsi l'apprentissage par imitation, mais aussi la vie sociale et l'empathie, en collaboration avec d'autres zones du cerveau impliquées dans la théorie de l'esprit, en particulier la région de l'insula. Cette région frontière est en relation, d'une part, avec le cortex cérébral – l'enveloppe du cerveau, très évoluée, à laquelle appartiennent les neurones miroirs – et, d'autre part, avec les régions profondes, plus anciennes, impliquées dans les émotions. La « théorie de l'esprit » tente d'expliquer comment nous pouvons comprendre les autres et ressentir leurs émotions. Elle peut s'appliquer aux œuvres d'art, puisque ces dernières sont perçues, nous l'avons vu, comme des êtres vivants et que l'émotion esthétique s'inscrit, entre autres, comme l'aboutissement d'un processus évolutif lié à la séduction.

Les chercheurs vont s'intéresser à l'impact des proportions idéales définies par l'Antiquité et la Renaissance sur notre cerveau[7] et générées pas la connaissance du nombre d'or. L'expérience consiste à présenter à 14 sujets, volontaires et dépourvus de culture spécifique, des chefs-d'œuvre de la sculpture antique et de la Renaissance dans leur version originale ou légèrement déformés, et à étudier la réponse de leur cerveau en imagerie fonctionnelle dans trois conditions : lors d'une simple observation comme dans un musée ; lors d'un jugement esthétique personnel ; enfin, lorsqu'il faut apprécier la qualité des proportions des œuvres. Rappelons ici que les canons de la beauté classique respectent la proportion « dorée » : si la distance entre l'ombilic et la plante des pieds est de 1 unité, la distance entre l'ombilic et le sommet de la tête doit alors être d'un peu plus de 0,6 unité pour que le rapport entre la taille du sujet et la distance de l'ombilic au sol soit d'environ 1,6 (nombre d'or). En outre, la même proportion « dorée » se retrouve dans le rapport entre la distance ombilic/sol et genou/sol.

Dans l'expérience en question, on constate que les proportions idéales sont perçues comme telles par l'ensemble des sujets ; en revanche, si le segment supérieur ou inférieur est trop long ou trop court, la sculpture est spontanément jugée laide par les deux tiers d'entre eux.

On observe aussi que l'insula, très impliquée dans l'empathie, s'active naturellement (surtout à droite) devant les sculptures originales, celles qui respectent les canons classiques, et qu'elle est moins sensible aux sculptures moins bien proportionnées – grands torses ou longues jambe. L'amygdale (surtout droite), formation ovalaire située dans les profondeurs du cerveau (à ne pas confondre avec l'amygdale des ORL !), qui est en rapport avec les circuits profonds des émotions négatives (peur) ou positives et les circuits de la mémoire des émotions, s'active quant à elle devant les sculptures subjectivement jugées belles[8] – cette même amygdale s'activera d'ailleurs, et c'est cohérent, lors de l'écoute d'une musique dissonante alors que l'insula interviendra davantage lors d'une écoute musicale perçue comme harmonieuse.

Au vu de ces résultats, les chercheurs placent donc la beauté « objective » dans le circuit cortical évolué et l'insula (« route du haut ») activés par les stimuli extérieurs. La beauté « subjective » concerne de son côté l'amygdale et les circuits des émotions façonnés par les expériences personnelles (« route du bas »). Ces deux circuits fournissent une explication aux différences constatées entre le jugement esthétique (route du haut) et l'émotion esthétique (route du bas) dans l'étude publiée par la revue *Beaux Arts Magazine* (chapitre 1). On comprend mieux aussi, à partir de l'existence de ces deux circuits, l'évolution des préférences esthétiques chez les patients Alzheimer (chapitre 2), la « route du bas » étant plus solide, en particulier au cours de cette maladie d'Alzheimer qui atteint en premier les circuits de la mémorisation et le cortex cérébral.

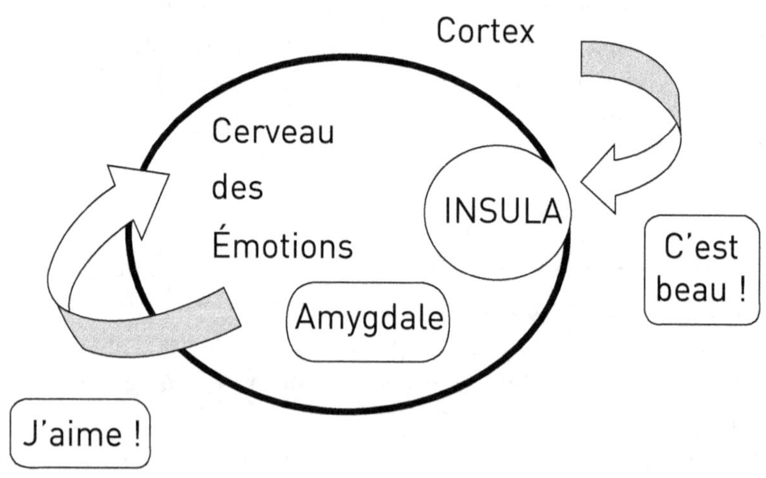

Des conséquences des différentes manières d'appréhender l'espace par les femmes et par les hommes

Les neurosciences ont également montré l'implication d'autres structures et circuits neuronaux dans le fonctionnement du cerveau artistique et tenté d'en décrypter le sens en analysant en particulier leurs liens éventuels avec l'évolution. Le lobe pariétal, très impliqué dans la perception de l'espace, a naturellement constitué la cible de plusieurs études d'autant que sa position est stratégique : c'est lui, en effet, qui analyse les informations venues du lobe occipital (en arrière), qui décode les données visuelles et qui les transfère vers le lobe frontal (en avant) – lequel agira sur le monde en conséquence. Lorsque le lobe pariétal de l'hémisphère cérébral droit est lésé, par exemple par un accident vasculaire cérébral ou une tumeur, le malade peut ignorer la moitié de l'espace controlatéral et ainsi présenter une « héminégligence spatiale » gauche, ne consommant par exemple que les aliments situés dans la moitié droite de son assiette et oubliant de lacer sa chaussure gauche (dans les cas extrêmes, il peut même considérer comme étranger son hémicorps gauche paralysé). Enfin, la taille du lobe pariétal, comme celle du lobe frontal, a augmenté plus vite que d'autres régions du cerveau au cours de l'évolution des primates.

Une équipe de chercheurs espagnols, emmenée par un agrégé de philosophie[9], a entrepris de mettre en évidence l'activation différente des cerveaux masculins et féminins face à des choix esthétiques visuels artistiques et naturels, en enregistrant des variations de champs magnétiques cérébraux (magnétoélectroencéphalographie). À cette occasion, elle a observé une activation *bilatérale* des lobes pariétaux chez la femme 300 millisecondes environ après l'exposition au stimulus plaisant, alors que seul le *côté droit* était intéressé chez l'homme. Les chercheurs relient les résultats de cette expérimentation neuroesthétique aux différentes stratégies façonnées par l'évolution pour utiliser l'espace chez les hommes chasseurs et les femmes cueilleuses. Les femmes, en se servant de leurs deux lobes pariétaux pour se repérer dans l'espace, auraient tendance à être plus conscientes que les hommes des objets autour d'elles – ce qui constitue un atout indéniable pour localiser des fruits savoureux, mais également pour repérer des objets sans rapport avec la tâche en cours et pour établir facilement des liens entre eux. Ne se servant que de la partie droite de leur cerveau, les hommes auraient davantage recours, et depuis longtemps, aux concepts de distance et de points cardinaux, ce qui les rendrait plus performants pour s'orienter dans leurs déplacements (à la recherche du gibier ?), les femmes se référant davantage au souvenir de l'emplacement de leurs points d'intérêt (pour la cueillette ?). En tout cas, cette utilisation moins latéralisée et plus globale du cerveau par les femmes se retrouve de nos jours dans leurs choix esthétiques visuels, mais aussi dans d'autres domaines, en particulier le langage. Elle pourrait fournir une explication à la nette prédominance masculine dans la population dyslexique laquelle éprouve plus de difficultés à mobiliser d'autres régions cérébrales pour compenser son déficit. De là à en conclure que l'évolution « sexuée » du fonctionnement de la spécialisation du lobe pariétal dans la perception de l'espace rend naturellement les femmes plus à l'aise pour le shopping ou le rangement et les hommes pour la conduite automobile...

Retour à l'infinito
et à l'art de l'oblitération

Les Canadiens de Toronto[10] ont également montré en imagerie fonctionnelle une activation du lobe pariétal au cours d'expériences esthétiques pendant lesquelles les participants regardent des peintures figuratives dont les contours sont soit nets et biens définis, soit flous, laissant alors à l'imagination le soin de compléter le tableau. Dans cette étude, les patients doivent dans un premier temps regarder les œuvres représentant des portraits, des nus, des natures mortes ou des paysages de façon « objective », c'est-à-dire pragmatique et détachée, puis, dans un second temps, de façon « subjective », en notant les sentiments qu'ils éprouvent face à ses tableaux. Il apparaît que l'émotion esthétique est plus forte, comme l'avaient prédit les philosophes (voir chapitre 2), avec les œuvres à contours flous, « non finies », et lorsque les sujets se laissent aller à leur subjectivité : ceux-ci présentent alors une activation plus intense de leur lobe pariétal, cette fois à gauche, dans sa partie supérieure. Cette région est parcourue par un circuit neuronal qui part du lobe occipital en arrière et se dirige vers le lobe frontal en avant et sert à situer les objets dans l'espace (« où est-il ? »). Sa situation la fait qualifier de « voie dorsale ». Une autre voie sert à identifier les objets (« qui est-il ? ») et passe quant à elle bien en dessous par le lobe temporal dans sa partie inférieure et se nomme pour cette raison « ventrale »[11].

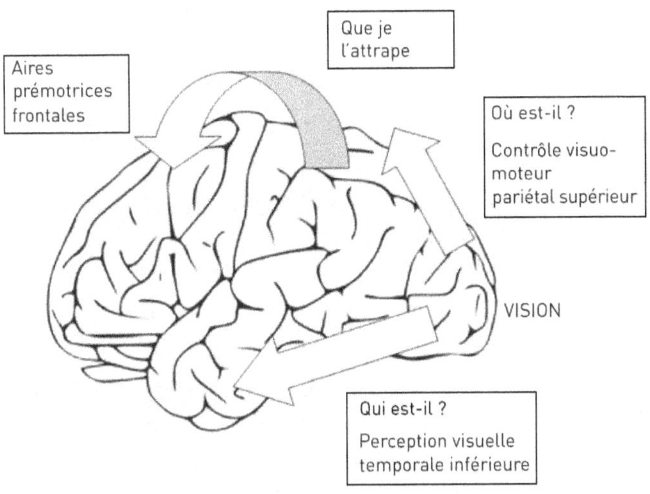

Goodale et Milner pensent que cette voie ventrale temporale est plus précisément impliquée dans la perception visuelle[12], alors que la voie dorsale pariétale qui nous intéresse servirait pour le contrôle visuel de l'action et aurait connu un développement plus important au cours de l'évolution : c'est la voie du chasseur-cueilleur – « où es-tu que je t'attrape ? ». Les deux systèmes traitent cependant d'informations sur la taille, l'orientation, la forme et la localisation spatiale des objets.

Le lobe pariétal, qui s'active lors d'expériences esthétiques, joue un rôle important dans l'intégration des informations sensorielles (vision, toucher, audition) et dans le contrôle visuo-moteur des mouvements, en particulier des mouvements oculaires. Lorsque cette voie dorsale est atteinte, notamment de façon bilatérale, le patient éprouvera des difficultés pour diriger ses gestes sous contrôle visuel. Maladroit, il manquera par exemple le stylo que lui tend l'examinateur ou son propre nez lorsqu'il cherchera à l'atteindre avec son index. Son attention ne pourra se concentrer que sur la partie centrale de son champ visuel et sur un seul objet à la fois. Il ne verra que le bout de sa cigarette ou l'allumette. Il ne percevra pas et ne pourra déplacer son regard vers un objet situé en périphérie – essayez donc dans ces conditions d'allumer une cigarette sans vous brûler les doigts ! L'ensemble de ces symptômes au complet se nomme « syndrome de Balint ». Michael Dobbs, neurologue à Lexington (Kentucky) et peintre amateur, pense que Francisco de Goya en fut atteint lors de la mystérieuse maladie qui le terrassa en 1792[13]. On sait que le peintre espagnol souffrit à 46 ans d'une encéphalopathie qui s'accompagna de violentes céphalées. Celle-ci provoqua une surdité totale définitive et des troubles visuels, en partie transitoires, qui l'amenèrent, après une longue période de convalescence, à un changement de style radical. Goya renonça aux gigantesques formats – comme les cartons à tapisseries qui lui avaient permis de s'introduire à la cour d'Espagne – et se concentra sur des œuvres de plus petite taille, isolant l'action représentée dans un secteur du tableau avec des coups de pinceau moins précis érigés en technique (le *bocetismo*, de *boceto*, « ébauche »). S'attachant à des sujets plus personnels, il y exprima son âme « prisonnière et douloureuse ». Surmontant son handicap, l'ancien peintre mondain de la cour d'Espagne, inspiré par Fragonard, Velasquez ou Tiepolo, puis Rembrandt, se transforme alors en monstre génial, devenant selon les mots d'André Malraux « le plus grand interprète de l'angoisse qu'ait connu l'Occident[14] ». Le cas Goya nous montre que la créativité du peintre et son système de la récompense étaient manifestement intacts et capables de trouver le moyen d'utiliser une circuiterie occipito-pariétale défaillante en la transcendant. La dopamine, neuromédiateur vedette de ce système du plaisir est, en fait, de plus en plus considérée comme essentielle à la motivation et au désir plutôt qu'à l'expression de son aboutissement ultime. Elle pourrait dans cette optique jouer un rôle majeur dans la créativité[15].

Le meilleur des mondes est-il symétrique ?

L'implication du lobe pariétal et des aires cérébrales frontales préparant à l'action (« prémotrices ») dans l'expérience esthétique a *aussi* été montrée en imagerie fonctionnelle par une équipe de Leipzig[16] qui s'est penchée sur les formes géométriques, les personnes testées devant en apprécier, d'une part, la beauté et, d'autre part, la symétrie qui est connue pour jouer un rôle dans le jugement esthétique. Les motifs abstraits présentés n'étaient pas connus des sujets de l'expérience afin qu'ils ne soient pas influencés par leurs expériences antérieures. Les résultats ont confirmé l'influence de la symétrie et de la complexité des figures sur les jugements esthétiques favorables. L'imagerie fonctionnelle a montré cette fois l'activation de zones cérébrales multiples pour le sentiment du beau[17], alors que l'appréciation de la symétrie des figures activait les régions pariétales et prémotrices (contrôle visuo-moteur ?). Notons que cette expérimentation a été effectuée à Leipzig, patrie du philosophe Leibniz (1646-1716), chantre de l'harmonie préétablie et de Jean-Sébastien Bach qui en fut influencé. Les zones concernées par l'émotion esthétique et celles impliquées dans l'appréciation de la symétrie sont donc bien distinctes. Le peintre anglais William Hogarth, pressentant les neurones miroirs, n'écrivait-il pas dès 1753 dans *Analyse de la beauté* : « Nous avons un penchant naturel pour l'imitation, et cela dès l'enfance, et l'œil est souvent charmé autant que surpris de l'exactitude avec laquelle une copie peut singer le modèle ; cependant on finit toujours, à juste titre, par préférer la variété, qui rend bientôt la symétrie insipide » ?

De la perception à l'action

Quoi qu'il en soit, l'intrication des circuits prémoteurs et de ceux de l'empathie, *via* l'insula, dans la « voie du chasseur » enrichit cette dernière d'une nouvelle étape empruntée à la théorie de l'esprit : « Où es-tu que je t'imite et que je te comprenne pour mieux t'attraper ? » La position « frontière » de l'insula entre les circuits corticaux impliqués dans l'appréciation de la beauté et les structures profondes impliquées dans les émotions amène à penser, comme Vittorio Gallese[18] de l'équipe de Parme, que l'émotion esthétique n'est pas purement « intellectuelle », mais qu'elle est manifestement aussi constituée de sensations « corporelles » provoquées par l'œuvre. Par là, nous rejoignons la tradition philosophique, en particulier phénoménologique[19] (l'expérience de tout un chacun), tout en faisant le lien avec la théorie des neurones miroirs. Lequel d'entre nous n'est jamais sorti d'un cinéma animé quelque temps encore des pensées du personnage d'un film, adoptant sans le remarquer la démarche chaloupée d'un pirate des Caraïbes ou d'un cow-boy hollywoodien ? Selon l'hypothèse de Gallese, l'« incarnation » de l'émotion esthétique a deux composantes : d'une part, les sentiments empathiques suscités chez le spectateur par les éléments représentés dans l'œuvre (actions, intentions, objets, émotions et sensations décrites) et, d'autre part, les sentiments générés par la technique, le style – en un mot, la personnalité de l'artiste (« coup » de pinceau, couleurs, matériaux employés…) – qui relèvent également de la mémoire, souvent non verbale, implicite. Comme le souligne son étude sur la proportion dorée des sculptures (voir *supra*), l'activation des aires prémotrices et pariétales postérieures impliquées dans le contrôle visuo-moteur des mouvements amène à supposer que le spectateur effectue dans sa tête en miroir le même geste que la statue. Dans ces conditions, la vision du *Baiser* de Rodin est préférable à celle du Laocoon et de ses deux fils dévorés par les serpents au musée du Vatican qui, pourtant, enthousiasma Goethe et Michel-Ange. Et je vous laisse imaginer l'impact d'un film érotique… De même, l'écoute d'une musique plaisante s'accompagne également d'une activation motrice : notre cerveau « chantonne » même si notre langue et notre larynx restent immobiles ; bientôt viendra l'envie de danser…

Ainsi, l'expérience esthétique ne découle pas du simple décryptage d'une perception sensorielle, mais génère des processus sensori-moteurs et émotionnels multiples, subjectifs et objectifs, faisant appel en particulier aux circuits de l'empathie, des neurones miroirs et de la mémoire émotionnelle. Au final, elle concerne peu, voire pas du tout, les structures initialement atteintes par la maladie d'Alzheimer, les lobes pariétaux étant tardivement concernés en particulier. Alors, pas besoin de « cerveau » pour faire l'artiste, comme le résumait avec cynisme et provocation l'un de mes bons maîtres ?

CHAPITRE 5

La maladie peut-elle stimuler la créativité ?

Une intelligence « supérieure » n'est certes pas toujours nécessaire à une création artistique talentueuse ; en témoignent les chefs-d'œuvre de l'art brut et de l'art dit « naïf ». Elle peut même parfois constituer un obstacle, contrôlant les impulsions du créateur et l'enfermant dans l'« art culturel, du caméléon et du singe » selon les mots du peintre Jean Dubuffet[1]. Il en va de même d'une vie vertueuse et émotionnellement équilibrée : « Ce n'est pas avec de bons sentiments qu'on fait de la bonne littérature », déclarait André Gide, « ni avec les mauvais, mais avec les violents ; avec l'intense », compléta Alexandre Vialatte. L'œuvre de nombreux artistes a été influencée par des pathologies ou des lésions cérébrales. Dostoïevski est épileptique et retranscrit ses expériences dans ses romans ; Apollinaire se met à peindre des aquarelles plutôt qu'à écrire des poèmes après avoir reçu un éclat d'obus dans la tête en 1916[2] ; Braque, également blessé en 1915, change de style après sa trépanation, comme Goya après son encéphalite ; les compositions de Ravel sont modifiées par son atrophie cérébrale focalisée ; Hildegarde de Bingen et De Chirico dessinaient des auras migraineuses (ou épileptiques ?) ; Dali utilisait son tremblement parkinsonien pour peindre dans ses derniers opus ; Van Gogh totalisait plus de maladies neurologiques que le pauvre docteur Gachet ne pouvait en dépister et la liste des maniaco-dépressifs serait trop longue à énumérer et constitue même pour Aristote (et le psychiatre Philippe Brenot[3]) un élément constitutif du génie. Plus rarement, des sujets ont parfois développé des aptitudes artistiques sans formation préalable après une lésion cérébrale, qu'il s'agisse de peintures ou de dessins, de compositions musicales, de poésies ou encore de pièces d'artisanat.

Des autistes artistes
aux peintures « pariétales »

Les enfants autistes sont psychologiquement coupés du monde. Enfermés dans leur univers personnel, ils se balancent compulsivement, explorent des heures entières des objets, marmonnent des sons inintelligibles, le regard vide. Ne pouvant communiquer avec les autres, sinon parfois en imitant en écho leurs paroles ou leurs gestes, ils évitent de croiser les regards et leur langage est limité. Ils peuvent cependant parfois être dotés d'une mémoire extraordinaire dans un domaine très spécialisé, comme la mémoire des dates, ou posséder des aptitudes étonnantes pour le calcul mental, la musique ou le dessin. On a en mémoire l'histoire de Tom l'Aveugle, prodigieux pianiste afro-américain du XIXe siècle, fils d'esclave qui finit par jouer à la Maison Blanche[4] et le destin de Rain Man est dans la tête de tous les cinéphiles. L'histoire de Nadia est également bien documentée[5]. Née en 1967 à Nottingham, Angleterre, de parents ukrainiens émigrés, la petite fille n'avait pas acquis le langage à 3,5 ans, mais elle dessinait déjà comme un maître, très vite, sans effort apparent. Ses croquis étaient vivants, précis, fidèles dans les moindres détails, qu'il s'agisse d'êtres vivants, de paysages ou de natures mortes. On suppose que son lobe pariétal droit, dont on a vu le rôle essentiel au chapitre précédent, était impliqué dans ce don[6], d'autant plus qu'elle était gauchère et que son langage était très défectueux. Nadia n'était pas passée par les étapes habituelles des dessins d'enfant et maîtrisait sans apprentissage la perspective qui demande pourtant des années d'entraînement. Elle dessinait non pas à partir d'un modèle, mais à partir du souvenir d'images qu'elle avait vues antérieurement et qu'elle remodelait à sa guise, en les combinant, jusqu'à obtenir ce qu'elle souhaitait, sans ordre précis pour les détails ou la construction du croquis, dessinant par exemple les oreilles avant le contour de la tête. Elle pouvait reprendre son dessin là où elle l'avait laissé, sans effort, construisant son œuvre par morceaux, partant de détails parfois insolites qui l'avaient frappée, qu'elle reliait ensuite à la façon d'un puzzle. Elle excellait d'ailleurs à ce jeu et pouvait reconstituer mentalement des images qui lui avaient été présentées en deux parties à des moments différents, reconnaissait facilement les silhouettes ; elle achevait sans difficulté la copie d'un dessin si l'on cachait le modèle en cours de séance. Selon Howard Gardner, professeur à Harvard et spécialiste des « idiots savants », Nadia possédait une imagerie « eidétique », c'est-à-dire une sorte de mémoire photographique[7]. La preuve en est qu'elle continuait son dessin en dehors des limites de son support papier si nécessaire et ne pouvait classer ses œuvres selon une quelconque signification. Stephen Wiltshire, artiste autiste qui possède également une mémoire photographique prodigieuse, s'est rendu célèbre par ses dessins minutieux reproduisant Londres, Rome ou d'autres capitales dans leurs moindres détails après un simple survol en hélicoptère. Le panorama de Tokyo, entièrement mémorisé, s'étale sur 10 mètres de long et sa réalisation a demandé 7 jours. L'artiste possède aujourd'hui sa propre galerie à Londres, entre Piccadilly Circus et Trafalgar Square. Dans le domaine musical, Tom l'Aveugle ne se contentait pas de rejouer au piano tous les morceaux qu'il avait entendus, souvent une seule fois, y compris les fausses notes qu'avaient pu insidieusement y mêler les artistes qui voulaient le tester, mais il était capable de reproduire à la perfection leur style et imitait les voix à merveille, retenant intégralement les phrases prononcées devant lui, quelle qu'en soit la langue, et les ressortant à l'occasion, alors qu'il ne pouvait spontanément s'exprimer correctement sauf s'il parlait de lui à la troisième personne... Il pouvait également parfaitement reproduire les sons de la nature, jouer comme Mozart se divertissait, dos au piano ou interpréter trois morceaux à la fois : un avec chaque main tout en chantant le troisième.

Nadia cessa pratiquement de dessiner une fois scolarisée après l'âge de 6 ans. Est-ce dû à l'activation de l'hémisphère gauche, en particulier des zones du langage, au détriment du lobe pariétal droit ? Il faut bien admettre cependant que le secret des autistes savants semble surtout lié à leur mémoire exceptionnelle, visuelle ou auditive, et à leur talent d'imitation. La théorie visant à expliquer l'autisme par un « hypofonctionnement » des neurones miroirs est paradoxale et les faits cliniques plaident plutôt en faveur d'un dysfonctionnement du système de l'empathie. Dans le cas de Tom l'Aveugle, il existait aussi une activité créatrice et le pianiste américain John Davies a enregistré un album de ses compositions qui révèlent une musique très « descriptive » :

cyclone, pluie torrentielle, chanson de la machine à coudre, « bataille de Manassas » au cours de laquelle on peut entendre l'hymne américain et... *La Marseillaise*, voix des vagues, eau et clair de lune, lumière du jour, nocturne... Dans son livre sur les autistes savants publié à 82 ans, *Les Éclats de lumière de l'esprit*[8], la psychologue Beate Hermelin qui travaillait à l'institut psychiatrique de Londres et qui s'est passionnée pour le sujet sa vie durant rapporte les résultats de ses expériences visant à comparer des autistes et des sujets « normaux » doués pour le dessin. Les « normaux » sont moins performants pour reconnaître les formes, ils mémorisent moins bien les images et éprouvent plus de difficultés à trouver le trait juste et recopier méticuleusement le modèle. Par la suite, ils ne peuvent s'empêcher de projeter leur personnalité dans leurs œuvres, contrairement aux autistes dessinateurs qui présentent une certaine uniformité de style très précis et concret sans hiérarchisation des détails ni charge émotionnelle. Les sujets « normaux » parviennent vers 4 ans à la notion de « concept », alors que l'autiste dessinera toujours un être vivant ou un objet en particulier : « La plupart des "normaux" arrivent à voir une image de chat, mais c'est une image généralisée, générique, d'image de chat. Mon concept de "chat" consiste d'une série de "vidéos" de chats que j'ai connus. Il n'y a pas un chat généralisé », explique Temple Grandin quand elle décrit sa vie d'autiste de haut niveau[9].

Un parallélisme séduisant a été établi avec l'art rupestre[10,11] qui nécessitait, lui aussi, une mémoire photographique exceptionnelle pour pouvoir s'exprimer au fond des cavernes, représenter un animal en particulier, un individu reconnaissable à ses attributs spécifiques (et convoité par les chasseurs ?), et non un stéréotype. Les artistes préhistoriques témoignent également d'une science du détail inhabituelle (postures parfois curieuses des animaux représentés, telle la girafe qui se gratte le menton avec sa patte arrière) et vraisemblablement d'une construction à partir des détails (taches d'un fauve avant ses contours à l'entrée de la grotte Chauvet), d'un empilement des esquisses les unes sur les autres avant d'arriver à la forme désirée, conférant parfois à l'ensemble une cinétique presque cinématographique.

De l'influence de l'épilepsie « temporale »

De nombreux personnages de Fiodor Dostoïevski (1823-1881) sont épileptiques, à l'instar de leur créateur. Le prince Myschkin dans le roman *L'Idiot* est le plus représentatif. Les nombreuses descriptions de crises et de leurs symptômes impressionnants, leurs répercussions sur l'entourage du malade sont les fruits de l'expérience personnelle de l'écrivain. L'épilepsie de Dostoïevski, selon son propre témoignage, débute lorsqu'il a 30 ans lors d'une nuit de Pâques, durant son exil en Sibérie. Condamné à mort pour avoir eu des contacts avec des cercles révolutionnaires, l'auteur bénéficiera au dernier moment d'une mesure de clémence. Le cas Dostoïevski a fait couler beaucoup d'encre et l'on assiste à un combat de titans concernant le caractère organique ou névrotique (Freud) de ses crises, leur caractère généralisé selon l'école marseillaise d'Henri Gastaut (1915-1995) ou partiel, à partir du lobe temporal, selon l'école parisienne de Théophile Alajouanine (1890-1980).

On lit ainsi : « Il bégaya un court instant, comme s'il cherchait ses mots et ouvrit sa bouche… Soudainement de sa bouche béante sortait un long cri étrange et il tombait inconscient à terre… Son corps se tournait et tressaillait sous l'effet des spasmes… à l'encoignure des lèvres de la mousse était visible. » La description rapportée par l'écrivain est bien celle d'une crise d'épilepsie généralisée de type « grand mal » ! Toutefois, il n'est pas impossible qu'il s'agisse de crises focales, parties du lobe temporal, avec une généralisation secondaire ; les crises temporales peuvent en effet se manifester initialement par une « aura » avec parfois un sentiment d'extase que le prince Myschkin décrit. Dostoïevski en parle : « Vous êtes tous en bonne santé, mais vous ne pouvez pas vous douter du bonheur suprême ressenti par l'épileptique une seconde avant la crise. Je ne sais pas si cette félicité équivaut à des secondes, des heures, des mois, mais vous pouvez me croire sur parole, tout le bonheur que l'on reçoit dans une vie, je ne l'échangerais pour rien au monde contre celui-ci. »

Henri Gastaut[12] remarque en 1954 que des études sur des primates à qui ont été retirés les deux lobes temporaux montrent l'apparition de troubles du comportement inverses de ceux de l'épilepsie temporale. Cette éventualité se rencontre en clinique humaine à l'occasion d'une encéphalite herpétique sous le nom de syndrome de Klüver-Bucy[13] : les animaux et les patients victimes d'encéphalite sont distraits, ils cherchent à atteindre tous les objets présents dans leur champ visuel, sont indifférents aux émotions telles que la colère ou la peur et présentent une hypersexualité, avec en particulier une masturbation incessante chez les mâles et des tentatives d'accouplement sur un mode non discriminatif. À l'inverse, les épileptiques temporaux présenteraient une hyposexualité, une « viscosité » attentionnelle et, surtout, une exagération des réactions émotionnelles.

Les travaux sur la personnalité épileptique temporale se sont poursuivis depuis pour aboutir en 1977 à un inventaire détaillé[14] qui n'est pas sans évoquer l'univers agité de l'auteur des *Frères Karamazov* : agressivité (hostilité, accès de colère, tendance criminelle) ; irritabilité ; instabilité de l'humeur et tendance hypomane ; prolixité circonlocutoire ; hypergraphie (tenue de journaux intimes, propension à prendre sans cesse des notes détaillées et à écrire) ; rigidité morale ou tendance psychopathique ; hypersensibilité à l'environnement ; tendances obsessionnelles ; jalousie morbide ; préoccupations métaphysiques ; hyper-religiosité ; auto-dépréciation, culpabilité ; égocentrisme... Les expériences épileptiques de l'écrivain russe ont manifestement influencé son œuvre et sa personnalité. On en retiendra quelques éléments pour Flaubert, autre graphomane épileptique, mais cette fois c'est Jean-Paul Sartre dans *L'Idiot de la famille* qui fait de ses crises des manifestations névrotiques et parle d'« engagement hystérique » en s'appuyant sur la thèse du docteur René Dumesnil (1905) qui constate fort justement, reprenant les termes de Flaubert, que « jamais un épileptique n'a le temps de choisir l'endroit où il tombe, d'aller s'étendre dans son lit même, "comme il se serait couché tout vivant dans un cercueil" ». Dumesnil note également : « Quand il parle de ses crises, Flaubert est tout aussi précis : "Toujours j'avais conscience, même quand je ne pouvais plus parler, écrit-il ainsi à Louise Colet... L'être raison allait jusqu'au bout, sans cela la souffrance eût été nulle." Où est l'épileptique qui garde conscience de ses crises, qui peut en exposer les phases[15] ? » Le docteur Dumesnil sera pourtant contredit plus tard[16] et l'existence de véritables crises paraît certaine à tel point que l'on a pu lire en 1988 dans *Le Magazine littéraire* que toute l'œuvre de Flaubert est l'aboutissement involontaire d'un épileptique : « L'épilepsie qui illuminait Flaubert et le saoulait de couleurs était un mal divin, un sacre, une consécration[17]. » Oliver Sacks rapporte dans son livre *Un anthropologue sur Mars* l'histoire d'un peintre italien de San Francisco qui, dans les suites d'une encéphalite virale épileptogène, représente compulsivement sa ville natale de Pontito, ce qu'il assimile à une sorte de graphomanie visuelle. L'épilepsie de Van Gogh, temporale avec généralisation secondaire, comportait des facteurs favorisants génétiques, traumatiques et toxiques, et ne s'est manifestée que lors des deux dernières années de sa vie, dans sa période créative la plus intense ; elle semble toutefois plutôt avoir été un fardeau. La crise décrite chez Lord Byron est authentique, mais liée à l'abus de punch au cognac et ne semble pas avoir joué un rôle déterminant dans son œuvre – peut-être dans sa chute dans le Grand Canal à Venise ? L'épilepsie de Molière explique-t-elle sa méfiance à l'égard du corps médical ? Pourquoi le personnage épileptique Alexandre-Bonaparte Cust se nomme-t-il ainsi dans le roman d'Agatha Christie *A.B.C. contre Poirot* ? Est-ce un indice pour le lecteur, une révélation sur l'épilepsie de l'auteur des *Dix Petits Nègres* en référence à celle présumée d'Alexandre le Grand et de Napoléon ?

Aura migraineuse ou mal sacré ?

Les migraines dites « ophtalmiques » (et certaines formes d'épilepsie) s'accompagnent de phénomènes visuels ou « auras », qui annoncent la crise. Des points scintillants surgissent (phosphènes), des « mouches » traversent le champ visuel (myodésopsies), parfois des éclairs ou des mosaïques complexes, parfois au contraire une perte de vision focalisée angoissante (scotome). Ces phénomènes seront parfois exploités par l'artiste migraineux ou par les neurologues qui en tirent des conclusions, par exemple, sur les céphalées d'Hildegarde de Bingen (1098-1179). La célèbre religieuse rhénane, compositrice de musique et poétesse, illustrait richement ses ouvrages et représentait les visions mystiques qu'elle avait depuis l'enfance sous forme d'images très colorées pouvant évoquer des auras visuelles. De Chirico lui aurait emboîté le pas et suggère également dans ses toiles la photophobie qui accompagne habituellement la crise migraineuse en faisant porter des lunettes de soleil à des statues antiques. L'artiste irlandais Ignatius Brennan avoue avoir puisé son inspiration tout autant dans le surréalisme que dans ses migraines : « J'ai commencé à représenter mes expériences migraineuses inconsciemment quand j'étais aux beaux-arts. J'avais l'habitude de dessiner des paysages et je trouvais que je devais placer des nuages partout et pas uniquement dans le ciel, vraisemblablement à cause des pertes de vision focalisées que je constatais lors de mes auras. J'ai ensuite placé des zigzags... »

Les œuvres d'art redevables à la maladie migraineuse sont légion et ont suscité de nombreuses publications[18] ; la Migraine Aura Foundation leur consacre même un site Internet exhaustif et très bien documenté[19]. Ainsi Claude Debussy était migraineux et ses crises très nombreuses et intenses pendant la composition de *Pelléas et Mélisande* engendrèrent de bien étranges rêves musicaux : « Pendant cette dernière crise, j'ai eu les cauchemars les plus remarquables : j'ai assisté à une répétition de *Pelléas* où tout à coup Golaud se transformait en huissier et adaptait les termes de son assignation aux formules musicales qui caractérisent ce personnage[20]. » Plus près de nous, la rock star Alice Cooper écrit dans « Aspirin Damage », chanson de l'album *Flush the Fashion* (1980) : « *I get these killer headaches / I get one everyday / I wake up with a migraine / Since you ran away...* » D'autres exemples peuvent être cités : Lewis Carroll s'inspire de ses crises pour les métamorphoses corporelles d'*Alice aux pays des merveilles* ; Jack London écrit *L'Ombre et l'Éclair* ; Nietzsche estime que ses violentes migraines le rendent plus fort, que son esprit est plus vif et son intelligence plus clairvoyante après une crise qui ne l'a pas anéanti. Pascal, lui, remercie le ciel pour cette épreuve et son *Mémorial* rédigé dans la nuit du 23 novembre 1654, après une intense vision mystique rappelant celles d'Hildegarde de Bingen, commence par le mot « Feu » si évocateur. Il gardera le texte sur lui cousu dans ses vêtements jusqu'à sa mort en 1662. Dans ses *Pensées sur la religion*, il trace un zigzag oblique en dessous de ces mots : « La nature agit par progrès. *Itus et reditus*, elle passe et revient, puis va plus loin, puis deux fois moins, puis plus que jamais, etc., le flux de la mer se fait ainsi, le soleil semble marcher ainsi. » Plus qu'une simple illustration du texte, certains auteurs[21] n'hésitent pas à rapprocher ce zigzag compulsif d'une aura visuelle qui témoignerait alors de l'influence des crises migraineuses sur les pensées du philosophe.

Stimulation cérébrale
et substances hallucinogènes

Si l'utilisation de drogues diverses a souvent séduit les artistes espérant ainsi ouvrir les « portes de la perception », d'Aldous Huxley à Jim Morrison, la stimulation électrique cérébrale profonde et les traitements médicamenteux utilisés pour soigner la maladie de Parkinson et augmenter la quantité de dopamine dans le cerveau ont parfois pu provoquer des impulsions amenant à des comportements addictifs de jeux pathologiques, d'hypersexualité, de compulsion d'achats par activation du système du plaisir et de la récompense qui ont défrayé la chronique. Moins connues sont les activités artistiques nouvelles générées par le même processus ou la modification de pratiques antérieures, le patient trouvant peut-être dans l'activation des circuits dopaminergiques la motivation, l'audace et le non-conformisme nécessaires à l'éclosion de son activité créatrice qui est plus fréquente, abondante et variée dans la maladie de Parkinson que dans les autres maladies chroniques[22]. Un architecte qui avait bénéficié d'une stimulation cérébrale à Grenoble trompait ainsi son ennui en s'amusant à dessiner le pavillon de l'hôpital qu'il voyait de la fenêtre de sa chambre[23]. Avant l'intervention, son dessin en noir et blanc était très classique, discrètement rehaussé par quelques traits de couleur ; après stimulation, des sirènes dévêtues extrêmement colorées surgirent du tableau. Dans le cas d'un parkinsonien ayant développé une activité artistique compulsive après mise en route d'un traitement par agonistes dopaminergiques[24], Anjan Chatterjee, professeur de neurologie en Pennsylvanie, note que ce dernier, très gêné sur le plan moteur, en particulier pour l'écriture, retrouvait sa dextérité lorsqu'il dessinait des courbes gracieuses, ce qui n'est pas sans rappeler la « libération » des parkinsoniens par la musique et le tango en particulier, comme si la dopamine, libérée par les circuits du plaisir, se redistribuait dans ceux de la motricité affectés par la maladie[25].

La sculpture libère les aveugles

On sait aujourd'hui que, si le lobe occipital, la partie postérieure du cerveau qui analyse les informations visuelles, n'est pas stimulé lorsque le sujet est non-voyant, elle est colonisée par les lobes pariétaux et temporaux, permettant ainsi aux aveugles de développer des capacités musicales et un sens tactile inhabituels favorisant la lecture du braille. La liste des musiciens aveugles est impressionnante – à commencer par Tom l'Aveugle, déjà mentionné. En 1950 à San Francisco, Jeanne Kewell, enseignante à l'École des beaux-arts de Californie, apprend à onze aveugles à pétrir l'argile humide et leur demande de sculpter leur propre buste. Palpant avec patience les contours de leur visage, ceux-ci parviennent à donner à l'argile non seulement une ressemblance physique étonnante, mais à lui communiquer l'expression de leurs émotions et de leur vie intérieure, stupéfiant les visiteurs. Rappelons que Le Titien réussissait des portraits ressemblants uniquement sur la description des traits de caractère de son « modèle », sans jamais l'avoir vu, et que, vers la cinquantaine, il s'est représenté dans son *Allégorie de la prudence* tel qu'il sera à 75 ans. Michel-Ange, devenu presque aveugle, voyait avec ses mains, si l'on en croit ses vers : « Par vos beaux yeux je vois une douce lumière/Qu'avec les miens, aveugles, ne pourrais voir. » Fragonard le représentera caressant la statue du torse du Belvédère qu'il aimait tant. L'Italien continuera pourtant à sculpter et se représentera à 75 ans sous les traits de Nicodème dans *La Piéta Bandini*.

« Je vivais dans un monde d'idées et de sons, dit Léonide, ancienne comptable, aveugle de guerre ; la sculpture m'a fait retrouver le monde à trois dimensions. » Elsie déclare : « Tous les matins, je vais à la fenêtre ouverte, je me tourne vers le ciel en souhaitant pouvoir faire quelque chose qui en vaille la peine. » Plus émouvantes encore sont les paroles de Louise : « J'ai voulu représenter le sentiment d'accablement qu'éprouve quelqu'un qui ne peut plus en supporter davantage... Je n'imaginais pas ma tête comme un simple bloc d'argile, mais je me disais : "Là, sous ce que je touche, se trouve mon cœur..." Je pensais à ce que la vie avait fait de moi[26]. » Après leur présentation sur la côte

Ouest, les bustes sculptés par les aveugles ont été exposés au Musée de Brooklyn à New York où ils suscitèrent l'intérêt du public. Certains critiques remarquèrent l'habileté et la sensibilité manuelles que révélaient ces œuvres ; d'autres les ont comparées, en raison de leur caractère monumental et dépouillé, à l'art égyptien où la qualité de l'expression passe avant les valeurs visuelles[27]. À Amsterdam, le conservateur du Stedelijk Museum a invité plusieurs aveugles à visiter une exposition consacrée au sculpteur anglais Henry Moore. Ils pouvaient palper à leur guise les œuvres peu conformistes qui étaient exposées. Certains, après plusieurs visites, se sont mis à les aimer et l'un d'eux a déclaré : « Elles paraissent meilleures lorsqu'on arrive à comprendre que M. Moore n'imite pas la vie, mais l'évoque pour vous. Il en va de même avec la musique. »

Du lobe pariétal droit et de sa « soumission » à l'hémisphère gauche

Peu de gens ignorent que le cerveau se compose de deux moitiés comme une noix, chaque moitié ou hémisphère contrôlant les mouvements du côté opposé du corps. Si l'hémisphère gauche se charge en général du langage et est qualifié pour cette raison de « dominant », le cerveau « artistique » et « créatif » est habituellement très schématiquement situé à droite, en raison en particulier de son implication dans les processus de vision dans l'espace. Il est généralement considéré comme « dominé » par l'hémisphère gauche, mais remarquons que ce dernier est parfois également impliqué dans les processus artistiques. Une atteinte pariéto-occipitale droite semble entraîner la perte des contours au profit des détails dans un dessin, et l'inverse se produit lorsque le côté gauche est lésé[28]. Le lobe pariétal droit est également impliqué dans la reconnaissance du « contour » des mélodies, y compris celles du langage (prosodie), le timbre et les hauteurs de notes, le tempo et le rythme étant plutôt latéralisés à gauche. L'hémisphère droit est davantage capable de faire des associations inhabituelles, en particulier de comprendre les métaphores selon Théodor Landis, du département des neurosciences cliniques à l'Université de Genève. Une lésion gauche peut nous empêcher de parler et de comprendre ce que l'on nous dit, alors qu'une atteinte droite peut nous empêcher de saisir le sens d'expressions imagées et supprime parfois les intonations de notre voix. Ramachandran voit schématiquement l'hémisphère droit, plus créatif, comme un « révolutionnaire de gauche » qui peut défendre des idées nouvelles, alors que l'hémisphère gauche, plus impliqué dans le raisonnement logique et interprétatif, serait un « conservateur à tous crins » qui s'accroche au *statu quo* pour maintenir la stabilité de l'ensemble[29]. Une « libération » du lobe pariétal droit a pu être constatée dans des conditions expérimentales et cliniques par Allen Snyder, de l'Institut de l'esprit à Sydney. Celui-ci a tenté d'inhiber l'hémisphère gauche par des stimulations magnétiques répétées pendant un quart d'heure, focalisées sur le pôle antérieur du lobe temporal. Il a alors constaté que ses patients voyaient leurs capacités artistiques améliorées pendant une heure environ, qu'ils développaient une vision « holistique » leur permettant par exemple d'apprécier à quelques unités près, en un simple coup d'œil, le nombre de taches figurant dans un tableau et qu'ils se mettaient à mieux dessiner à l'instar des autistes savants. Bruce Miller de San Francisco a étudié des cas de patients présentant une atrophie frontotemporale gauche et constaté de la même façon l'apparition possible d'une activité artistique s'exprimant par la peinture ou la musique[30], attribuée à une réduction du contrôle exercé sur l'hémisphère droit. Des lésions frontotemporales droites ont abouti en toute logique à la survenue d'une graphomanie[31,32] par libération présumée cette fois de l'hémisphère gauche impliqué dans le langage.

L'atteinte du lobe frontal associée à l'atteinte temporale entraîne, quant à elle, des troubles du comportement avec désinhibition, parfois jovialité, tendance à la répétition et à l'imitation de gestes ou de phrases, perte du contrôle sphinctérien. Les troubles mnésiques ne seront donc pas obligatoirement initialement au premier plan dans les atrophies frontotemporales, contrairement aux formes habituelles de maladie d'Alzheimer et la modification comportementale sera parfois très rapide à la suite d'un accident vasculaire cérébral ou d'une électrocution, avec apparition aiguë d'une activité artistique frénétique et compulsive, le plus souvent picturale, très réaliste, avec une obsession du détail, mais parfois également musicale, malheureusement souvent répétitive et pauvre, sans accès à l'abstraction ou au symbolisme, compte tenu de l'atteinte frontale associée pouvant entraver l'expressivité du cerveau artistique fraîchement libéré.

Un quatrain préoccupant

Ce jeune octogénaire en polo Lacoste, un foulard autour du cou et d'une courtoisie extrême, m'avait rapidement séduit. Il m'était adressé par son médecin traitant pour une exploration de troubles de la mémoire. Les tests psychométriques étaient fort peu perturbés et le poème de Gérard de Nerval, « Fantaisie », qu'il me récitait maintenant pour me prouver l'intégrité de ses capacités intellectuelles me touchait profondément en cette après-midi printanière : « Il est un air pour qui je donnerais/ Tout Rossini, tout Mozart et tout Weber,/Un air très vieux, languissant et funèbre,/Qui pour moi seul a des charmes secrets/ Or, chaque fois que je viens à l'entendre/De deux cents ans mon âme rajeunit… »

Poursuivre les investigations sur le plan neurologique ne semblait pas une urgence et j'avais simplement demandé à tester à nouveau le patient six mois plus tard si la situation s'aggravait, me réjouissant à l'avance des nouveaux poèmes qu'il ne manquerait pas de me faire découvrir l'automne venu.

C'est accompagné de sa sœur qu'il me rend cette nouvelle visite. Celle-ci me regarde étrangement, légèrement soupçonneuse : « Mon frère a tout de même bien changé ! », me lance-t-elle, et je comprends qu'elle vient peut-être s'assurer de la qualité de mon expertise. Me sentant sans doute légèrement troublé, elle ajoute pour justifier ses propos et me dédouaner : « Il est vrai que nous avons des soucis actuellement avec notre mère qui a fait un œdème du poumon… » J'apprends, stupéfait, que mon poète s'occupe de sa mère centenaire. Les tests restent peu perturbés et je marque quelques points. Nous en revenons à la poésie et le patient me récite à nouveau la « Fantaisie » de Nerval, suivie d'un florilège d'échanges versifiés éblouissants entre Alfred de Musset et George Sand. Il m'avoue alors, le regard brillant : « J'ai aussi composé un quatrain ces jours-ci ! »

Je l'encourage aussitôt à le réciter, espérant par ce bouquet final prouver définitivement à sa sœur la conservation indiscutable de ses capacités créatrices et de son intellect. Il recherche alors quelque peu ses vers et je suis bien obligé de constater que sa mémoire récente est bien moins performante que sa mémoire ancienne : il connaît vraisemblablement depuis des dizaines d'années les strophes qui m'ont précédemment ébloui. Celles-ci ont même peut-être glissé avec le temps de la mémoire culturelle, « sémantique », à la mémoire « procédurale », bien plus résistante.

Je note en fin de consultation que le patient éprouve des difficultés pour enfiler la manche gauche de sa veste, ce qui témoigne d'une perte de la maîtrise de l'espace à gauche (« apraxie de l'habillage »). L'étude du débit sanguin cérébral orientera effectivement vers un hypofonctionnement pariétal droit : libération du cerveau gauche spécialisé dans le langage, « conservateur à tous crins » à la logique implacable et qui s'accroche au *statu quo* pour maintenir la stabilité de l'ensemble avec une note frontale désinhibitrice probable ?

La renaissance de Katherine Sherwood

En 1997, un violent mal de tête terrasse Katherine Sherwood, suivi d'un vertige, puis d'une chute. À son arrivée aux urgences de l'hôpital de Berkeley, cette jeune mère de 44 ans, peintre depuis plus de vingt-cinq ans et professeure à l'Université de Californie, est massivement paralysée du côté droit et présente des troubles du langage liés à une hémorragie cérébrale qui inonde son cerveau gauche. Elle réalise d'emblée qu'elle n'ira plus se promener en famille dans la baie de San Francisco avec sa petite fille de 5 ans et son mari et qu'elle devra renoncer à sa carrière artistique. Trois ans plus tard pourtant, bien que toujours paralysée, elle est devenue une star montante de la peinture et sa carrière a pris une tournure exceptionnelle depuis qu'elle s'est mise à peindre avec la main gauche pilotée par son cerveau droit. L'inspiration guide directement son pinceau, libéré des angoisses de la création qui l'assaillaient auparavant, et son travail en est radicalement transformé. « Parfois, je regarde mon travail actuel et me demande si c'est bien moi qui ai peint cela, raconte-t-elle. J'ai parfois l'impression que les idées me traversent sans avoir pris naissance dans ma tête[33]. » Il est vrai que ses réalisations initiales étaient très « cérébrales », associant des images ésotériques (sceaux médiévaux, cartes numériques de jeux de loto, photos espions) pour exprimer des thèmes comme l'identité sexuelle, le militarisme ou la chance. Dans son autoportrait réalisé en 1995, *Old Enemies*, qui lui ouvre les portes de l'Université de Berkeley, elle se représentait sous la forme d'un bonhomme de neige avec des cartes de jeu de bingo pour les jambes et des photographies de bombes à hydrogène explosant dans son ventre pour « suggérer, explique-t-elle, que la procréation et l'apocalypse nucléaire sont l'une comme l'autre une affaire de chance ». La précision de sa main gauche n'est pas suffisante pour qu'elle puisse aujourd'hui se lancer dans de telles réalisations, mais elle possède une grâce et une aisance qu'elle n'a jamais connues quand elle était droitière. Ses créations sont plus viscérales, moins intellectuelles, et ont gagné en puissance et en clarté à tel point que le directeur du Musée d'art moderne de San Francisco crie au miracle...

Ce retour à la peinture a curieusement été déclenché, après six mois de dépression, par la vue de son artériographie carotidienne chez son radiologue. L'image de sa vascularisation cérébrale sur l'écran de l'ordinateur lui a rappelé une estampe chinoise du Xe siècle représentant un paysage qu'elle affectionnait particulièrement. À partir d'une copie de l'examen qu'elle va découper et coller avec l'aide d'un assistant, sa main gauche va s'éveiller et se mettre à tracer des enluminures médiévales autour des fragments argentiques, amorçant la période la plus productive de sa vie d'artiste. Dès lors, l'inspiration vient à torrents et les œuvres se succèdent sans interruption, spontanées, toujours plus vives et plus colorées. Le succès est bientôt au rendez-vous. Katherine Sherwood a l'impression d'être en « pilotage automatique » (libérée des questionnements de son cerveau gauche ?), ce qui n'est pas sans rappeler le concept de *flow* élaboré par le psychologue hongrois Mihaly Csikszentmihalyi. Le *flow* est cet état mental de concentration maximale et de conscience modifiée au cours duquel une personne éprouve un sentiment d'engagement total et de réussite, oubliant le temps et la conscience de soi, comme l'archer qui devient flèche pour atteindre la cible ou comme le soliste de jazz qui improvise et devient musique.

Unravelling *Boléro*

Le nombre de publications sur la maladie neurologique de Maurice Ravel (1875-1937) frise la centaine et on en vient à se demander s'il ne constitue pas un sujet de choix pour un auteur à court d'idée. L'hypothèse la plus vraisemblable est celle d'une atrophie cérébrale gauche focalisée, nommée « aphasie progressive primaire », d'évolution progressive, ayant débuté par des troubles du langage pour se compliquer ensuite de troubles moteurs du côté droit, en particulier pour l'écriture. Rappelons que Ravel a été victime d'un accident de taxi en 1932 et que le pionnier de la neurochirurgie, Clovis Vincent (1879-1947), fondateur un an plus tard du Centre neurochirurgical de la Pitié Salpêtrière, l'a opéré à vif en 1937 devant l'aggravation de ses symptômes, pensant le soulager d'une hémorragie intracrânienne chronique ou d'une tumeur cérébrale. Le compositeur ne survivra pas à l'intervention.

Une proposition récente du neurologue Jean-François Chermann[34], spécialiste des contusions cérébrales dans le domaine du sport, permettrait de relier les deux événements par le biais d'une « démence pugilistique », décrite dans le monde de la boxe après un traumatisme crânien. Si cette hypothèse n'est pas retenue, une atteinte frontotemporale gauche débutante pourrait expliquer la structure du *Boléro* composé avant l'accident, en 1928. Certains voient dans les répétitions incessantes des deux thèmes principaux des « persévérations » liées à l'atteinte du lobe frontal du compositeur, comme nous l'avons vu plus haut, la persistance de la richesse de l'orchestration et de l'utilisation des timbres témoignant de l'intégrité de son hémisphère droit. Le *Concerto pour la main gauche* composé plus tard, entre 1929 et 1931, alors que Ravel présente déjà des troubles de l'écriture (orthographe), serait également expliqué par cette atteinte du cerveau gauche, s'il n'était l'œuvre d'une commande du pianiste Paul Wittgenstein qui a perdu son bras droit à la guerre et dont le frère Ludwig n'est autre que le célèbre philosophe auteur du *Tractatus logico-philosophicus*. En résumé, Maurice Ravel, souffrant d'une affection cérébrale qui le privera peu à peu de la parole et de l'usage de la main droite, compose pour un pianiste manchot dont le frère est un spécialiste de la logique du langage...

Cela impliquait-il qu'Ann Adams, scientifique canadienne établie à Vancouver et fascinée par le *Boléro* de Maurice Ravel, vive en écho une si troublante histoire ? Mariée à un mathématicien, elle étudie et enseigne dans un premier temps la physique et la chimie, puis élève ses quatre enfants avant de reprendre des études de biologie cellulaire à l'âge de 35 ans. Décrochant un doctorat sur l'épithélium de surface des ovaires des rats, elle occupe divers postes universitaires jusqu'à l'âge de 46 ans, âge auquel elle doit prendre un long congé pour s'occuper de l'un de ses enfants victime d'un grave accident de la circulation. Occupant son temps à domicile en se lançant dans la peinture, elle y prend goût et souhaite finalement ne plus se consacrer qu'à cette activité. Elle renonce à ses fonctions universitaires une fois son enfant rétabli. Ses premières œuvres ne sont que de simples dessins ou des aquarelles représentant des maisons, de facture classique quant à la perspective et au choix des couleurs. Elle essaye ensuite des motifs abstraits et passe de plus en plus de temps dans son atelier au cours des six années qui suivent, jusqu'à y rester confinée presque toute la journée, améliorant considérablement la richesse de sa palette de couleurs et son style qui devient plus dynamique. Elle tente alors de transformer des sons en images et propose une interprétation visuelle de Mozart et de Gershwin au risque d'un calembour − « Rondo alla Turquoise » − rétrospectivement peut-être déjà annonciateur d'un hyperfonctionnement pariétal droit associé à une note frontale. À 53 ans, l'âge auquel Maurice Ravel compose son *Boléro*, elle tente de trouver un équivalent pictural à son morceau préféré qui pourrait en reproduire la structure et le rythme dans les moindres détails. La partition est transformée, mesure par mesure, en rectangles verticaux dont la hauteur augmente progressivement jusqu'à vingt fois et reflète le volume sonore, la largeur constante des rectangles donnant le rythme. Des motifs en zigzag segmentent en dents de scie les rectangles, avec des couleurs sombres en bas, recouvertes de pastilles d'or, d'argent ou de cuivre en fonction de l'instrumentation, et des couleurs plus vives, mais répétitives, en haut, sauf dans les dernières mesures lors du brutal changement de tonalité où elles explosent soudain en rose et orange fluorescents. Elle nomme l'œuvre terminée après des mois de labeur *Unravelling Bolero*, jeu de mots sur le nom du compositeur et le verbe *unravel* qui signifie « démêler ».

Cinq ans plus tard, Ann Adams, dont le mari est, rappelons-le, mathématicien, tente de traduire en images des concepts plus abstraits encore et se lance dans une représentation visuelle du nombre Pi sous la forme d'une matrice composée de 32 x 46, soit 1 472 carrés blancs noirs ou colorés, correspondant aux 1 471 premières décimales, chaque chiffre entre 0 et 9 représentant une couleur du spectre de la lumière blanche. On pense aux travaux de Paul Klee pour traduire la musique avec des formes géométriques et des couleurs.

Après cette longue période d'intense activité, Anna commence, à 60 ans, à présenter quelques troubles du langage. Ce dernier s'appauvrit et des erreurs de grammaire surviennent, alors que ses capacités de compréhension ou de communication non verbale sont intactes. Ses peintures évoluent vers une sorte de réalisme photographique, fidèles représentations de façades de bâtiments ou figures kaléidoscopiques de plus en plus symétriques et avec de nombreux détails structurels, évoquant de fabuleux mandalas ou des planches naturalistes. Son vocabulaire disparaît et elle est quasiment muette à 64 ans lorsqu'elle consulte pour la première fois son neurologue, le Dr William Seeley à l'Université de Colombie-Britannique, prononçant avec difficulté trois ou quatre mots après quinze secondes d'efforts, sans autre signe clinique notable. Elle reste socialement bien intégrée, bien que susceptible. Un long passé migraineux est noté ainsi qu'un antécédent de tumeur bénigne du nerf auditif qui lui a laissé une légère perte d'audition unilatérale droite et qui, surtout, lui a valu quelques examens d'imagerie cérébrale antérieurs, avant que ne surviennent ces troubles du langage. Ceux-ci sont soigneusement étudiés par son neurologue[35], lequel relatera toute son histoire[36] : atrophie frontale inférieure gauche, en particulier dans la zone du langage. Les tests psychométriques montrent, outre les troubles de la parole, quelques persévérations témoignant de l'atteinte frontale associée. Le diagnostic tombe : Ann Adams est atteinte de la même maladie que son idole Maurice Ravel : une aphasie primaire progressive ! Celle-ci progressera rapidement avec des troubles moteurs du bras droit l'empêchant de peindre, des difficultés pour la marche et des troubles de la déglutition qui l'emporteront. Vers la fin de sa vie, elle réussit encore à communiquer avec son mari par gestes et quelques symboles dessinés, témoignant, au-delà de la perte du langage et de l'écriture, de la persistance de moyens de communication non verbaux ancestraux, en particulier « artistiques », l'art ayant peut-être précédé dans l'aventure humaine le langage et le dessin l'écriture.

Une analyse fine de son imagerie cérébrale montrera une augmentation de la matière grise dans les régions postérieures de son hémisphère droit[37], en particulier pariétales, impliquées dans l'analyse de la vision et les capacités visuoconstructives, pouvant témoigner de l'influence de sa maladie sur le développement de ses capacités artistiques. Une étude de débit sanguin cérébral confirmera ces données avec un hypodébit frontal gauche et, au contraire, une augmentation de la perfusion de l'aire pariétale droite supérieure. L'étude anatomique après le décès de la patiente indique une importante atrophie bifrontale prédominant à gauche et de tout l'hémisphère gauche ; seul le lobe pariétal droit est demeuré intact, y compris lors de l'examen anatomo-pathologique microscopique.

Cette observation suggère qu'il existe une importante connectivité potentielle entre les différentes modalités sensorielles, en particulier visuo-auditives, dans les régions postérieures de l'hémisphère droit, permettant l'accès à des formes de créativité trans-modale, qui serait inhibée chez un sujet sain par l'hémisphère gauche dominant et libérée par l'atteinte de ce dernier. Anne était certainement au faîte de ce processus lorsqu'elle a réalisé son *Unravelling Bolero*. La maladie progressant la conduisit à perdre ses possibilités de transformations audio-visuelles et l'amena à sa période « photographique » et symétrique. Dans un chapitre précédent, nous avons vu, souvenez-vous, l'implication des régions pariétales supérieures droites dans l'appréciation des figures symétriques ; elles jouent également un rôle dans la lecture des partitions de musique[38,39] et leur volume est corrélé aux compétences musicales innées ou acquises selon la phrénologie moderne[40] et leur partie postérieure est également impliquée dans la survenue des synesthésies, phénomènes qui permettent l'association de plusieurs sens, par exemple la vision et l'audition – on parle alors d'« audition colorée ». Les synesthésies disparaissent normalement rapidement lors de la maturation cérébrale, mais elles peuvent persister chez 2 % de la population et sont parfois réactivées sous l'emprise de drogues. Elles ont pu contribuer à la créativité de certains artistes et en inspirer d'autres. On pense bien sûr à Rimbaud et à son poème « Voyelles », à Baudelaire et ses « Correspondances » (« Les parfums, les couleurs et les sons se répondent… »), à Kandinsky ou à Olivier Messiaen.

Se projeter dans une œuvre d'art peut-il être dangereux ?

La survenue troublante de la même maladie « neurodégénérative » chez Ann Adams que chez son idole Maurice Ravel et la réalisation au même âge (53 ans) d'une transcription picturale du *Boléro* ont conduit une très sérieuse revue américaine d'infectiologie à reproduire en couverture d'un numéro consacré aux infections du système nerveux central l'œuvre d'Ann Adams consacrée au nombre Pi. Là où l'on aurait pu rêver et redouter un mécanisme de transmission par l'empathie esthétique et les neurones miroirs, surtout si l'on est soi-même dans sa cinquante-troisième année, l'éditorialiste[41] se contente prudemment de suggérer une susceptibilité commune d'origine génétique à des maladies dégénératives cérébrales chez des sujets présentant des similitudes dans leurs performances intellectuelles, créatrices ou autres, leur talent spécifique étant en quelque sorte couplé à une « tare » inscrite dans leurs chromosomes.

Gabriel Garcia Marquez ne s'entoura pas de tant de précautions lorsqu'il décrivit dans *Cent Ans de solitude* les ravages de la très contagieuse peste de d'insomnie dans le village colombien de Macondo, nous incitant cette fois à nous demander si la créativité est capable d'anticiper la découverte de nouvelles maladies, voire de favoriser leur émergence ! La peste qu'il nous décrit est transmise par l'ingestion de délicieux caramels en forme d'animaux – coquelets verts, poissons roses et « tendres petits chevaux jaunes ». Pas un habitant ne résiste à ces friandises et à la contamination, « si bien que l'aube du lundi surprit tout le village éveillé ». Aucune fatigue physique n'était ressentie par les habitants, mais, « au fur et à mesure que le malade s'habituait à son état de veille, commençaient à s'effacer de son esprit les souvenirs d'enfance, puis le nom et la notion de chaque chose et, pour finir, l'identité des gens, et même la conscience de sa propre existence, jusqu'à sombrer dans une espèce d'idiotie sans passé ». Le récit décrivant cette maladie est né de l'imagination de l'écrivain colombien en 1965 lors d'un séjour au Mexique. Il sera publié, deux ans après en Argentine, à 8 000 exemplaires et l'auteur recevra vingt-cinq ans plus tard, en 1982, le prix Nobel. La même année, le neurologue Marsel Mesulam décrit pour la première fois la possibilité d'atrophies cérébrales focalisées, en particulier l'aphasie progressive primaire qui affecta Ravel et Ann Adams en miroir. Sept ans plus tard, une maladie proche, la démence sémantique, qui affecte la partie antérieure des lobes temporaux et la mémoire « culturelle », sera inventoriée et sa description, hormis le caractère infectieux et l'insomnie, sera en tout point comparable sur le plan des symptômes neurologiques à celle « inventée » par Garcia Marquez près de trente-cinq ans plus tôt[42] : perte du sens des mots et défaut de reconnaissance des objets et des personnes avec conservation du souvenir des événements récents. Le jugement, la mémoire des gestes et l'orientation dans le temps et dans l'espace sont intacts. Les habitants de Macondo collent sur les objets des étiquettes avec leur nom et leur fonction pour tenter de ne pas les oublier : « Macondo » à l'entrée du village ; « Dieu existe » ou « Voici la vache, il faut la traire tous les matins pour qu'elle produise du lait et le lait, il faut le faire bouillir pour le mélanger à du café et obtenir du café au lait »... La diseuse de bonne aventure prédit dans les cartes... le passé ; une machine de la mémoire, sorte de dictionnaire à mouvement giratoire actionné par une manivelle, permet de réviser chaque matin l'ensemble des connaissances acquises depuis le début de la vie et recopiées sur plusieurs milliers de fiches. Les patients atteints de démence sémantique s'aident de la même façon de données biographiques inscrites sur leurs calepins (liste des différents domiciles occupés, noms des amis...), mais ils finissent par ne plus reconnaître leurs proches. Melquiades, le prophète gitan qui viendra guérir les villageois, ne sera identifié qu'une fois son remède miraculeux ingurgité.

Miroir argentin

> « Tout cristal nous guette. Si entre les quatre Murs
> d'une chambre se trouve un miroir, Je ne suis plus
> seul. Un autre est là. »
>
> J. L. BORGES.

Les miroirs renvoient l'aspect apparent du monde, puisqu'ils reflètent une réalité qui n'est pas en eux, mais hors d'eux. En outre, ils la reflètent inversée. Le Colombien Garcia Marquez a-t-il puisé son inspiration dans la nouvelle de Borges « Funes ou la mémoire » écrite en 1942 qui raconte une histoire inverse associant insomnie et hypermnésie et dont la composition eut un effet thérapeutique pour son auteur ? L'écrivain argentin avait, en effet, rédigé ce texte qui traite d'un cas de mémoire exceptionnelle chez un Indien de 19 ans pour se guérir de ses insomnies : « J'ai été porté à écrire cette histoire parce que j'ai passé par des longues périodes d'insomnie. [...] Pour me délivrer de tout cela, j'ai écrit l'histoire de Funes qui est une sorte de métaphore de l'insomnie, de la difficulté et de l'impossibilité de s'abandonner à l'oubli. [...] Oublier son identité[43]. » L'infortuné Funes, cloué au lit après un accident, est doté d'une mémoire photographique inouïe qui lui permet de retenir tous les détails de son existence avec une précision infinie, véritable miroir vivant : « J'ai à moi seul plus de souvenirs que n'en peuvent avoir eu tous les hommes depuis que le monde est monde », déclare-t-il. Borges note : « D'un coup d'œil, nous percevons trois verres sur une table ; Funes, lui, percevait tous les rejets, les grappes et les fruits qui composent une treille. Il connaissait les formes des nuages austraux de l'aube du trente avril mil huit cent quatre-vingt-deux et pouvait les comparer au souvenir des marbrures d'un livre en papier espagnol qu'il n'avait regardé qu'une fois et aux lignes de l'écume soulevée par une rame sur le Rio Negro la veille du combat du Quebracho[44]. » À l'inverse des habitants de Macondo, il apprendra rapidement plusieurs langues et tentera même, comme le philosophe John Locke au XVIIe siècle l'avait rêvé, puis réprouvé, « une langue impossible dans laquelle chaque chose individuelle, chaque pierre, chaque oiseau et chaque branche eût un nom propre », mais il ne la trouve pas assez précise, car « non seulement Funes se rappelait chaque feuille de chaque arbre de chaque bois, mais chacune des fois qu'il l'avait vue et imaginée. [...] Il lui était difficile de comprendre que le mot générique chien embrassât tant d'individus dissemblables et de formes diverses ; cela le gênait que le chien de trois heures quatorze (vu de profil) eût le même nom que le chien de trois heures et quart (vu de face) ».

La mémoire de Funes rappelle celle des autistes savants et la construction de leurs dessins, avec des détails très précis, mais sans mise en œuvre de capacités d'abstraction et de généralisation. Cette mémoire fait parfois appel aux synesthésies, mélangeant les informations sensorielles pour favoriser le souvenir, comme dans le cas de Daniel Tammet, l'auteur de *Je suis né un jour bleu*, qui affiche un don certain pour l'apprentissage des langues et se souvient de multiples décimales de Pi en leur attribuant des couleurs et des textures, ce qui n'est pas sans rappeler le tableau d'Ann Adams. On peut également mentionner Solomon Veniaminovitch Cherechevsky (1886-1958 ?), aussi appelé Veniamin ou tout simplement S, patient à la mémoire sans limite, qui fascina le neuropsychologue russe Alexandre Luria et qui, outre la synesthésie, plaçait mentalement ses souvenirs dans la rue Gorki à Moscou, associant leur image à des éléments du décor (porte, fenêtre, vitrine, palissade), afin de les retrouver ultérieurement au cours de déambulations imaginaires, finissant par ne plus savoir « ce qui avait pour lui plus de réalité : son univers imaginaire dans lequel il vivait, ou le monde réel, où il n'était qu'un passant[45] ».

On sait aujourd'hui que Borges, qui craignait les miroirs, s'est projeté dans le personnage de Funes qui vit « comme dans un rêve », « comme un être imaginaire ». Tentant de se « remémorer la mémoire » de son héros, il le qualifie de « doublement chimérique ». Non seulement Funes préfère l'obscurité, mais Borges, frappé de cécité, était doté d'une mémoire littéraire exceptionnelle, n'oubliant aucun des ouvrages qu'il avait lus, mâchés, ingurgités, puis digérés, à l'instar de son autre alter ego, le bibliothécaire aveugle du *Nom de la Rose*, qu'Umberto Eco appelle malicieusement Jorge de Burgos en hommage à l'auteur de *Fictions*. Borges, qui déclara lors de sa nomination comme directeur de la Bibliothèque nationale d'Argentine : « Lorsque Dieu m'a privé de la vue, il m'a donné des livres, [se souvenait] des paroles de vieux tangos, de mauvais poèmes de poètes morts depuis longtemps, de bribes de dialogues et de descriptions provenant de toutes sortes de romans et de nouvelles, de contrepèteries, devinettes et bons mots, de vers de sagas nordiques, d'anecdotes injurieuses sur des gens célèbres, de passages de Virgile[46] » et même de l'emplacement des ouvrages sur les rayonnages. Longtemps après, sa main se dirigeait encore sans hésitation vers le livre convoité, même si celui-ci avait disparu : « Ma mémoire me ramène un certain soir à Buenos Aires. Je le vois. Je vois les lampes : je pourrais poser la main sur les étagères. Je sais exactement où trouver *Les Milles et Une Nuits* de Burton et *La Conquête du Pérou* de Prescott. Mais la bibliothèque n'existe plus », confiera-t-il dans son *Art poétique*. Se projeter dans une œuvre d'art peut donc aussi se révéler salutaire et Borges guérit de ses insomnies grâce à son double littéraire…

L'île de la révélation

Catherine Thomas-Antérion, à qui j'emprunte le titre de ce paragraphe, exerce la neurologie au centre hospitalo-universitaire de Saint-Étienne et rapporte cette observation extraordinaire[47]. À la suite d'un petit accident vasculaire cérébral gauche, une femme de 36 ans présente une paralysie de l'hémicorps droit et quelques troubles du langage qui régressent rapidement. Demeurent un discret déficit de la main droite et surtout une anesthésie de l'hémicorps droit, douloureuse, avec des sensations de brûlures permanentes, exacerbées par le moindre contact cutané et par le froid, ce qui l'oblige à renoncer à son travail de coiffeuse. Cette patiente présente essentiellement une lésion de l'insula[48], cette fameuse petite île, cerveau dans le cerveau, qui sert de zone frontière associative entre le cerveau « intellectuel » et le cerveau « émotionnel » et qui est impliquée dans l'empathie, mais aussi dans la douleur. La jeune femme constate aussi chez elle un certain émoussement affectif. Après en avoir eu l'idée puis l'envie, elle se met à peindre pour la première fois de sa vie six mois après son attaque et, véritable révélation, crée un tableau en tous points admirable (composition, couleurs, perspective). Elle ressent alors, comme Ann Adams, un besoin irrépressible et presque compulsif de continuer cette activité artistique, oubliant parfois l'heure du repas. Ses thèmes de prédilection sont les femmes exotiques dans des décors tropicaux, mais également des sujets abstraits ou figuratifs : fruits, fleurs, guitare, maison… Catherine Thomas-Antérion, qui est également poète, mélomane et peintre, est frappée par l'utilisation presque exclusive de couleurs chaudes et interroge la patiente qui lui avoue qu'elle a pris peu à peu conscience que les couleurs chaudes lui font du bien. Ayant peint pour un ami une guitare grise sur un fond bleu, elle a dû en effet à plusieurs reprises interrompre son travail, car elle se sentait mal et ses douleurs dans l'hémicorps droit s'amplifiaient. Pour vérifier cette impression, elle s'essaie ensuite à peindre, *La Maison bleue,* qui évoque l'île de la Réunion de son enfance, mais elle éprouve les mêmes souffrances. Inversement, les couleurs chaudes, notamment le carmin, l'orangé et le rose fuchsia, semblent, d'une part, diminuer la douleur au froid et, d'autre part, lui procurer une sensation physique proche de l'extase. On sait que le toucher, l'audition et la vision sont prioritaires sur la douleur, en partie en raison du détournement de l'attention auquel ils obligent, mais il est plausible d'imaginer que l'accident vasculaire a libéré chez cette patiente des associations sensorielles polymodales. Une symptomatologie du même type avait déjà été décrite à Paris en 1906 par Jules Déjerine et Gustave Roussy après atteinte du thalamus, formation plus profondément située que l'insula, à laquelle il est relié, et qui filtre toutes les informations sensorielles. Bernard Lechevalier[49] a également rapporté une observation de douleurs accentuées dans ce cas par l'écoute de la musique d'orgue d'église.

Que se passe-t-il quand le lobe pariétal droit est atteint chez un cinéaste italien ?

Nous l'avons vu, une lésion pariétale droite entraîne une négligence de l'espace gauche. Non pas que le sujet ne voie pas les choses situées à gauche, mais il n'y fait pas attention si elles sont immobiles. Ainsi un patient ne distinguera pas votre index dans son champ visuel gauche, sauf si vous le bougez, car le lobe temporal intact, impliqué dans la perception visuelle et l'identification des objets, peut alors prendre le relais. Marsel Mesulam, neurologue à Chicago, pense que l'hémisphère droit est impliqué dans l'attention visuelle en général, alors que le gauche, qui gère le langage chez un droitier, ne s'intéresse en contrepartie qu'au côté droit du monde et ne peut compenser la perte de son homologue. Si vous tracez une ligne horizontale sur un papier et demandez à une personne atteinte par cette lésion de marquer le milieu de cette ligne, elle cochera le milieu de la moitié droite de cette dernière, ou elle ne placera que les chiffres de droite dans le dessin d'une horloge. Il n'est donc pas surprenant que les croquis réalisés par Federico Fellini après son accident vasculaire cérébral en août 1993[50] ne soient pas complétés sur leur gauche. Tel cycliste caricaturé se déplaçant vers la gauche n'a le visage qu'à moitié dessiné et les rayons de sa roue avant située à gauche manquent. L'esprit prolifique du cinéaste, alors âgé de 73 ans, reste toutefois en éveil et lui permet d'être conscient de son trouble sans toutefois pouvoir le contrôler. Se souvenant de ses débuts comme dessinateur humoristique, il tente de résister par l'ironie et parfois la provocation. Lorsqu'il trace, en le décalant sur la droite, ce qu'il pense être le milieu d'un segment de droite, le réalisateur des *Vitelloni* ne peut s'empêcher de transformer aussitôt cette dernière en balançoire et il dessine une de ces caricatures dont il a le secret à droite, plaçant un personnage minuscule à gauche, très près du centre, pour le contrepoids. Recommençant l'expérience, il dessine cette fois un funambule en équilibre sur la droite, sorti du cirque de *La Strada*. Il se représente sous la forme d'un Pygmée, minuscule et incomplet, dans le coin infé-rieur gauche d'un autre dessin, trinquant avec une examinatrice gigantesque à la poitrine... fellinienne.

Et Fellini n'est évidemment pas le seul artiste dans ce cas. Le peintre méridional P. A. présentait également une héminégli-gence gauche après un accident vasculaire cérébral[51]. Passé une phase de dépression, il avait retrouvé parfaitement son style et sa célèbre palette de couleurs vives, mais ne peignait que sur la partie droite de la toile, oubliant parfois également la partie gauche des personnages représentés. Conscient de son affection, il lui arrivait de retourner la toile pour compléter à l'encre de Chine la partie négligée. D'autres observations de peintres victimes d'un accident vasculaire cérébral similaire ont été collectées. Otto Dix (1891-1969) aurait retrouvé son style après avoir récupéré de son attaque survenue en 1967, mais certains chercheurs[52] notent une altération de ses autoportraits tardifs, moins ressemblants que ceux réalisés antérieurement avec, en particulier, des « erreurs » dans les proportions de la partie gauche du dessin qu'on retrouve dans d'autres autoportraits d'artistes présentant des lésions du cerveau droit identiques. Lovis Corinth (1858-1925) qui réussit la synthèse entre impressionnisme et expressionnisme sera, lui aussi, conscient de son trouble et se peindra sous les traits du vieillard Job déclinant, assis en tailleur, le visage tourné vers la gauche avec le bras gauche atrophié et paralysé, négligeant la partie gauche de la gravure. Son activité restera prolifique, mais ses tableaux deviendront moins expressifs et plus obscurs, avec des personnages caricaturaux et des contours moins nets. Toutefois, ces données doivent être relativisées compte tenu de sa dépression et de l'évolution naturelle possible de son style. Autre exemple : Reynold Brown qui était initialement gaucher et qui tentera une nouvelle carrière en peignant avec la main droite sans retrouver son talent initial. À noter, par contre, des observations de peintres confirmés droitiers victimes d'un accident vasculaire cette fois à gauche et, donc, paralysés à droite, qui se sont mis à peindre avec la main gauche comme Katherine Sherwood et qui ont en général retrouvé leur style avec, toutefois, la survenue de thèmes mortuaires récurrents, confirmant ainsi l'implication du cerveau droit intact dans les activités et peut-être le talent artistiques et, vraisemblablement, des perturbations émotionnelles associées. L'un d'entre eux[53] âgé de 71 ans, initialement droitier, est devenu ambidextre utilisant sa main gauche valide pour obtenir des couleurs plus brillantes et plus vivantes. Balthus lui-même conservera son style malgré de multiples petits accidents vasculaires cérébraux. Signalons, enfin, la survenue d'épisodes hallucinatoires, d'impressions de visions déformées comme dans un rêve qui a été rapportée dans les atteintes pariétales droites. Ce dernier est impliqué dans le contrôle des saccades oculaires, mouvements rapides des yeux permettant de fixer le regard sur un nouveau point d'intérêt afin d'en obtenir l'analyse la plus fine possible. Les saccades oculaires surviennent également spontanément lors du sommeil paradoxal, celui des rêves, si importants pour la créativité…

Démence et créativité :
le fantôme dans la machine

Le début de la maladie d'Alzheimer est souvent délicat à préciser et survient bien avant l'apparition des premiers signes cliniques qui peuvent être purement psychiatriques. Il est difficile dans ces conditions de repérer avec certitude l'impact de la maladie sur une œuvre d'art. L'altération des fonctions intellectuelles est cependant inévitable, mais l'évolution, insidieuse, peut engendrer des stratégies compensatoires intéressantes à explorer. Il est donc utile de tenter de savoir ce qui peut être conservé des qualités artistiques si le patient n'a pas spontanément renoncé à ses activités créatrices. On se souvient que Robert Schumann, déjà atteint d'une démence syphilitique, fut encore capable de composer les *Chants de l'aube* quelques mois avant d'être définitivement interné. Le dernier ouvrage de la romancière irlandaise Iris Murdoch, *Le Dilemme de Jackson*, publié en 1995, quatre ans avant sa mort, témoigne malheureusement d'un appauvrissement lexical, alors que la grammaire, d'emploi plus automatique, reste correcte. Le cas du peintre expressionniste abstrait Willem de Kooning (1904-1997) est l'un des mieux documentés. Diplômé de l'Académie royale des arts de Rotterdam, le peintre allemand migre aux États-Unis en 1926. Il attend 1935 pour se consacrer entièrement à la peinture et 1948 pour sa première exposition en solo à New York ; il enchaîne alors quarante années de succès ininterrompus, passant de la réalisation de portraits réalistes et de dessins publicitaires à des toiles abstraites dans lesquelles se mélangent formes et couleurs pour exprimer des émotions brutes et des états psychologiques. Le diagnostic de maladie d'Alzheimer est porté en 1989 alors que la maladie évolue sans doute depuis une dizaine d'années, aggravée par l'alcoolisme et la dénutrition.

Les toiles des années 1970 comportent de larges coups de pinceau, de grandes quantités de peinture, des combinaisons de couleurs complexes. De nouvelles couches de peinture sont fréquemment ajoutées et la toile est grattée en certains endroits et reprise de multiples fois des mois durant, parfois sur un an et demi. Le style se simplifie dans les années 1980 avec moins de formes superposées, une nette réduction de la palette des couleurs qui se limite au bleu, au blanc et au rouge, et la réalisation d'une toile par semaine (à l'aide d'assistants). La critique est divisée et, si certains rejettent cette dernière période qu'ils jugent moins inventive et moins intense, d'autres voient au contraire dans ces œuvres ultimes l'apothéose de l'artiste parvenu à la quintessence de son art, tel Monet peignant ses *Nymphéas*.

Carolus Horn (1921-1992) était un dessinateur publicitaire allemand au trait précis, académique, qui débuta sa maladie vers 58 ans. Il aimait emmener son épouse à Venise et dessinait chaque fois le pont du Rialto, ce qui permet de suivre l'évolution du retentissement de son affection sur son art. Le premier dessin est de facture très classique, en noir et blanc ; proportions et détails sont respectés. En 1980, on note quelques erreurs de perspective, les personnages en gondole sont stylisés sous la forme de silhouettes, quelques couleurs pastel un peu tristes apparaissent. Elles s'égayent quelque peu par la suite avec un fond jaune pour les maisons, l'eau du Grand Canal bleuit, les personnages sont à nouveau dessinés. Dans la dernière image, à un stade plus avancé de la maladie, en 1988, les ombres disparaissent, le dessin se simplifie et ressemble à de l'art « naïf » ; les couleurs rouges, bleues et jaunes explosent comme dans une peinture haïtienne et le patient semble libéré des contraintes de son style initial. Plus tard apparaîtront des figures symboliques et irréalistes pouvant témoigner de la survenue d'hallucinations visuelles. Les toutes dernières réalisations ne sont constituées que de traits de crayon parallèles.

Le Dr Luis Fornazzari de Toronto a publié l'histoire[54] de Danae Chambers, artiste peintre de Colombie-Britannique, qui, malgré sa maladie, a très longtemps conservé une créativité intacte et exposé ses œuvres dans des galeries du monde entier. Sa spécialité était le portrait, qu'il s'agisse de personnalités marquantes du Canada ou d'ailleurs ou d'autoportraits. L'artiste a pu exercer ses talents jusqu'à son entrée en institution, alors que la mesure de ses fonctions cognitives était très altérée (son mini-mental test était tombé à 8 sur 30). La composition générale des portraits reste équilibrée et on ne note que quelques retouches et de discrètes erreurs de proportions au niveau des traits du visage pouvant témoigner de la maladie. La mémoire de travail visuelle, les capacités de perception et de rappel de la patiente sont conservées, alors que ses possibilités de communication verbale, sa mémoire en général et son autonomie sont considérablement détériorées. « Le cas de Danae Chambers est particulier en ce sens qu'en l'examinant, nous nous sommes concentrés sur ce qui fonctionnait encore bien dans son cerveau, comme sa créativité plutôt que sur ses déficits, précise le Dr Fornazzari. Ce qui est tragique, c'est qu'au stade très avancé de la maladie d'Alzheimer, la patiente ou le patient se retrouve souvent dans un isolement total, sans aucune possibilité de communication avec son entourage. En permettant à une personne atteinte de cette maladie de s'exprimer par sa créativité, sous n'importe quelle forme, visuelle, musicale ou littéraire, nous pouvons non seulement approfondir notre compréhension du fonctionnement cérébral, mais également améliorer la qualité de vie de la personne et communiquer avec elle de manière enrichissante. »

Voyage au bout de l'enfer

> « Au milieu du chemin de notre vie
> Je me retrouvai par une forêt obscure
> Car la voie droite était perdue. »
>
> DANTE, *La Divine Comédie,*
> *L'Enfer*, chant I, 1-3.

Un homme d'une soixantaine d'années se tient assis, prostré devant une table carrée dont le dessus est de couleur jaune doré. Son crâne est dégarni, son dos voûté, il est seul dans une pièce vide et porte un pull bleu nuit. Il tient une tasse de la main droite et s'agrippe à la table de la gauche comme à une bouée de sauvetage. Le sol, qui commence à se dérober sous ses pieds, est de la même couleur que son pull et que le ciel, vide et sans étoiles, bleu, calme, que l'on aperçoit à travers le trou béant d'un grand vasistas, juste au-dessus de lui, qui s'apprête à lui tomber sur la tête ou à l'aspirer. Nous sommes en 1995 et le peintre William Utermohlen, 62 ans, vient d'apprendre qu'il est atteint de la maladie d'Alzheimer. Il nomme son tableau *Blue Skies*.

Se souvient-il, silencieux et solitaire, de ses toiles sur le Vietnam ou de sa série d'œuvres sur *La Divine Comédie* réalisée trente ans plus tôt, mixant Pop art, expressionnisme abstrait et abstraction géométrique, avec une toile pour chaque chant du Florentin, de la sombre forêt du Vendredi saint aux cercles de l'Enfer, avec un clin d'œil à Michel-Ange, en passant par Vanni Fucci, le voleur blasphémateur mordu par un serpent, incinéré et qui, tel le Phénix, renaît de ses cendres ? D'après son entourage, sa maladie aurait sans doute débuté quelques années plus tôt. Des signes prémonitoires sont relevés : une phase dépressive ; quelques erreurs minimes dans la composition de son dernier cycle des années 1990, les « Conversation Pieces », grands formats dans lesquels l'artiste peint dans son appartement chaleureux son épouse Patricia en conversation avec des amis. Utermohlen ne participe pas lui-même à ces échanges qu'il a peut-être du mal à suivre et sa veste seule le représente, accrochée à une chaise jaune au milieu des causeurs. Il observe la scène, assis à l'écart sur un canapé, analysant très finement les traits des visages et les attitudes qui le renseignent sur la teneur des conversations. Un gros chat ronronne sur ses genoux. L'éclat des couleurs intérieures rappelle Van Gogh mais, dehors, il neige et tout est gris. Son univers proche s'éloigne peu à peu. Plus tard, l'artiste s'endort avec son chat qui le rassure et le comprend pendant que Pat lit à leurs côtés.

Né à Philadelphie en 1933 d'un couple d'immigrés allemands, « Bill » Utermohlen a intégré l'Académie des beaux-arts de Pennsylvanie avant de gagner l'Europe grâce à une bourse obtenue après son service militaire en Corée. Il a visité l'Espagne, la France et l'Italie, se passionnant pour Velasquez, Giotto et Piero della Francesca dont il se souviendra lorsqu'il peindra les murs de la synagogue de Saint John's Wood à Londres dans les années 1980. En 1957, il s'installe en Grande-Bretagne, s'inscrit à la Ruskin School of Drawing and Fine Art d'Oxford et épouse quelques années plus tard Patricia Haynes, historienne de l'art. Ses tableaux s'apparentent au courant figuratif de David Hockney ou de l'École de Londres des années 1960. Il côtoie Ronald Kitaj à Oxford...

Condamné par un mal implacable, le peintre, hanté par les miroirs, a le courage d'affronter la maladie et se lance au cours de ses dernières années dans une série d'autoportraits dans lesquels il témoigne de sa vie intérieure, de son combat pour la préserver, de ses angoisses et de son voyage au bout de la nuit. Adaptant sa technique en fonction de la progression inéluctable de la limitation de ses capacités perceptives et motrices, il parviendra encore longtemps à communiquer ses affects par ses coups de pinceau et ses couleurs. Pantin disloqué au milieu des figures géométriques à recopier pour les tests psychométriques des docteurs, son regard noir et puissant saura traduire la dépression, la colère, la résignation et les meurtrissures, même si un éclair bleu recouvre sa bouche en pointillé et le bâillonne. L'oreille s'agrandit ; le front est proéminent, bien délimité de traits rouges et verts ; une scie rappelle qu'il faut ouvrir le crâne pour diagnostiquer le mal. On pense à Van Gogh, aux portraits torturés de Bacon. Le nez a disparu, un œil se ferme, la tête guillotinée se détache du corps, les barreaux d'une prison apparaissent, mais persiste un air de défi. Le visage et le front blanc de Vanni Fucci, phœnix surgi des enfers, ressuscitent dans ses ultimes autoportraits – *The Dust again*, tu retourneras en poussière… – avant que les traits ne s'effacent totalement, volontairement gommés par l'artiste ; un dernier portrait au crayon, fissuré, les yeux vides laissant deviner le crâne. Utermohlen s'éteint à Londres en 2007, rejoignant définitivement Dante en sa forêt obscure.

« *Quand les mots me manquent…* »

Des tableaux réalisés par des patients Alzheimer anonymes, sans aucune formation initiale, en train de perdre peu à peu la mémoire et la parole, commencent à être régulièrement exposés. Ils frappent, au-delà de leur étrangeté éventuelle, par leur puissance et leur qualité au même titre que l'art brut, l'« art des fous », qui avait secoué et divisé l'opinion au siècle dernier, tant pour la reconnaissance de sa valeur artistique que pour l'acceptation de la possibilité d'échapper intégralement à toute référence culturelle. L'exposition proposée en avril 2011 à la Maison de l'Amérique latine de Monaco par Catherine Pastor et l'Association monégasque pour la recherche sur la maladie d'Alzheimer a permis d'admirer les travaux réalisés par des patients du Centre Speranza-Albert-II, accueil de jour thérapeutique de la principauté. La vente aux enchères qui a suivi a témoigné de l'intérêt du public. Le galeriste Pierre Carron commente ces œuvres « violentes, paisibles ou angoissées » avec émotion : « Ils ont pris un pinceau, des tubes de couleur, déposant sur la toile une part d'eux-mêmes dont ils n'ont plus conscience », explique-t-il. Parlant des « jets de lumière d'une vie qui s'en va vers un monde nouveau, mystérieux, morcelé », il insiste, comme le souhaitait le peintre Jean Dubuffet pour l'art brut, sur « l'émotion, débarrassée de toute contrainte : culturelle, sociale... Un imaginaire sans artifice ». Philippe Migliasso, qui supervise le projet, dit qu'il est capable de reconnaître chaque artiste à partir de son œuvre. Pour faire émerger ces ressources insoupçonnées, il aura fallu « agir sur l'environnement de la personne [...], rassurer, accompagner le geste hésitant, dédramatiser l'enjeu, permettre le lâcher prise et dépasser la peur du jugement constant chez ces personnes souvent en renoncement. L'attention particulière apportée à l'ambiance, aux matériaux, aux techniques, aux couleurs a permis très rapidement de constater le sentiment de plaisir provoqué par le toucher des matières, la trace laissée sur la toile, l'échange avec les amis. La priorité n'était pas donnée à la production, mais à la stimulation du geste, au travail en collaboration. Très rapidement chacun a su retrouver sa capacité de concentration, d'application, le plaisir de faire et la volonté de bien faire ».

Hilda Goldblatt Gorenstein (1905-1998), peintre américaine connue sous le nom de Hilgos et atteinte par la maladie, avait cessé toute activité et sombrait dans la léthargie, se fermant au monde extérieur. Encouragée par des élèves de l'Institut des arts de Chicago et par son gérontopsychiatre Lawrence Lazarus (le bien nommé !), elle se remet à peindre à 90 ans. Commençant par toucher avec les doigts la peinture, cherchant à dessiner sur sa peau, elle retrouve enthousiasme et énergie pour réaliser de merveilleuses aquarelles, comme si sa créativité et son esprit survivaient à l'implosion de sa matière cérébrale ; reviennent en parallèle le sourire et la possibilité de communiquer. Elle déclare : « Je me souviens mieux quand je peins. » La fondation Hilgos, créée par sa fille, offre aujourd'hui des bourses aux étudiants en art de Chicago qui poursuivent le travail d'accompagnement artistique de leurs prédécesseurs avec les patients Alzheimer.

Les cas cliniques que nous venons de détailler nous éclairent sur le fonctionnement du cerveau artistique. Ils témoignent également très souvent des bénéfices parfois considérables que les patients retirent de leur expérience créatrice. L'art posséderait-il des vertus thérapeutiques ? La beauté et l'harmonie peuvent-elles contribuer à la guérison ?

Deuxième partie

CETTE BEAUTÉ
QUI NOUS FAIT DU BIEN...

« On dit en effet que le premier des biens est la santé, le deuxième la beauté... »

PLATON, *Lois*, II, 22 (661a-c).

CHAPITRE 1

Lumières divines

Le temps des croyances

Les hommes préhistoriques plaçaient leurs peintures rupestres aux endroits où les cavernes offraient la meilleure résonance acoustique, conjuguant les effets de l'image et du son dès la naissance de l'art et conférant à celui-ci des vertus « magiques ». Dès l'origine les œuvres deviendront thérapeutiques en se faisant messagères des dieux, captant leur rayonnement salvateur pour le transmettre aux pauvres mortels.

Art et médecine

En 1378 est accordé aux peintres de Florence le privilège de constituer une branche autonome au sein de leur guilde, celle des médecins et des apothicaires[1]. Les pigments utilisés sont en effet d'origine minérale et possèdent les pouvoirs thérapeutiques des pierres précieuses : le saphir d'Inde soulage les douleurs des yeux et autres céphalées, les aphtes de la langue, il rend chaste, éloigne les escrocs, les angoisses et l'envie ; à Byzance, il sert aux purges. L'hématite, pierre semi-précieuse importée d'Arabie et d'Éthiopie et utilisée comme pigment rouge, guérit par analogie les maladies sanguines et les troubles menstruels ; pulvérisée et mélangée à du vin, elle soigne les ulcères et protège des morsures de serpent. La couleur des urines est d'une importance diagnostique capitale et oriente vers le pigment salvateur correspondant. Traitements médicamenteux et recettes pour préparer les couleurs se côtoient dans les traités et les pigments s'achètent aux apothicaires.

Ainsi les médecins furent d'abord peintres. Lucas Cranach (1472-1553) possède une pharmacie à Wittenberg, la ville de son ami Luther dont il réalisa le portrait. À la même époque, Michel-Ange et Léonard de Vinci donnent des « leçons d'anatomie », devançant de plus d'un siècle Rembrandt et son docteur Tulp. La représentation des maladies et de leurs traitements constitue un sujet de choix pour les artistes depuis l'Antiquité, aiguillonnés par les épidémies de peste ou de lèpre. Le Tintoret représente saint Roch et son bubon, le Caravage un Bacchus malade réaliste, Dürer la mélancolie, Géricault la folie et ses portraits de fous serviront de référence au docteur Georget, aliéniste et chef de service à la Salpêtrière. Les pâles jeunes filles peintes par les préraphaélites sont-elles tuberculeuses ? *Les Demoiselles d'Avignon* ont-elles la syphilis (le titre original de l'œuvre *El Burdel de Aviñón* fait référence aux prostituées de la rue d'Avignon à Barcelone) ? Jérôme Bosch décrit l'excision de la pierre de la folie au XVe siècle ; en 1943, Otto Dix n'épargnera aucun détail d'une opération chirurgicale contemporaine ; les tableaux représentant des arracheurs de dents et des apothicaires sont légion. On sait également les disciples d'Hippocrate musiciens depuis la plus haute Antiquité. La musique continue d'être un élément essentiel de leur pratique en Inde, en Asie, en Afrique et elle retrouve peu à peu une place dans nos sociétés occidentales.

Des images peuvent donc soigner, des musiques soulagent ; Constantin l'Africain, médecin tunisien du XIe siècle y ajoutera des vins parfumés. Des statues d'Athéna protègent les cités grecques de la peste ; celles de la Vierge retiennent le fléau à la porte des villes chrétiennes. Véronique, selon la légende, essuie de son voile le visage du Christ supplicié et imprime sur le tissu son « image véritable » (*vera icon/iconis*) à l'origine de la fausse racine latine de son prénom. L'image capturée de la Sainte Face guérira l'empereur Tibère qui se convertira et couvrira d'or la sainte plutôt que de la jeter aux lions, avant de périr lui-même étouffé sous un oreiller meurtrier plaqué sur son visage par Caligula (ou un autre assassin) qui se souciait manifestement peu du masque mortuaire imprimé dans la profondeur du coussin. Le Mandylion est une autre version de l'histoire dans laquelle la relique guérit le roi Abgar V d'Édesse, aujourd'hui en Turquie orientale, et devient pour l'Église orthodoxe la première icône. Un lien avec le suaire de Turin est suggéré. C'est au cours d'une nuit de veille dans un monastère du mont Athos que l'archange Gabriel transmit à un jeune apprenti en prière l'hymne *Axion Estin*, illuminant de son cantique l'icône qui représente la Vierge Marie et qui se nommera désormais du même nom grec que son magnificat, protégeant la péninsule macédonienne, pourtant interdite aux femmes.

Une petite fille espiègle

La statue reliquaire de Sainte-Foy ou Majesté de Sainte-Foy constitue la pièce maîtresse du trésor carolingien de l'abbaye de Conques dans l'Aveyron. Sa beauté et la puissance de son regard azuré en ont soigné plus d'un. Sauvée en 1837 par Prosper Mérimée, le futur auteur de *Colomba* et de *Carmen* n'est alors qu'un jeune inspecteur des monuments historiques. La statue représente une jeune fille d'une douzaine d'années, païenne de noble naissance issue de la société gallo-romaine d'Agen, convertie par sa nourrice chrétienne et baptisée par l'évêque Foy. Devenue martyre sous les persécutions de Dioclétien, elle sera écartelée, grillée vive, puis décapitée… Sanctifiée à la fin du IIIe siècle, elle est vénérée chaque année à la date anniversaire de son martyre, le 6 octobre.

Couronnée et siégeant sur son trône, la sculpture est constituée d'argent et de cuivre recouverts de minces feuilles d'or, plaquées sur une statuette de bois d'if grossièrement taillée à partir de deux blocs. Elle est incrustée de différentes pièces d'orfèvrerie, cristaux, pierres précieuses et camées, offertes par les pèlerins au cours de siècles qui connaissent bien la coquetterie de la jeune vierge. Les chaussures ne datent que du XIXe siècle ; les avant-bras tendus à l'horizontale et les mains, tenant chacune un petit tube destiné à recevoir une fleur, du XVIe. Une ouverture quadrilobée, placée sur la poitrine de la statue au XIVe siècle, permet d'apercevoir quelques fragments de voûte crânienne, saintes reliques dérobées en l'an 866, un soir de fête d'épiphanie, après un banquet que l'on suppose arrosé, par un moine bénédictin de Conques qui avait gagné la confiance du clergé de la basilique d'Agen édifiée sur le tombeau de la sainte au Ve siècle. Redécouvertes à Conques lors des travaux de restauration du chœur de l'abbatiale en 1875, les reliques reposaient emmurées et soigneusement enveloppées dans une peau de chamois à l'intérieur d'un coffret en cuir de Cordoue orné d'émaux du XIIe siècle.

Le vol initial, saint brigandage, simple « translation » opérée par le moine bénédictin « pour protéger les reliques des invasions normandes », fut à l'origine de nombreux miracles au Moyen Âge. La petite sainte guérissait principalement les aveugles, mais aussi les boiteux, elle veillait sur les accouchements, libérait de leurs chaînes les prisonniers, innocents ou coupables, qui l'invoquaient avec ferveur et exposaient ensuite leurs liens dans l'église. La petite fille espiègle aimait s'amuser comme un lutin et certains de ses prodiges seront appelés *joca* ou « badinages », car ils faisaient sourire : un chevalier chauve et mélancolique retrouve sa chevelure et sa dignité après s'être frictionné la tête avec de l'eau bénite ; les moines ne peuvent pas déjeuner, car un nouveau miracle interrompt à chaque fois leur repas ; un veilleur de nuit fatigué est tiré plusieurs fois de suite de son sommeil pour aller rallumer la flamme du Saint Sacrement, mais la sainte l'éclaire avant lui. On sait que la petite fille volait le pain de ses parents pour l'offrir aux pauvres et que, surprise par son père qui lui demandait ce qu'elle cachait sous ses vêtements, elle répondit : « des fleurs », transformant immédiatement les petits pains en un bouquet coloré.

Conques deviendra rapidement un lieu de pèlerinage célèbre et prospère pendant plus de trois siècles, étape obligatoire sur la route de Saint-Jacques-de-Compostelle. Une nouvelle église romane à trois nefs précédées d'un clocher-porche pourra être édifiée entre le XIe et le début du XIIe siècle avec l'argent des pèlerins et la réputation de la sainte parviendra au bout du monde (Santa Fé). La tête du reliquaire, d'un or différent et trop grosse pour le corps, serait antérieure à la statue et appartenait sans doute à un empereur romain du Bas Empire. Les yeux sont en émail et le regard qui redonnait la vue saisissant. L'écolâtre Bernard d'Angers qui enseignait à l'école-cathédrale de Saint-Maurice écrira dans son *Livre des miracles de sainte Foy*, vers 1010, à propos de la relique qui lui rappelle une déesse païenne, Vénus ou Diane : « Lorsque nous avons paru devant elle, l'espace était si resserré, la foule prosternée sur le sol était si pressée, qu'il nous fut impossible de tomber à genoux… En la voyant pour la première fois, tout en or, étincelante de pierres précieuses et ressemblant à une figure humaine, il parut à la plupart des paysans qui la contemplaient, que la statue les regardait d'une manière vivante et qu'elle exauçait de ses yeux leurs prières. »

L'œuvre au noir

Est-ce à cause de ce regard si lumineux et des soins prodigués aux aveugles que le peintre Pierre Soulages, le maître du « noir-lumière » et de l'« outre-noir », sera choisi pour traiter la lumière à l'intérieur de l'abbatiale de Conques, inventant des vitraux fabriqués avec un verre paradoxalement non coloré, translucide et qui respecte, tout en les modulant, les variations de la lumière naturelle ? Le peintre, né le 24 décembre 1919 à Rodez, avait connu ses premières émotions artistiques à l'école communale en visitant Conques avec sa classe. Il note : « C'est devant l'abbatiale... que j'ai décidé que, seul, l'art m'intéressait dans la vie[2]. » Entre 1987 et 1994, il réalisa 104 vitraux, en collaboration avec l'atelier de Jean-Dominique Fleury à Toulouse. « Il me fallait donc trouver un verre qui ne soit pas transparent, laissant passer la lumière, mais pas le regard [...]. C'est ce qui m'a conduit à fabriquer un verre particulier, un verre à transmission à la fois diffuse et modulée de la lumière[3]. »

Feu de saint Antoine et délires ergotés

À la fin du XVᵉ siècle et au siècle suivant, les patients atteints du mal des ardents ou feu de saint Antoine tenteront également de soulager leurs terribles souffrances en regardant le triptyque du peintre néerlandais Jérôme Bosch sur *La Tentation de saint Antoine* ou le merveilleux retable de l'Allemand Matthias Grünewald exposé en Alsace à Issenheim. Avec les grandes épidémies de peste, la lèpre et les famines, la « peste de feu » constitue l'un des plus redoutables fléaux de l'époque — 50 000 morts à Paris en l'espace d'un mois en 1418. Les patients ressentent d'intenses brûlures aux extrémités des membres, progressivement gangrenés, et des contractures musculaires atroces à tel point que l'amputation devient nécessaire et souhaitée. Parallèlement s'installe une sorte d'ivresse, puis des manifestations hallucinatoires, des rêves effrayants, des crises convulsives, une insomnie rebelle aboutissant à un état d'hébétude et de démence avec curieusement une étonnante conservation de l'état général. La légende de saint Antoine le Grand, l'anachorète d'Égypte, qui sera rapportée dès 360 par l'évêque d'Alexandrie Athanase[4], puis vulgarisée et colportée au Moyen Âge par *La Légende dorée* de Jacques de Voragine avant d'obséder Gustave Flaubert[5], laisse penser que l'ermite avait souffert de la même maladie, ce qui lui conférait un pouvoir guérisseur sur cette dernière. Antoine, né en 251 en Moyenne-Égypte dans une famille chrétienne, donne ses biens aux pauvres et s'en va vivre dans le désert une vie d'ascèse et de privations. Il sera bien vite assailli par le diable qui prendra tout d'abord les traits d'une femme tentatrice qui lui suggère les « douceurs de la volupté » (Athanase), puis d'un « enfant noir apparu au milieu des sables », qui est très beau et qui dit s'appeler l'« esprit de fornication » (Flaubert), avant de renforcer ses attaques à l'aide d'une armée de féroces démons qui le brutaliseront chaque nuit. L'ermite, vainqueur et fortifié par sa lutte nocturne, accomplit alors des miracles le jour, guérissant les malades, chassant à nouveau les démons en délivrant les possédés. Vers la fin de sa longue vie, celui dont le nom signifie « celui qui se dédie aux choses les plus élevées et méprise le monde » se verra emporté et soulevé dans les airs par les anges. Les douleurs provoquées par les persécutions démoniaques évoquent celles du mal des ardents ; l'insomnie est soulignée par Athanase et amplifiée par Flaubert (« je suis resté cinquante-trois nuits sans fermer l'œil »), les tentations et les visions rappellent les hallucinations des malades : « Une foule de démons… fit irruption, ayant revêtu l'aspect de bêtes sauvages et de reptiles. Le lieu fut aussitôt rempli de spectres de lions, d'ours, de léopards, de taureaux, de serpents, d'aspics, de scorpions et de loups. Chacun se comportait selon sa nature : le lion rugissait comme pour dévorer, le taureau donnait de la corne, le serpent rampait, mais sans approcher, le loup bondissait mais était retenu. Toutes ces apparitions farouches faisaient un bruit affreux et montraient leur férocité », nous dit Athanase, rapportant des hallucinations visuelles et auditives. La longue vie de l'ermite qui vécut centenaire et mourut paisiblement témoigne de sa résistance étonnante, souvent rapportée dans le feu de saint Antoine, malgré les privations les douleurs et les insomnies. Toujours selon Athanase : « Il vécut jusqu'à la bonne vieillesse sans que sa force diminuât. Pas une de ses dents ne tomba. »

Redécouvert en 561 près de la mer Rouge, le corps du saint séjourne près d'un siècle à Alexandrie avant d'être mis à l'abri à Constantinople à la basilique Sainte-Sophie. Il sera amené en France par un noble au retour d'un pèlerinage en Terre sainte vers 1070, juste avant le début de la première croisade. L'homme confiera la relique à des bénédictins de l'abbaye de Montmajour qui érigeront un prieuré pour l'abriter dans le village de la Motte-au-bois dans le Dauphiné. En 1090, le mal des ardents gagne la région, entraînant l'afflux immédiat des malades attirés par le saint thaumaturge. Ils sont accueillis par la confrérie des Antonins, laïque puis rapidement religieuse, d'autant que l'archevêque Guy de Bourgogne est élu pape à Cluny sous le nom de Calixte II. Une nouvelle église est bâtie, des hôpitaux ou commanderies sont rapidement confiés aux Antonins dans toute l'Europe et jusqu'en Terre sainte. Ils porteront la lettre grecque tau en bleu sur leurs habits, symbole de la croix amputé et de la béquille des démembrés. Afin de nourrir les patients, les Antonins possèdent des cochons qui ont le droit de se promener en ville, répandant une odeur nauséabonde dans les rues de Lyon et de Paris. Marqués du tau du saint, ils portent des clochettes et bousculent les passants qui doivent leur donner à manger. Rabelais qualifiait les Antonins de « commandeurs jambonniers ». Ils seront placés sous la règle de saint Augustin, ce qui occasionnera quelques rivalités avec les Bénédictins toujours dépositaires de la relique, en particulier pour le partage litigieux des dons. Ces derniers sont finalement expulsés du prieuré de Saint-Antoine et renvoyés à Montmajour moyennant une indemnité annuelle. Les Bénédictins affirmeront plus tard avoir quitté les lieux en emportant des morceaux de la relique qu'ils transporteront dans l'église Saint-Julien d'Arles, démembrant ainsi le saint protecteur des amputés ! À la fin du XIIIᵉ siècle et jusqu'aux guerres de Religion, l'ordre des Antonins est à son apogée, cumulant hôpitaux, prieurés et cures de Londres à Naples, en passant par Issenheim, Bâle et Cologne et jusqu'à Constantinople, Jérusalem, Saint-Jean-d'Acre, atteignant les rives de la Baltique. Plus de 20 000 malades seront soignés au cours du XVe siècle. Le déclin suivra celui de l'épidémie et les Antonins rejoindront l'ordre des chevaliers de Malte avant de disparaître définitivement à la Révolution.

Parmi les différents traitements proposés pour guérir du mal des ardents figure le saint vinage, un vin local ayant servi à arroser le jour de l'Ascension les ossements du saint ; il est bu ou appliqué localement à l'endroit de la maladie et seuls peuvent en bénéficier les patients parfaitement authentifiés par le corps médical. Les fraudeurs sont légion à l'époque, convoitant la gratuité des soins, le gîte, le couvert, les habits et, parfois, à la Pentecôte, les aumônes des Antonins, véritables précurseurs de l'assistance publique qui accueillent indifféremment les gueux et les nantis et rémunèrent le personnel médical. On enseigne à la cour des Miracles l'art de se fabriquer une lucrative « jambe de Dieu » avec de l'herbe-aux-verrues. Selon les statuts de 1468, le malade, « visité pour savoir si la maladie est du feu infernal, et s'il en est, doit être reçu et conduit devant les frères pour le saint vinage et devant les reliques selon l'usage ». La cérémonie est proche d'une eucharistie. Il arrive d'ailleurs à l'époque que l'on fabrique des images comestibles d'un saint invoqué pour une guérison, images qui sont ingérées comme un médicament par voie orale. À défaut de breuvage ou de relique une invocation et une iconographie adaptées peuvent faire l'affaire et les remplacer, permettant au patient de tenter une identification mystique avec le saint et d'espérer une guérison. Des soins médicaux, parfois inspirés d'Avicenne, complètent le traitement spirituel : saignées et sangsues, émétiques, purgatifs, plantes médicinales et bouillons de vipère, douches, frictions, scarifications, démembrements et amputations chirurgicales, les religieux fournissant prothèses, pilons et béquilles, mais, comme le proclame l'antonin Claude Allard en 1653 : « Le Feu de S. Antoine est un feu sacré duquel il est l'unique médecin par la volonté de Dieu… » L'ermite maîtrisait le feu, il pouvait guérir du mal des ardents par intercession divine, mais aussi l'infliger pour punir ceux qui le défiaient ; par extension, il protégeait aussi des incendies mais menaçait de sa foudre : « *NEMO IN VANUM CURRIT AD ANTONIUM, NEMO UN VANUM PECCAT IN ANTONIUM* » avertissent en lettres capitales les deux vers en latin tracés au-dessus des

flammes rouges peintes sur les murs extérieurs des commanderies. Attention, personne ne vient ici en vain, mais personne
n'y péchera sans conséquences, Antoine guérit, mais Antoine
le réprobateur peut aussi punir ! Des gravures diffusées par les
colporteurs ou acquises par les pèlerins protègent les maisons et
leurs habitants du feu sacré et des incendies, assurant la publicité
de l'ordre en rappelant les attributs du saint. L'iconographie de
saint Antoine joue un rôle crucial, remplaçant les pouvoirs gué-
risseurs de la relique dans les commanderies éloignées.

C'est sous cet angle que l'historienne d'art Laurinda Dixon,
qui enseigne à l'Université de Syracuse aux États-Unis, tente de
décrypter le célèbre triptyque du peintre Jérôme Bosch sur la
tentation de saint Antoine réalisé en 1495 et qui a suscité les
interprétations les plus folles : alchimique, psychanalytique, héré-
tique, mélancolique, allégorie moralisante, sorcellerie et messes
noires ont également été invoquées. Un des experts les plus
éminents, Erwin Panofsky admirait l'œuvre et sa profondeur, mais
concédait qu'elle dépassait son entendement et préférait s'abstenir
de tout commentaire. Aujourd'hui exposés à Lisbonne, ces trois
panneaux illustrent la vie torturée du saint. À gauche, l'ermite,
épuisé par sa lutte contre les démons, a perdu connaissance ; deux
moines et un laïc (Jérôme Bosch en personne ?) le soutiennent et
enjambent un petit pont sous lequel s'abritent des êtres difformes
qui lisent du courrier ; l'eau est gelée et un « facteur » grincheux
se déplace en patins à glace. À droite, Antoine le Grand prie
un livre à la main pour échapper aux monstres qui surgissent
de toute part, détournant le regard d'une femme nue qui sort
du tronc d'un arbre mort et lui fait face, une main entre les
cuisses. Au centre se tient une curieuse eucharistie : Antoine, à
genoux, portant le tau sur sa manche droite, détourne à nouveau la tête d'une coupe tentatrice tendue par une élégante
et ébauche une bénédiction. Une ville brûle à l'arrière-plan et
embrase une commanderie dont le clocher s'effondre, contrastant avec l'étendue glacée en avant du panneau, l'eau semble
sortir d'un égout et démons et chimères envahissent le décor.
Les revers en grisaille des deux volets représentent en écho les
souffrances du christ supplicié lors de la montée au calvaire et
son arrestation. Les attributs du saint, la panoplie d'Antoine au
grand complet, sont clairement montrés comme sur les gravures :
les lettres du facteur rappellent le recueil que la tradition attribue

à l'ermite (le livre contiendrait le texte de l'invocation nécessaire à la guérison des malades accompagnant ou remplaçant le saint vinage), le tau, le bâton du père des moines, les clochettes qui annoncent les frères récoltant les aumônes, les cochons, le feu, les malades et la maladie.

La Tentation, vue sous cet angle, constitue un véritable atlas des signes cliniques du feu de saint Antoine à faire pâlir d'envie les éditeurs de manuels médicaux d'aujourd'hui : patients démembrés, mordus par les flammes, hallucinations épouvantables, impression de lévitation, torpeur... Les Pays-Bas ont été, avec la France, le pays le plus touché par le fléau. Les volets fermés montrent déjà en grisaille une charogne pourrissante accrochée à un arbre mort ; la croix du Christ a la forme d'un tau ; au sol, un pied amputé, une jambe démembrée ; ailleurs, une scie, une potence en forme de tau à laquelle est accroché le couteau des amputations... À l'intérieur vers le milieu du panneau central, un infirme porte un chapeau haut de forme, son pied amputé repose devant lui sur un linge, les os dénudés, une béquille à ses côtés. Au-dessus, un autre éclopé porte sa jambe sur un pilon, il est aveugle et porte un instrument de musique, une vielle, qui est son gagne-pain. Derrière lui, une jambe complète est exhibée sur la roue d'une charrette accrochée à une perche. Rappelons que les membres sectionnés par les chirurgiens des commanderies étaient conservés pour que leurs propriétaires puissent les récupérer lors de la résurrection de la chair ; en attendant le jour du jugement dernier, ils étaient exposés en ex-voto dans les chapelles des Antonins. Ils se conservaient d'ailleurs longtemps, comme momifiés et sans aucune préparation particulière – le célèbre philosophe italien de la Renaissance Pic de la Mirandole verra d'ailleurs ces membres roussis et ces ossements « éternels » exposés à la porte de l'église abbatiale (« *vidimus ambustos artus atque ossa perenni...* »). Sur le panneau de droite un homme sans bras avance dans un chariot roulant. Les croquis préparatifs montrent également de nombreux amputés et béquillards. L'évanouissement du saint sur le panneau de gauche est peut-être consécutif à une crise d'épilepsie liée au mal. Les hallucinations sont représentées par les chimères, les monstres, les gnomes difformes et leur caractère illusoire est souligné par le fait qu'ils n'inquiètent pas les individus sains qui vaquent à leurs occupations habituelles : lavandières, paysans, ecclésiastiques, soldats. Un homme sans tronc ni bras évoque les troubles sensoriels du feu sacré ; la tête d'un cavalier ailé à droite du panneau central s'est transformée en fleur de chardon et n'échappera pas à Salvador Dali (qui s'en défendra pourtant) ; des créatures volantes, des poissons et des navires survolent la scène. Le saint en prière, allongé sur un attelage terrifiant tenant du crapaud et du loup, reste serein au milieu des monstres aériens comme à son dernier jour.

Si les stigmates de la maladie sont parfaitement exposés, la thèse de Laurinda Dixon va plus loin et le triptyque donnerait également de précieuses indications sur les traitements médicaux. On voit ainsi à droite du panneau central des patients dévêtus, une serviette sur l'épaule, descendre un escalier pour se rendre au bain, l'eau froide apaisant leurs brûlures. Le poisson froid, la glace passent à l'époque pour combattre les maladies dont la cause est « chaude ». Un gigantesque alambic rappelle les distilleries des apothicaires nécessaires à la fabrication des potions rafraîchissantes et des anesthésiants pour les amputations. Autre aliment « froid » : les racines de mandragore enduites avec du vinaigre constituent une préparation réputée contre le mal. Nommée également « herbe de Circé », elle a déjà servi à la magicienne pour transformer les compagnons d'Ulysse en porcs. Leur arrachage nécessite un protocole scrupuleux : c'est un chien, si possible noir et affamé, qui doit déterrer la plante une nuit de pleine lune pendant que son maître, les oreilles bouchées par de la cire, joue de la trompe en brandissant une épée avec laquelle il a initialement tracé trois cercles autour de sa cible. Le bruit de l'instrument doit couvrir le terrible hurlement que pousse la mandragore déracinée qui rend fou ou entraîne le décès immédiat de celui qui l'entend. Les mandragores trouvées au pied d'un gibet sont particulièrement appréciées, car fécondées par le sperme du pendu. La scène à gauche du panneau central évoque cette pratique avec un groupe de chiens et de musiciens, le maître d'un molosse ayant la tête recouverte d'un tronc d'arbre. La racine fourchue de la mandragore ressemble à des jambes humaines que l'on peut porter sur soi comme une amulette et qu'il est possible parfois de façonner en forme de mère nourricière. Elle est aphrodisiaque et guérit de la stérilité contrant les effets abortifs du feu sacré qui, par ailleurs, entraîne souvent la perte des organes génitaux masculins gangrenés. À droite du panneau central une figure maternelle enveloppée d'une racine chevauche un rat et se termine par une queue écaillée cumulant les effets « rafraîchissants » de la mandragore et du poisson. Sous le groupe des musiciens-cueilleurs est représenté un gigantesque fruit rouge, une pomme de mandragore, dont le jus a des propriétés anesthésiantes utilisées pour les amputations et des propriétés narcotiques que les bergers qui en consomment avant la sieste connaissent. Selon Giambattista della Porta, alchimiste italien du XVIe siècle, ce fruit donne aussi l'illusion de voler, ce qui expliquerait en partie le foisonnement des créatures aériennes du triptyque et son implication dans l'« onguent des sorcières » et leurs balais volants. Les élixirs contiennent aussi du vin et des opiacés aggravant l'ivresse et les hallucinations des malades. L'eucharistie du panneau central constitue sans doute une allusion au saint vinage. Acheté à la fin du XVIe siècle par le très pieux roi d'Espagne Philippe II qui a envahi les Pays-Bas et encourage l'Inquisition, le triptyque sera placé dans le monastère de l'Escorial qu'il vient de construire, à côté de l'hôpital ultramoderne dédié à saint Antoine et des alambics des apothicaires, symbolisant les effets thérapeutiques conjugués du sacré, de l'art et de la médecine.

Dans la même optique, le peintre bavarois Matthias Grünewald (1475 ?-1528), contemporain de Dürer, reçoit en 1513 la commande d'un retable pour l'hôpital des Antonins d'Issenheim, ville d'Alsace alors allemande située au sud de Colmar. Il achève son œuvre en 1515 et vit sur place, trouvant ses modèles au milieu des malades, copiant ces « chairs méticuleuses… sur les cadavres de la chambre des morts de l'office[6] », et tenant compte de son cahier des charges qui vise à la glorification d'Antoine afin d'aider les patients qui attendent un miracle, sinon un soulagement à leur souffrance, voire une rédemption. Le retable fermé nous montre une crucifixion effrayante d'une terrible beauté : le corps crispé et lacéré du Christ couvert des échardes des buissons épineux de la flagellation rappelle le mal des ardents. Les deux saints Jean qui l'entourent (le Baptiste et l'Évangéliste) protègent des convulsions. Sur les panneaux latéraux figurent, à droite, saint Antoine du désert avec ses attributs et, à gauche, saint Sébastien, l'archer transpercé par des flèches romaines. Ouvrons le retable et découvrons quatre images : l'annonciation avec l'archange

Gabriel à gauche, qui ne nous retiendra pas, et à droite une résurrection condensée avec l'élévation et la transfiguration du Christ. Son visage incandescent rayonne à l'intérieur d'un soleil de lumière pure – le soleil est l'ombre de Dieu, disait Michel-Ange, et l'ombre est un reflet qui n'a pas rencontré de miroir, selon Aristote. « La puissance du Très-Haut te couvrira de Son ombre[7] », explique Gabriel à la Vierge souvent assimilée à « la Femme revêtue du soleil » de l'Apocalypse. Pratiquement entre les deux panneaux centraux qui représentent à droite une Vierge à l'enfant et à gauche un concert d'anges musiciens, figure une carafe en cristal posée sur le sol qui segmente l'œuvre et semble en donner la clé.

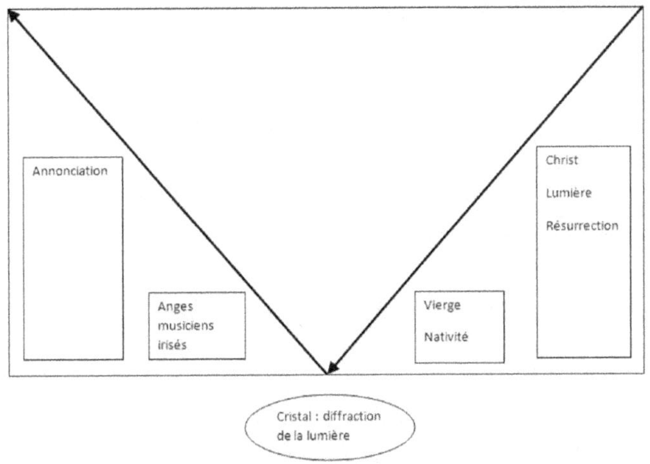

Saint Bernard de Clairvaux expliquait au XIIe siècle le mystère de l'incarnation et la virginité de la mère du Christ en la comparant au cristal traversé par les rayons du soleil sans être altéré : « Comme la splendeur du soleil traverse le verre sans le briser et pénètre sa solidité de son impalpable subtilité, sans le trouer, quand elle entre et sans le briser quand elle sort ; de la sorte, le Verbe de Dieu, lumière du Père, en pénètre l'habitacle de la Vierge et sort de son sein intact[8]. » Sur le panneau gauche les anges musiciens sont peints avec toutes les couleurs de l'arc-en-ciel, dans l'ordre des nuances du spectre, de l'infrarouge à l'ultraviolet, comme si la Vierge jouait le rôle d'un prisme et avait, deux siècles avant Newton, diffracté la lumière issue de la tête du christ transfiguré à sa droite vers les musiciens à sa gauche. Une autre nativité de Grünewald montre un arc-en-ciel en forme d'auréole autour de sa tête. Dans son tableau *L'Annonciation*, le peintre flamand Jan Van Eyck avait pris soin dès 1435 de placer la Vierge sous un vitrail qui rappelait les mots du fondateur des Cisterciens. À noter : l'un des anges qui se tient en retrait, bleu-vert, et qui arbore une crête de paon ; il pourrait figurer Lucifer, le « porteur de lumière ».

Le rôle thérapeutique de l'œuvre d'art qui attire, concentre et transforme la divine lumière pour nous en transmettre les vertus salvatrices jusqu'à l'incarnation ne peut trouver de représentation métaphorique plus somptueuse. Selon la loi du retour inverse de la lumière, il est logique de penser que les chromatismes de la musique des anges irisés menaient également vers la lumière et l'absolu en rebroussant chemin. On ne sait rien de la musique des Antonins, mais on peut supposer que les cérémonies qui accompagnaient la contemplation des tableaux ou des reliques et la déclamation de l'invocation au saint pouvaient bénéficier d'un accompagnement musical, ce qui expliquerait la place des anges musiciens et de leurs violes de gambe et autres instruments à cordes. Newton décrira sept couleurs à l'arc-en-ciel car il tenait à les mettre en concordance avec les sept notes de l'octave. À l'instar des tableaux de Bosch ou de Grünewald, les compositions musicales à l'époque fourmillent d'énigmes et de références symboliques, d'accords secrets aux pouvoirs mystérieux. Au XVIIe siècle encore le Florentin Jean-Baptiste Lully fera jouer une nuit entière la grande bande des violons de Versailles pour calmer la fièvre du Roi Soleil. Il composera plus tard un *Te Deum* qui l'emportera après qu'il se fut blessé le pied avec son propre « bâton de direction » d'orchestre. Dans ce *Te deum,* on entend un motet « Dieu sauve le roi » qui connaîtra un certain succès en Angleterre, même lorsqu'une reine sera au pouvoir : « *God save the Queen !* »...

Deux nouveaux panneaux apparaissent encore sous ces éléments après une dernière ouverture centrale du polyptique. Ils représentent des scènes de la vie d'Antoine et encadrent des sculptures en bois. Tout d'abord, la visite à Paul de Thèbes, un autre ermite du désert, montre des arbres calcinés du côté d'Antoine contrastant avec la végétation verdoyante qui entoure son alter ego ; des plantes médicinales sont représentées – verveine, orties, pavots, véroniques –, certaines composant le baume des Antonins d'Issenheim. La dernière vignette concerne bien entendu les tentations et les terribles démons, animaux monstrueux, mordent, griffent, frappent et tirent une fois de plus les cheveux du saint tombé à terre évoquant les hallucinations, les cauchemars et les douleurs du mal des ardents tels que les patients ont pu les décrire au peintre. Un sujet affalé en bas et à gauche, couvert de pustules, de chancres et de croûtes, les ailes du nez rongées, le ventre gonflé et les mains réduites à des moignons, assiste à la scène. Il semble cumuler les traces de plusieurs maladies, de la syphilis récemment introduite en Europe par les marins de Christophe Colomb au feu sacré en passant par la peste : « L'image peinte d'après la nature, dans la salle des malades, de cet être dolent et affreux de la tentation... n'est ni une larve ni un démon, mais bien un malheureux atteint du mal des ardents », affirmera J. K. Huysmans. Entre les panneaux, les statues en bois polychromes de Nicolas de Haguenau représentent saint Antoine avec son livre, son tau et un cochon, saint Jérôme et saint Augustin, dont la règle concernait les Antonins, un riche offrant un coq et un paysan un porcelet ; le secret de la guérison du mal des ardents se trouve soudain révélé.

On sait aujourd'hui que le feu de saint Antoine était lié à une intoxication alimentaire causée par un champignon parasite, l'ergot de seigle ou *Claviceps purpurea*, qui infeste aussi l'orge ou le blé. Il provoque une contraction des vaisseaux sanguins qui bloque l'arrivée du sang dans les membres entraînant leur gangrène et se révèle par ailleurs un puissant hallucinogène. L'arrêt de la consommation de pain avarié, la nourriture saine fournie par les Antonins et leurs cochonnailles, l'hygiène et le calme des commanderies expliquent plus prosaïquement les guérisons éventuelles. Ne dénigrons pas pour autant l'intérêt du retable pour les malades qui contemplaient le grand Christ en croix et « se consolaient en songeant que ce Dieu qu'ils imploraient avait éprouvé leurs tortures et qu'il s'était incarné dans une forme aussi repoussante que la leur, et ils se sentaient moins déshérités et moins vils[9] ».

Lysergsäurediethylamid

Bien plus tard, le chimiste suisse Albert Hoffmann qui travaille sur l'ergot de seigle en 1943, à Bâle, va en découvrir un alcaloïde qui fera sensation et inspirera John Lennon, bien qu'il s'en défende : le Lysergsäurediethylamid est en effet plus connu par ses initiales LSD et on doute que la chanson des Beatles « Lucy in the Sky with Diamond » n'ait rien à voir avec les hallucinations qui hantèrent Jérôme Bosch et sans doute saint Antoine du désert dont il a été montré que l'approvisionnement en pain était des plus aléatoire et la contamination par le champignon parasite plausible. Hoffmann décrit les effets de la drogue qu'il a testée en prenant une dose colossale, et le lien entre son « trip » et les monstres de Jérôme Bosch ou les irisations des anges musiciens de Grünewald paraît bien plausible : « Mon environnement se transforma alors de manière angoissante. [...] Les objets familiers prirent des formes grotesques et le plus souvent menaçantes. Ils étaient empreints d'un mouvement constant, animés, comme mus par une agitation intérieure. La voisine [...] n'était plus Madame R. mais une sorcière maléfique et sournoise au visage coloré... » Plus tard, il note : « Je commençai alors progressivement à apprécier ce jeu insolite de formes et de couleurs qui continuait derrière mes yeux fermés. Des formes fantasmagoriques et bariolées déferlaient sur moi en se transformant à la manière d'un kaléidoscope, s'ouvrant et se refermant en cercles et en spirales, jaillissant en fontaines de couleurs, se réorganisant et se croisant, le tout en un flot constant. Je remarquai notamment la façon dont toutes les perceptions acoustiques, telles que le bruit d'une poignée de porte ou celui d'une voiture passant devant la maison, se transformaient en sensations optiques. Chaque son produisait une image animée de forme et de couleur correspondante[10]. » Albert Hoffmann, comme saint Antoine du désert, s'est éteint à 102 ans passés, en 2008, avouant avoir à nouveau usé avec modération de sa découverte démoniaque à partir de ses 90 ans.

Ex-voto

Une jambe, une oreille, des yeux, un cœur, des reins, un sein, un sexe… D'autres représentations de pièces anatomiques ornent les lieux de culte, accompagnées de béquilles et de prothèses, mais aussi de peintures naïves, de maquettes de bateau, de bouées, d'ancres, de morceaux d'épave, de médailles, voire de volants d'automobile, de canons de fusil éclatés ; parfois, c'est une simple plaque de marbre portant l'abréviation latine V.F.G.A : « *Votum Feci Gratium Accepti* », c'est-à-dire : « J'ai fait un vœu, j'ai obtenu grâce. » Les ex-voto, depuis l'Antiquité, remercient d'une grâce obtenue, en la matérialisant – guérison d'un organe qui sera représenté et exposé sous la forme d'une plaque métallique, retour d'un marin après la tempête, d'un soldat revenu de la guerre, d'un homme que la foudre a épargné, d'un accident évité –, mais ils servent également à formuler un vœu, à implorer sa réalisation en échange de la fidélité d'un engagement spirituel, constituant ainsi une sorte de contrat avec les divinités. « Si tu veux apprendre à prier, va sur la mer », proclame avec son bon sens rustique Sancho Panza, l'écuyer de Don Quichotte. Parfois réalisés par des peintres ou des sculpteurs appointés, ils peuvent aussi constituer une œuvre personnelle ou celle d'un proche bénévole et s'inscrire dans le courant de l'art naïf et populaire. Ils témoignent d'une histoire, d'un drame évité et d'une époque, d'autant qu'ils sont parfois accompagnés d'une explication détaillée des événements représentés. Ici, la procession d'un village épargné par la peste noire qui décime Marseille et la Provence en 1720, avec son cortège de pénitents noirs en tête, suivis des pénitents blancs, du clergé, des élus et des villageois ; là, un texte à l'orthographe incertaine détaillant les faits : « Ex-voto. Vachier Baptistin a été miraculeusement préservé de tout danger sous sa char(r)ette par la Vierge du Beausset-Vieux. Samedi 31 mai 1874 tombé sous sa charrette, il a été relevé sans aucun mal par des soldats que les cris de son père qui conduisait la char(r)ette avai(en)t attiré. Beausset le 22 avril 1875. fait par M. Eusèbe Nicolas Sourd Muet'[11]. » Plus loin, l'œuvre polychrome du XVe siècle d'un sculpteur inconnu représente la fuite en Égypte : Joseph curieusement coiffé d'un chapeau melon conduit Marie et l'enfant Jésus montés sur une *saumeto*, une ânesse provençale. Les raisons de l'ex-voto ne sont pas clairement définies (exode des villageois ?).

Les peintures marines exposées à Notre-Dame-de-la-Garde à Marseille sont de toute beauté et d'un réalisme saisissant, tant par la représentation de la violence des éléments que par la reproduction fidèle des navires tourmentés et des manœuvres des équipages. Elles témoignent du talent et du professionnalisme de peintres souvent issus de la famille Roux, l'un d'entre eux devenant peintre officiel de la Marine en 1875. « Lorsque je contemplais ces ex-voto, ces peintures de naufrages suspendues autour de moi, je croyais lire l'histoire de mes jours », écrira Chateaubriand dans ses *Mémoires d'outre-tombe*. En 1820, Goya reconnaissant remerciera son médecin Arrieta pour ses bons soins en se peignant en souffrance dans les bras de son thérapeute alors que ce dernier l'aide à boire le remède qui le soulagera.

Amulettes, talismans
et pierres précieuses

Attirer et concentrer les puissances occultes dans un objet précieux capable de les transmettre à son propriétaire relevait parfois d'une alchimie complexe : « Si, dans un aimant, on trouve l'image d'un homme debout, nu, avec à sa droite une jeune fille debout, nue, aux cheveux attachés autour de la tête, que l'homme a la main droite posée sur le cou de la jeune fille et la main gauche sur sa poitrine, qu'il regarde le visage de la jeune fille, tandis qu'elle regarde par terre, il faut fixer cette pierre sur un anneau d'un poids égal au sien, en plaçant sous la pierre une langue de huppe, de la myrrhe, de l'alun, et autant de sang humain qu'en pèse une langue d'oiseau. Nul, en le voyant, ne pourra résister au possesseur de cette bague, que ce soit à la guerre ou dans un autre contexte : aucun voleur et aucune bête féroce ne pourront entrer dans la maison où se trouvera ladite pierre. Et un épileptique qui boit de l'eau où la pierre a trempé guérira. Imprime cette pierre dans de la cire rouge, suspends-la au cou d'un chien, et tant que cette pierre sera à cet endroit, il ne pourra jamais aboyer : toute personne qui porterait le sceau en question au milieu des voleurs, des chiens et des ennemis, sera épargnée par ces derniers[12]. »

La fabrication des amulettes n'atteint pas toujours la complexité des recettes de l'illustre rabbin de Barcelone, Salomon ben Adret (1235-1310), qui évoque peut-être Mars et Vénus dans sa recette. Son aîné Moïse ben-Nachman (1194-1300), dit Nachmanide, « prince de la Kabbbale », se contentait d'un sceau représentant le Lion du zodiaque pour soigner les affections rénales.

Les amulettes sont des objets protecteurs possédant des vertus naturelles et, contrairement aux talismans, d'emploi licite possible. Tirés d'animaux, de plantes, de minéraux et de pierres précieuses, leur origine remonte aux temps préhistoriques. Il y a 4 500 ans, Ötzi, dit Hibernatus, l'homme retrouvé congelé près des Dolomites en 1991, portait au cou un sachet de cuir contenant des objets protecteurs. Des oursins fossiles utilisés en pendentif ont été retrouvés sur des sites néolithiques de l'âge du bronze et du fer. Perses, Chaldéens, Égyptiens, Grecs, Hébreux comptaient sur des scarabées d'or, des cordelettes nouées, sur l'œil d'Horus, sur des anneaux magiques, des pierres précieuses, des fragments de papyrus ou de parchemins marqués de caractères sacrés ou des textes saints pour éloigner le mauvais sort. À la fin du XIVe siècle, Charles V en possédait toute une panoplie : pour guérir de la goutte, une pierre enchâssée dans de l'or, avec la représentation d'un roi taillée sur une de ses faces et sur l'autre des caractères hébraïques ; contre les venins, une petite boîte contenant, pendus à une chaînette d'or, une tête de serpent noire et un osselet blanc carré ; un fermail d'or orné de quatre rubis et diamants gravé du nom des rois mages dont on ignore aujourd'hui l'usage. Saint Jean Népomucène ayant été noyé dans la Moldau à Prague en 1393 par le roi Venceslas IV pour avoir refusé de lui dévoiler les secrets de la confession qu'il avait reçue de son épouse, la langue de Népomucène, amulette en pierre sertie dans de l'argent, protégeait des maux de langue et des médisances. Le clergé d'Aix-la-Chapelle offrit à Napoléon le talisman que Charlemagne portait au cou. Le chapeau de Louis XI s'ornait de médailles protectrices. Aujourd'hui, saint Christophe ou un brin de buis ou d'olivier béni le dimanche des rameaux assurent encore quelquefois la protection des automobilistes ; le muguet du 1er Mai, hautement toxique, porte bonheur ; on cherche des trèfles à quatre feuilles ; un fer à cheval orne parfois la porte d'entrée d'une maison, captant et redistribuant les énergies favorables...

Contrairement aux amulettes, les talismans sont des objets fabriqués et « consacrés » investis d'un pouvoir magique grâce à un rituel qui permet aux influences astrales de s'y condenser. Ils sont souvent fabriqués sur mesure en tenant compte des caractéristiques en particulier astrologiques du destinataire. Ils protègent, mais permettent aussi d'attaquer, et possèdent des effets magiques. Leur fabrication requiert un support le plus souvent minéral ou métallique en correspondance avec la planète invoquée. Le talisman sera gravé avec des symboles ésotériques, des nombres, des sceaux, des textes et des images *ad hoc*. « Image » (*imago*, *ymago*) est d'ailleurs au Moyen Âge le nom le plus courant des talismans astrologiques. Giorgio Anselmi, professeur à la faculté de médecine de Bologne en 1448-1449, détaille la science de la composition des images et des talismans utilisant des caractères magiques. Il distingue d'une part l'*altigraphia*, l'art d'accomplir ce que l'on désire par le biais d'images ou par l'impression de sceaux, avec l'aide des corps supracélestes et d'incantation et, d'autre part, l'*altiphitica*, l'art par lequel on tente d'agir sur le corps d'un autre être en employant des cérémonies ou l'image seule. Paracelse, alchimiste et professeur à l'Université de Bâle de 1526 à 1528, fera référence à l'Égypte et à la Perse antique, parlant de « semences célestes [...] capables d'enfermer l'influence sidérale dans un corps ». Il écrira sur les talismans et les pierres, naturellement ou artificiellement gravés, qui ont préservé ceux qui les ont portés. Leur fabrication est préférable la nuit, si les conditions météorologiques et la position de la lune le permettent, au moment précis où l'astre choisi exerce son influence maximale. La couleur du talisman a son importance et oriente vers le choix d'une planète adaptée : le rouge utilisé pour demander de l'aide dépend du Soleil, de Vénus ou de la Lune, le blanc pour l'amitié et l'amour requiert l'influence de Saturne ou de Jupiter. L'opérateur choisit ses habits en fonction : jaune doré et soyeux pour invoquer le Soleil ; rosés et soyeux pour Vénus ; noirs et laineux pour Saturne, l'astre de la mélancolie. Il jeûne et l'abstinence sexuelle est de mise pour garantir le résultat (2 à 7 jours !). Il doit manger le foie de l'animal sacrifié au début de la cérémonie : un corbeau noir pour Saturne, un mouton pour Jupiter, un chat tigré pour Mars, un pigeon pour Vénus, etc. Des ingrédients et des accessoires sont nécessaires : vulve de louve, verge de lièvre, yeux de chat blanc, encens, camphre pour un talisman d'amour, etc. Des fumigations complexes et minutieusement décrites sont nécessaires ainsi que des invocations, des vocalises, des prières et des psaumes adaptés. La moindre erreur dans ce protocole rigoureux peut être fatale : « Ceux qui ne savent pas faire exécuter les opérations courent de très grands dangers et il leur arrive de terribles accidents », dit *Le Picatrix*, l'un des plus célèbres traités de magie médiévale. Le talisman peut servir de sceau et s'imprimer sur de la cire. L'endroit du corps où il doit s'attacher est également scrupuleusement réglementé.

Saint Augustin réfute dès la fin du ve siècle ces pratiques magiques illicites et démoniaques dans *La Cité de Dieu* (X, 11). Saint Thomas d'Aquin au XIIIe siècle poursuivra sa lutte mais reconnaîtra dans sa *Somme théologique*[13] qu'il « est permis de s'accrocher au cou des paroles sacrées en guise de remède » ou pour écarter les serpents, puisque l'efficacité en est signalée dans le psaume 58, 5 : « comme l'aspic sourd et qui se bouche les oreilles pour ne pas entendre la voix de l'enchanteur » et dans l'Évangile de saint Marc (16,17) : « En mon nom ils chasseront les démons, ils parleront des langues nouvelles, ils saisiront les serpents. » En juillet 1301, Arnaud de Villeneuve, le plus grand médecin de l'époque, officie à Montpellier et soigne le pape Boniface VIII de coliques néphrétiques avec un sceau astrologique. Il nous livre un secret de fabrication : « Prends de l'or très pur et fonds-le quand le soleil entre dans le Bélier, le quinzième jour des calendes d'avril, puis fais-en un sceau rond en disant : "Viens Jésus, lumière du monde, vrai agneau de Dieu qui ôte les péchés du monde, et illumine nos ténèbres" ; récite le psaume : "Seigneur, notre Seigneur..." Ensuite, la Lune étant dans le Cancer ou dans le Lion, graves-y d'un côté un bélier quand le Soleil est dans le Bélier et, autour de lui : "ARAHEL TRIBUS IUDA. V ET VII" ; de l'autre côté, grave ces mots les plus sacrés : "Le Verbe s'est fait chair et est descendu parmi nous", avec, au centre, Alpha et Omega et Sanctus Petrus. Ce sceau précieux vaut contre tous les principaux démons et ennemis, les maléfices, vaut pour le commerce et permet d'obtenir la faveur, il protège de tous les dangers, de la foudre, des tempêtes, des inondations, des assauts des vents et des pestilences. Celui qui le porte est honoré et craint en toutes choses. Les habitants de la maison dans laquelle il aura été déposé n'auront rien à redouter. Il guérit les démoniaques, les frénétiques, les maniaques et les angineux ainsi que toutes les affections de la tête, des yeux et celles par lesquelles le catarrhe descend de la tête... En résumant, il écarte tous les maux et procure des biens. Que celui qui le porte prenne garde d'éviter, autant qu'il le peut, saleté et luxure ainsi que les autres péchés mortels. Il portera ce sceau sur la tête avec révérence et honneur[14]. »

Diamonds are a girl's best friend

Et voici, pour vous, Mesdames, quelques belles pierres précieuses dont l'éclat est indispensable à la santé. Le diamant « repousse toute crainte, les visions des songes incertains, les spectres des ombres, les poisons et les procès », mais « il faut porter cette pierre sertie dans de l'argent ou dans de l'or et porter ce bracelet au poignet gauche » ! L'émeraude « suspendue au cou met en fuite la fièvre demi-tierce, soigne ceux qui perdent la raison... redonne vigueur aux yeux fatigués, peut, croit-on, détourner les tempêtes ». Votre bijoutier acceptera sans doute d'y graver « une harpie et, sous ses pattes, une murène » et d'« enfermer sous la pierre une racine de smilax » de façon à vous protéger contre « les visions délirantes, les frayeurs et tout ce qui affecte les lunatiques ». Un cadeau ? La topaze « écarte les maléfices de la maison », « gravée d'un faucon elle procure grâce, bienveillance et amour, donne de la noblesse à l'homme ». Pour le rubis : « Si l'on (y) trouve la belle et effrayante figure du Dragon, sache que son pouvoir est d'augmenter les biens terrestres, et elle apporte à son possesseur la joie et la santé. » Conseils aux voyageurs : « Si on grave une squille [sorte de crevette] sur une agate et qu'on porte la pierre dans un anneau, on ne sera jamais piqué par un scorpion. » Quant au corail, il « écarte la foudre, les bourrasques et les tempêtes loin du navire, de la maison ou du champ où on le porte ». Enfin, Messieurs, sachez que « si l'on grave dans un cristal une image de femme, les cheveux répandus sur les seins, ainsi qu'un homme tout juste arrivé et qui lui démontre quelque marque d'amour, et qu'on fixe cette pierre sur de l'or, et si la pierre porte de l'ambre, de l'aloès et cette herbe qu'on appelle polium, le possesseur de cette pierre obtiendra l'obéissance de tous, et si tu touches une femme avec cette pierre, elle agira selon ta volonté ; et si tu la poses sous ta tête en allant te coucher, tu verras en songe tout ce que tu désires[15] ». *Faisons un rêve*, proposait Sacha Guitry avec insouciance.

Marcile Ficin (1433-1498), qui dirigea l'Académie platonicienne de Florence pour les Médicis, utilisa les talismans astrologiques et poursuivit l'étude des effets de la musique et des couleurs pour soigner les maladies que relevaient déjà les Égyptiens de l'Antiquité. Son intérêt pour leurs effets psychologiques annonce Goethe et sa théorie des couleurs qui influencera les artistes thaumaturges. Il échappa de peu aux foudres de l'Église…

CHAPITRE 2

L'harmonie des sons et des couleurs

Les chemins de la connaissance

La croyance en un pouvoir thérapeutique d'origine surnaturelle aux œuvres d'art est progressivement remplacée ou complétée par l'étude plus pragmatique des effets psychologiques ou physiologiques des sons et des couleurs en particulier et de leur harmonie. D'autres savants et artistes vont partir à la recherche du secret des anges musiciens de Grünewald et de leur chemin à rebours menant vers la connaissance et la lumière...

Couleurs et musiques : mono- ou bithérapie ?

En 1641, le jésuite allemand Athanasius Kircher qui enseigne à Rome publie une étude sur le tarentisme ou tarentulisme : dans le sud de l'Italie, la morsure de la tarentule est supposée plonger sa victime dans un état de léthargie mélancolique qui peut conduire à la mort. Le seul remède connu est la tarentelle, danse très rapide associée à des chants auxquels participe tout le village, afin de dissiper les effets du venin. Dans son *Magnes, sive de arte magnetica*, ouvrage ésotérique traitant du magnétisme, de l'amour, de la terre, du cosmos et de la musique, le chapitre sur le tarentisme détaille non seulement le pouvoir thérapeutique de la musique, mais également celui des couleurs qui participent en synergie au traitement de la mélancolie. François Couperin, qui touche le clavecin pour Louis XIV, compose en 1722 une suite qu'il nomme *Les Folies françoises* ou *Les Dominos*, et qui regroupe de petites pièces d'une inventivité sans borne, évoquant chacune un caractère décrit par La Bruyère et associé à une couleur : la Virginité sous le domino couleur d'invisible, la Pudeur sous le domino couleur de rose, l'Ardeur sous le domino incarnat, l'Espérance sous le domino vert, la Fidélité sous le domino bleu, la Persévérance sous le domino gris de lin, la Langueur sous le domino violet, la Coquetterie sous différents dominos, les Vieux Galants et les Trésorières surannées sous des dominos pourpres et feuille morte, les Coucous bénévoles sous des dominos jaunes (au XIIe siècle, « être peint en jaune » signifie déjà, selon Furetière, « être trompé par sa femme »), la Jalousie taciturne sous le domino gris de maure, la Frénésie, ou le Désespoir, sous le domino noir. La suite se joue dans cet ordre précis et constitue un ensemble architectural savant rappelant Schumann et son *Carnaval* ou ses *Scènes d'enfants.* Pensait-il déjà, comme le formulera en 1839 le chimiste Eugène Chevreul dans sa loi du contraste simultané des couleurs et de l'assortiment des objets colorés, que la couleur propre d'un objet n'existe pas, mais qu'elle dépend de la couleur des objets environnants, transposant cette donnée physique dans le domaine de la psychologie, un sentiment, un caractère n'existant que par interactions et contrastes avec les personnes environnantes ?

Comme en atteste son *Traité des couleurs,* paru aux alentours de 1810, Goethe s'intéressera aussi aux effets psychologiques des couleurs, commençant « là où la physique s'arrête » selon son préfacier Rudolph Steiner (1861-1925), le fondateur de l'anthroposophie, discipline qui vise à restaurer le lien entre l'homme et les mondes spirituels et qui veut signifier par ces mots l'insuffisance de la pensée scientifique de Newton face à la vision « poétique » et intuitive de son maître. Les explications physiopathologiques de Steiner dans son opus *La Nature des couleurs*, inspiré par l'auteur de *Faust*, laissent pantois. Il note ainsi : « le rouge détruit le sang, extrait l'oxygène du corps et ranime l'œil », alors que le bleu laisse le nerf « intact et le corps envoie dans l'œil un sentiment de bien-être ». Steiner constate également que le rouge excite : « J'ai même connu des poètes qui ne pouvaient pas composer leurs poèmes dans leur état ordinaire : ils s'asseyaient dans des pièces où les lampes étaient couvertes d'un abat-jour rouge. Ce qui provoquait en eux une certaine excitation, et ils pouvaient alors écrire. » Enfin la lumière traite l'anémie et l'explication est claire : « Si j'amène un homme pâle dans une contrée où il y a beaucoup de lumière, il est incité à ne pas employer constamment son carbone pour faire de l'acide carbonique, parce que la lumière fait monter l'oxygène dans la tête. Il retrouve alors un teint normal... »

Il n'est pas étonnant que ces thèses attirent les artistes. Le peintre suisse Johannes Itten qui enseigna au Bauhaus, l'institut des arts de Weimar, entre 1919 et 1923, écrit dans son *Art de la couleur* des mots qui auraient reçu l'aval des anges musiciens de Grünewald : « Les couleurs sont des forces rayonnantes, génératrices d'énergie qui ont sur nous une action positive ou négative, que nous en ayons conscience ou non. » Itten influencera ses collègues, Paul Klee et surtout Kandinsky qui s'exprimera aussi sur le blanc à Cologne à propos de la canicule de l'été 1911 : « J'avais l'impression de me trouver en présence d'un malade grave qui doit transpirer à tout prix mais résiste à tous les traitements qu'on lui fait subir... Sa peau se déchire. Le souffle lui manque. Subitement la nature m'apparut blanche ; le blanc (le grand silence-plein de choses possibles) se montrait partout et s'étendait visiblement. Je me suis souvenu plus tard de ce sentiment, en observant que j'avais accordé au blanc un rôle spécial, soigneusement étudié, dans mes tableaux. Je sais depuis ce moment quelles possibilités insoupçonnées cette couleur fondamentale recèle[1]. » Dans son manifeste *Du spirituel dans l'art et dans la peinture en particulier*, Kandinsky notera : le jaune « énerve l'homme... le pique et l'excite, s'impose à lui comme une contrainte, l'importune avec une espèce d'insolence insupportable » qu'il compare aux trompettes des fanfares, contrairement au bleu céleste qui « apaise et calme en s'approfondissant », évoquant le son d'un violoncelle ou d'une contrebasse. Le rouge est sécurisant et donne une impression de bonne santé, alors que le violet est maladif... Rappelons ici que, comme les anges irisés de Grünewald, Kandinsky jouait lui-même du violoncelle, Paul Klee du violon en concertiste et que Goethe, obsédé par Mozart, tenta d'écrire une suite à... *La Flûte enchantée* !

Matisse soigne avec des tableaux,
Fernand Léger découvre les couleurs de la santé

Une exposition sur « L'Art médecine » s'est tenue au cours de l'été 1999 au musée Picasso à Antibes. On y apprenait que Matisse, alité et invalide à la suite d'une chirurgie colique compliquée d'embolie pulmonaire, peignait sur les murs de sa chambre avec un fusain fixé au bout d'une perche et prêtait ses toiles à des amis malades, en particulier au peintre Pierre Bonnard, dans l'espoir de les soulager. « Un tableau doit être tranquille au mur. Il ne faut pas qu'il introduise chez le spectateur un élément de trouble et d'inquiétude[2] », disait-il, ajoutant dans ses notes, alors que sa propre santé déclinait : « Je veux un art d'équilibre, de pureté, qui n'inquiète ni ne trouble ; je veux que l'homme fatigué, surmené, éreinté, goûte devant ma peinture le calme et le repos[3]. » Matisse ira dans sa quête de sérénité jusqu'à comparer sa peinture à « un bon fauteuil qui délasse de ses fatigues[4] » et représentera ce dernier en 1946 dans son tableau *Fauteuil rocaille* où nombre de ses modèles s'y abandonneront alanguies. Quarante ans après avoir rendu hommage à Baudelaire avec sa toile *Luxe, calme et volupté,* il continuera à vouloir panser les blessures de l'existence par son optimisme lumineux.

L'engagement militant de Fernand Léger contraste avec le confort vite qualifié de « bourgeois » de Matisse. Il le conduit à souhaiter un art moderne, public, au service de la société, permettant l'invention et l'épanouissement de nouvelles conditions de vie, l'apparition d'un homme nouveau. Se souvenant de ses expériences pendant la guerre au cours de laquelle « une lumière, une couleur, un ton étaient interdits sous peine de mort[5] », il écrit dans ses textes sur la fonction de la peinture que la couleur est « une nécessité vitale », rejoignant l'esthétique de la philosophie de Hegel pour qui « dans la peinture, la couleur est l'extrême point de vitalité » et celle du poète Charles Baudelaire pour qui la couleur est « la sève même de la vie » − on se souvient que l'auteur des *Fleurs du mal* transformait les immondices en or par les nuances de ses textes ou que le peintre Delacroix pensait pouvoir peindre Vénus avec de la boue s'il possédait les couleurs adéquates. À la fin de la guerre, Fernand Léger trouve jolis les étals pourpres des bouchers et les vitrines « des belles pharmacies ». Pour éviter « le désordre coloré qui fait éclater les murs », « brise la rétine, aveugle et rend fou », il limite sa palette à trois couleurs fondamentales : jaune, rouge, bleu (à l'instar des théories de Kandinsky, d'Aristote et de Newton), ajoutant parfois du vert. Ses couleurs éclatantes, débordantes de vitalité, finissent par s'autonomiser et se libérer du dessin sous-jacent.

Si au XIXe siècle, le chimiste et fabriquant de couleurs anglais George Field utilisait des pigments purs pour les trois couleurs primaires (silice pour l'outremer, alumine pour le carmin et chaux pour le jaune citron) y voyant une preuve de la Sainte Trinité, Fernand Léger, plus prosaïquement leur attribue des actions sur le psychisme humain inspiré par le traité des couleurs de Goethe. Il est persuadé que les couleurs de la cité peuvent contribuer à l'amélioration de la vie de ses habitants et la rendre plus lumineuse et détaillera ses idées dans son texte sur les fonctions de la peinture « L'architecture moderne et la couleur ou la création d'un nouvel espace ». La couleur est pour lui solaire et crée un sentiment de joie et d'optimisme, en particulier le jaune qui communique une impression de chaleur et de bien-être. Le bleu est étrange et constitue, selon les mots de Goethe, une sorte de « néant attirant », ce que ne renieront pas les amateurs d'apnée et de plongée sous-marine ; il repose et convient aux sujets nerveusement épuisés. Aussi le peintre imagine-t-il de vastes panneaux muraux à l'extérieur comme à l'intérieur des bâtiments urbains, accueillant avec enthousiasme le projet de décoration d'un l'hôpital à Saint-Lô qu'il rêve polychrome. « Je trouve tristes ces hôpitaux aux murailles grises, je les voudrais pleins de couleurs », confie-t-il à un journaliste[6], ajoutant : « Pourquoi les malades aiment-ils les fleurs ? La vision de leurs coloris ardents jette une sorte de pont entre leur chair mortifiée et le grand rythme frais, tout en parfums et en couleurs, de la nature. Créer la fleur autour du recueillement physiologique des convalescents ne serait-ce pas le rendre plus doux, tout en hâtant le retour de la vitalité ? Quel esthéticien fera l'apologie de la couleur ? Il serait possible d'établir sa valeur psychologique aussi bien que son importance physiologique. » Léger en discutera longuement avec des étudiants en médecine à Lyon passionnés par ses théories vers 1947 et l'idée de « cures par la couleur » germera. Il dira quelques années plus tard : « Évidemment, il ne s'agirait pas de mettre un nerveux dans un bain rouge… Au bout de quinze jours, il deviendrait complètement fou. Par contre, si l'on place un lymphatique dans une salle complètement rouge, avec des rouges différents d'ailleurs, et qu'on envoie un projecteur là-dessus, alors le lymphatique sentira monter peu à peu en lui un nouveau flux de vigueur, il se rechargera lentement, comme un accu[7]. » Ailleurs, dans les fonctions de la peinture, il proposera des salles « reposantes, vertes et bleues pour les nerveux, d'autres salles jaunes et rouges pour les déprimés et les anémiés ».

Paul Nelson, l'architecte franco-américain de l'Hôpital mémorial France-États-Unis de Saint-Lô, accepte les idées du peintre qui prévoit une façade principale colorée de vastes quadrilatères rouges, bleus, oranges et jaunes, ponctués de bandes blanches, mais les commanditaires ne donnent pas leur accord. Le peintre doit se contenter d'appliquer ses théories généreuses et ses couleurs thérapeutiques à l'intérieur de l'établissement, en particulier dans le hall et les chambres des patients, signant son projet d'une simple mosaïque à l'extérieur.

Chromatothérapie et luminothérapie

Il faudra le génie logique et l'assurance d'un Ludwig Wittgenstein pour oser s'attaquer à Goethe et à ses suiveurs et semer le doute. « La doctrine goethéenne relative à la genèse des couleurs du spectre n'est pas une théorie qui se serait révélée insuffisante, ce n'est en réalité nullement une théorie. Elle ne permet de rien prédire. Elle est plutôt un vague schéma de pensée… », écrit le philosophe autrichien dans ses *Remarques sur les couleurs,* effaçant d'un trait vingt années de recherches passionnées du maître de Weimar et toute la glose associée. Il ajoute, perfide : « Je doute fort que les remarques de Goethe sur le caractère des couleurs puissent être utiles à un peintre. Tout juste à un décorateur. » La chromathérapie ou chromatothérapie reste une médecine non conventionnelle qui utilise des lumières colorées projetées sur le corps de façon globale ou localisée, empruntant parfois à la médecine chinoise, en ciblant un point d'acupuncture, ou à la tradition hindouiste en visant l'un des sept chakras – centres d'énergie associés aux sept couleurs de l'arc-en-ciel. Asclépiade de Bithynie, médecin grec venu exercer à Rome en 91 avant J.-C., affirmait qu'un séjour dans un lieu rempli de couleurs lumineuses constituait un remède apaisant contrairement à l'opinion de l'époque qui attribuait cette qualité à l'obscurité. « Arrivé à une extrême vieillesse, il se tua en tombant dans un escalier », nous apprend Pline l'Ancien sans nous informer si la chute de l'hygiéniste grec fut provoquée par un manque d'éclairage ! On sait aujourd'hui que l'obscurité prolongée ou un manque de lumière chez les rongeurs induit un état de dépression associé à des modifications structurelles du cerveau[8], tandis que la cécité complète augmente le risque de dépression.

Les effets thérapeutiques de la lumière ont été récompensés dès 1903 par le Nobel de médecine attribué au médecin danois Niels Ryberg Finsen. La luminothérapie utilise une lumière proche de celle du soleil sans infrarouges ni ultraviolets (potentiellement dangereux pour la peau ou les yeux) lors de séances d'une vingtaine de minutes et constitue aujourd'hui un traitement reconnu dans les dépressions saisonnières et les insomnies. Son action se situe au niveau du métabolisme de la mélatonine et permet de réguler l'horloge biologique tout en évitant les effets secondaires et l'accoutumance aux psychotropes. La dépression saisonnière consiste en une perte de l'élan vital et une sorte d'hibernation au cours de laquelle le sujet tend à réduire ses activités, somnole au point de ne plus pouvoir se rendre à son travail, présente des sentiments d'autodépréciation et de douleur morale mais, contrairement à la dépression habituelle, voit son appétit augmenter, en particulier pour les mets sucrés, voire l'alcool – on pense à la fameuse poutine des Québécois, plat pour le moins calorique constitué de frites et de fromage en grains de cheddar frais recouvert d'une sauce barbecue chaude... Les symptômes peuvent survenir dès la fin de l'été et jusqu'au printemps, en particulier dans les pays où l'hiver s'éternise comme au Canada, touchant ici 3 % de la population et pouvant conduire à des suicides printaniers. Le « blues de l'hiver », moins dramatique, affecte 20 % des Canadiens en particulier les femmes.

Les troubles du sommeil bénéficient également de la luminothérapie qui régule l'horloge interne et évite les effets secondaires des somnifères sur la mémoire, le sommeil profond réparateur, la somnolence matinale, l'accoutumance. Par exemple, si le patient présente une « avance de phase » de sommeil, c'est-à-dire s'il s'endort et se réveille trop tôt, ce qui est souvent le cas dans la maladie d'Alzheimer, une séance d'exposition à la lumière en fin d'après-midi peut retarder l'apparition de l'endormissement ; de même, si le sujet s'endort et se réveille tard, la lumière proposée le matin avancera l'heure du coucher. La luminothérapie peut aussi être utile dans le travail de nuit, réveillant le sujet au début de son activité, au milieu de la nuit lorsqu'il risque de s'endormir ; elle est bien entendu à proscrire le matin pour permettre le repos diurne. Elle trouve également une application dans les décalages horaires (matinale pour un voyage vers l'est, vespérale pour un voyage vers l'ouest) et dans la fatigue chronique, quelle qu'en soit l'origine. Elle sera alors proposée en séances matinales pour éveiller le patient, accroître sa vigilance et tenter de resynchroniser ses rythmes biologiques en simulant une belle journée ensoleillée, effet de mise en forme qui peut intéresser tout un chacun...

De la note bleue à Mood Indigo

En affectant des hormones comme la mélatonine et des nutriments comme la vitamine D, la lumière exerce un impact majeur sur le corps, l'esprit et le comportement. En dehors des cônes bleus, verts et rouges, impliqués dans la vision des couleurs, et des bâtonnets, impliqués dans la perception de la lumière, un troisième type de photorécepteurs tapisse notre rétine. Ces derniers, bien que très sensibles à la lumière bleue, ne sont impliqués que dans la médiation de réponses non visuelles comme les cycles du sommeil ou la vigilance. Ils se connectent aux structures cérébrales concernées, en particulier l'hypothalamus qui assure la liaison entre le système nerveux et le système endocrinien, ce dernier contrôlant la sécrétion des hormones. Ces photorécepteurs rétiniens synchronisent les rythmes endogènes sur les variations cycliques de l'environnement et permettent ainsi l'adaptation aux variations saisonnières ou au décalage horaire. L'horloge interne génère des oscillations proches de 24 heures, et les systèmes effecteurs de l'horloge aboutissent à la régulation temporelle des rythmes physiologiques, neuroendocriniens et comportementaux. Ces derniers activent en particulier l'épiphyse, ou glande pinéale, qui sécrète la mélatonine, hormone permettant l'adaptation à l'obscurité et supposée efficace pour lutter contre le décalage horaire. De la dopamine protectrice pour l'ensemble des photo-récepteurs est également sécrétée dans la rétine sous l'influence de la lumière et de la mélatonine qu'elle régule en retour.

Ainsi la lumière peut nous mettre en forme, car elle aide à réguler nos rythmes circadiens par les connexions existant entre la rétine et l'hypothalamus, contrairement aux idées noires qui peuvent réellement nous faire voir la vie en gris et sont littéralement « toxiques » pour notre rétine – j'ai ainsi vu des parkinsoniens arborer les lunettes bleues de John Lennon, espérant un effet sur leur sécrétion de dopamine et leur humeur... et des migraineux arborer des lunettes roses. C'est la couleur du filtre FL-41 qui atténue une partie de la lumière bleue et verte, prévient les crises et protège mieux que de simples lunettes foncées de la photo-phobie associée. Le même filtre permet aux patients dystoniques présentant une contracture forcée des paupières d'atténuer leur blépharospasme et de pouvoir reprendre le volant[9].

L'éclairage ambiant joue également un rôle dans les fonctions intellectuelles comme l'attention, la mémoire de travail, la qualité du décryptage des informations sensorielles. Le rouge, qui accroît la force physique et la vélocité[10], augmente également les performances visuelles qui requièrent une concentration accrue sur les détails, contrairement au bleu qui semble accroître la créativité et l'innovation[11].

L'efficacité de la luminothérapie suggère que la lumière est en mesure d'influer notre humeur sur le long terme. L'amygdale, composante essentielle du cerveau émotionnel, en particulier dans l'angoisse et la peur, est, elle, très réceptive aux changements rapides de lumière ambiante. Gilles Vandewalle de l'Université de Liège, en Belgique, et ses collègues[12] ont émis l'hypothèse que la lumière bleue pouvait influencer nos émotions lors de courtes expositions et moduler les réponses du cerveau émotionnel. Dans leur travail, l'IRM fonctionnelle permet d'enregistrer l'activité cérébrale de sujets sains des deux sexes qui écoutent pendant 40 secondes une voix, masculine ou féminine, neutre ou manifestement en colère. Les mots employés sont dépourvus de sens et seule compte la « mélodie » du langage ou prosodie.

Les sujets sont exposés en parallèle à une lumière ambiante bleue ou verte. Les résultats montrent en lumière bleue (par rapport au vert) une meilleure perception de la voix colérique dans les zones habituelles de réception des sons (cortex temporal) et de la mémorisation (hippocampe), mais également une amplification des connexions avec les structures impliquées dans les émotions (amygdale) ou avec l'horloge interne (hypothalamus) : les réponses à la stimulation émotionnelle sont donc influencées tout autant par le décodage cérébral des informations vocales que par la couleur ambiante. L'influence de la lumière bleue sur la réactivité affective et la mémoire des émotions est donc immédiate et permet une adaptation rapide du comportement à l'environnement. À noter, avant l'achat d'une prochaine cravate ou d'une robe de soirée, que l'augmentation des émotions ressenties en lumière bleue concernait l'écoute d'une voix courroucée, ce qui semble surtout conforter le choix de la couleur des uniformes des gendarmes et des policiers, l'extension au domaine de la séduction n'étant qu'une supposition corollaire ; de plus, le bleu utilisé pour l'expérience est celui du ciel (480 nm), et non pas le bleu outremer ou le bleu d'Yves Klein. L'optogénétique permet d'incorporer de la rhodopsine couplée à des gènes à l'intérieur de neurones dont le métabolisme ainsi modifié sera spécifiquement activé par la lumière bleue projetée à l'intérieur du cerveau par une fibre optique. Guérison du Parkinson, de la cécité, du diabète et contrôle des comportements par la lumière sont recherchés. Le secret des anges de Grünewald ?

« L'art est une garantie de santé mentale », disait la plasticienne et sculptrice Louise Bourgeois (1911-2010) qui considérait cette phrase comme la plus importante qu'elle ait jamais prononcée. Gravée sur le bandeau de métal qui cercle un gigantesque réservoir cylindrique en bois de cèdre destiné à recevoir de précieux liquides physiologiques et dans lequel le spectateur est invité à entrer, son installation monumentale *Precious liquid* date de 1992. Elle réécrira cette phrase fondamentale en lettres capitales au crayon sur un papier rose rectangulaire en 2000. Des artistes « modernes » ou contemporains revendiquent donc, à l'instar de leurs aînés, une fonction thérapeutique à leur pratique. Ils ambitionnent d'aider leurs spectateurs à retrouver un équilibre rompu, sinon la santé, en contemplant leurs œuvres, en interagissant avec elle, voire en pénétrant à l'intérieur.

CHAPITRE 3

Art et thérapie

Vincent voulait nous offrir la lumière du soleil, comme plus jeune il avait tenté de répandre sa foi, et nous l'avions rejeté avec son bouquet de tournesols – *sunflower* en anglais, signifie littéralement « fleur du soleil ». Personne ne s'intéressait aux toiles d'un artiste agité dont les débordements gênaient l'ordre public. Alors il nous avait offert comme cadeau de Noël en 1888 son oreille gauche enveloppée dans du papier journal. Il souhaitait « un soleil, une lumière que, faute de mieux » il ne pouvait « appeler que jaune, jaune soufre pâle, citron pâle, or ». C'est curieusement Rembrandt qui lui avait donné cette envie profonde de clarté lorsqu'il admirait ses toiles à Amsterdam et le comparait à Shakespeare, souhaitant à son tour parvenir avec ses couleurs à exprimer « cette tendresse navrée, cet infini surhumain entrouvert » : « J'ai cherché à exprimer avec le rouge et le vert les terribles passions humaines… », écrit-il encore à son frère Théo, ajoutant : « J'ai toujours l'espoir de trouver quelque chose là-dedans. L'amour de deux amoureux par un mariage de deux complémentaires, leur mélange et leur opposition, les vibrations mystérieuses des tons rapprochés. Exprimer la pensée d'un front par le rayonnement d'un ton clair sur un fond sombre. L'espérance par quelque étoile. L'ardeur d'un être par un rayonnement de soleil couchant… »

Vincent trouvera l'incandescence en se consumant aux couleurs du Sud comme à celles des estampes du pays du Soleil levant, Icare perdant ses ailes ou Prométhée voleur du feu des dieux, se détruisant à mesure que sa peinture devenait plus rayonnante. Il note : « Vouloir voir une autre lumière, croire que regarder la nature sous un ciel plus clair peut nous donner une idée plus juste de la façon de sentir et de dessiner des Japonais. Vouloir enfin voir ce soleil plus fort, parce que l'on sent que sans le connaître on ne saurait comprendre au point de vue de l'exécution, de la technique, les tableaux de Delacroix et parce que l'on sent que les couleurs du prisme sont voilées dans de la brume dans le Nord. » Celui qui sait comme un musicien apporter un « bémol à certaines teintes » ou en monter « d'autres d'une octave », compare le pinceau entre ses doigts à l'archet sur le violon. Il peint ses tournesols, ses alter ego tournés vers la lumière qui confère à l'agencement spiralé de leurs graines une proportion dorée, « en symphonie jaune et bleu, symbole du divin aussi important que le soleil et la lumière » avec « l'entrain d'un Marseillais mangeant la bouillabaisse ». À Paris, Vincent payait déjà ses repas avec « des bouquets de fleurs qui ont la vie éternelle ». Il écoutait Wagner et se tranchera l'oreille pour parvenir à entendre dans toute sa puissance la « haute note jaune » solaire, sublime et pourtant si intime, comme peut l'être la mort de Tristan repoussant aux limites de la tonalité un vaste orchestre symphonique.

Mettre ses pas dans ceux de Van Gogh pour mieux entendre sa voix...

Vincent écrivait : « Si telle personne joue du Beethoven, elle y ajoutera son interprétation personnelle... il n'y a que le compositeur qui joue ses propres compositions. » Il nous faut donc oublier les commentaires et se rendre avec lui à l'asile psychiatrique Saint-Paul à Saint-Rémy-de-Provence. Une réclame dit : « Établissement privé, consacré au traitement des aliénés des deux sexes, cette maison fondée en 1606 se trouve située dans un pays splendide et offre toutes les conditions de bien-être : parcs spacieux et bien ombragés, climat tempéré à l'égal de celui de Nice et de Cannes. » Des nuages gris s'annoncent à l'horizon pendant que nous remontons l'allée de marronniers qui mène à l'entrée de l'ancien monastère, comme le fit Vincent le 8 mai 1889 à sa propre demande. Saint Paul, est-ce celui qui a chuté sur le chemin de Damas, ébloui par la lumière de l'éclair ? Épilepsie ou révélation, comme pour Vincent ? Je veux croire en celui-là plutôt qu'en un saint Paul évêque à Avignon au ve siècle.

Nous croisons une sculpture qui représente le peintre, maigre, le visage émacié, mais l'œil brillant. On l'imagine répondant aux questions du bon docteur Théophile Peyron, le directeur de l'établissement, écrivant ensuite à son frère Théo : « Je voulais te dire que je crois avoir bien fait d'aller ici, d'abord en voyant la *réalité* de la vie des fous ou toqués divers dans cette ménagerie, je perds la crainte vague, la peur de la chose. Et peu à peu j'arrive à considérer la folie en tant qu'étant une maladie comme une autre… pour autant que je sache, le médecin d'ici est enclin à considérer ce que j'ai eu comme une attaque de nature épileptique. » Plus tard : « J'observe chez d'autres qu'eux aussi ont entendu dans leurs crises des sons et des voix étranges comme moi, que devant eux aussi les choses paraissent changeantes. Et cela m'adoucit l'horreur que d'abord je gardais de la crise que j'ai eue […]. Une fois qu'on sait que c'est dans la maladie, on prend ça comme autre chose. Je n'aurais pas vu d'autres aliénés de près que je n'aurais pu me débarrasser d'y songer toujours… à présent cette *horreur de la vie* est moins prononcée déjà et la mélancolie moins aiguë. » Soulagement et amorce d'une guérison quand le mal perd de son mystère et porte un nom qui le banalise, qu'une cause organique lui est attribuée et que les souffrances sont partagées.

Notre visite se poursuit. Nous arpentons le cloître et, après un escalier roman assez raide, pénétrons dans la chambre de Vincent reconstituée : « J'ai une petite chambre à papier gris vert avec deux rideaux vert d'eau à dessins de roses très pâles ravivés de minces traits de rouge sang… à travers la fenêtre barrée de fer j'aperçois un carré de blé dans un enclos… au-dessus de laquelle le matin, je vois le soleil se lever dans sa gloire. » Le champ est toujours là et le panorama sur les Alpilles identique. Le docteur Peyron, contrairement aux médecins de Camille Claudel, a compris l'importance des activités artistiques pour Vincent. Il lui permet de travailler à nouveau, lui offrant une chambre supplémentaire pour peindre et « préparer de la peinture plus consolante », même lorsque son patient tente à plusieurs reprises de s'empoisonner en absorbant de la couleur dont il se sert. Il lui prête encore une troisième chambre pour entreposer ses tableaux et son matériel. Enfin, il accepte de le confier à un soignant qui l'accompagne dans ses balades à l'extérieur, la nature l'attirant par-dessus tout. Après avoir été rejeté par les Arlésiens pour avoir perturbé l'ordre public par ses troubles du comportement, Vincent, sécurisé, reprend vie dans ce cadre tolérant ; il y peindra environ cent cinquante toiles et fera plus de cent dessins parmi les plus célèbres et constatera : « Eh bien ! moi avec la maladie mentale que j'ai, je pense à tant d'autres artistes moralement souffrants et je me dis que cela n'est pas un empêchement pour exercer l'état de peintre comme si rien n'était... »

Les longues promenades dans les champs et le contact avec l'harmonie des Alpilles seront contributifs aux processus d'apaisement et de créativité selon les témoignages de Vincent : « Un tronc de pin rose et puis de l'herbe avec des fleurs blanches et des pissenlits, un petit rosier et d'autres troncs d'arbres dans le fond tout en haut de la toile. Je serai là-bas dehors, je suis sûr que l'envie de travailler me dévorera et me rendra insensible à tout le reste, et de bonne humeur. Et je m'y laisserai aller non pas sans réflexion, mais sans m'appesantir sur des regrets de choses, qui auraient pu être. Ils disent que dans la peinture il ne faut rien chercher ni espérer qu'un bon tableau et une bonne causerie et un bon dîner comme maximum de bonheur... C'est peut-être vrai et pourquoi refuser de prendre le possible, surtout si, ainsi faisant, on donne le change à la maladie. »

Vincent, s'habitue même à l'idée de la mort : « Je t'écris cette lettre un peu dans les intervalles quand je suis las de peindre. Le travail va assez bien – je lutte avec une toile commencée quelques jours avant mon indisposition, un faucheur, l'étude est toute jaune, terriblement empâtée, mais le motif était beau et simple... J'y vis alors dans ce faucheur – vaste figure qui lutte comme un diable en pleine chaleur pour venir à bout de sa besogne – j'y vis alors l'image de la mort, dans ce sens que l'humanité serait le blé qu'on fauche... Mais dans cette mort rien de triste, cela se passe en pleine lumière avec un soleil qui inonde tout d'une lumière d'or fin. »

Deux mois après sa sortie de Saint-Paul et, bien que placé sous la surveillance du docteur Gachet, spécialiste de la mélancolie, comme nous l'avons vu, Vincent se tire un coup de pistolet dans l'abdomen à Auvers-sur-Oise par une belle journée ensoleillée de juillet. Il s'éteint calmement en fumant sa pipe. « Ne pleure pas, je l'ai fait pour le bien de tous », écrit-il à son frère Théo qui ne lui survivra que de six mois, sombrant à son tour dans la folie.

Mais de quoi souffrait Vincent ?

Si l'on en croit la brochure distribuée lors de la visite de la maison de santé de Saint-Paul, signée de la main de son directeur actuel, le docteur Jean-Marc Boulon, la souffrance de Vincent pourrait, selon la classification internationale diagnostique et statistique des troubles mentaux, se coter comme suit :

« F10-19 : troubles mentaux et du comportement liés à l'utilisation de substances psychoactives (en particulier l'absinthe, le café et le tabac en excès).

« F23 : troubles psychotiques aigus et transitoires.

« F30-39 : troubles de l'humeur (alternance de phases dépressives, "soleils noirs de la mélancolie", et d'états d'agitation maniaque avec parfois des délires hallucinatoires).

« F41-2 : troubles anxieux et dépressifs mixtes.

« F42 : troubles obsessionnels compulsifs.

« F43 : troubles de l'adaptation.

« F50-51 : troubles de l'alimentation et du sommeil.

« F61 : troubles mixtes de la personnalité (dissociale, dépendante, émotionnelle...). »

Il faut y ajouter de possibles crises d'épilepsie temporale, aggravées par la dénutrition, le surmenage, le manque de sommeil, l'alcool et aussi les conséquences d'autres intoxications répétées : digitale, inhalations de térébenthine, inhalations de monoxyde de carbone liées à l'installation récente du gaz d'éclairage, en particulier dans la maison jaune d'Arles.

Comment furent soignés Vincent, Théo et d'autres artistes à la même époque ?

Dans la mythologie grecque, Hygié est la fille d'Asclépios, le dieu de la médecine. Déesse de la santé, de la propreté et de l'hygiène, elle se nomme Salus, ou Valetudo, chez les Romains. Une source bienfaisante lui était attribuée dans la cité gréco-romaine de Glanum, à Saint-Rémy-de-Provence, et bien avant

Van Gogh les malades s'y pressaient déjà en espérant une guérison. Le prieuré de Saint-Paul sera construit à proximité de ce lieu de culte païen et accueillera à son tour les malades, les aliénés et autres exclus ainsi que les pèlerins sur la route de Saint-Jacques-de-Compostelle. Une chapelle, puis un monastère sont bâtis autour de l'an mille. Au XVIIIe siècle, les Franciscains reçoivent toujours comme pensionnaires dans leur couvent « les personnes qui ont le malheur de tomber dans la démence et même ceux qui sont enfermés par lettre de cachet ». Ils sont expulsés par les révolutionnaires, mais le monastère retrouve rapidement, dès 1807, ses fonctions d'accueil des malades mentaux, associant laïcs et religieuses sous la houlette du docteur Mercurin, nouvel Hermès passionné de musique et qui s'intéresse aux maladies mentales provoquées par l'enfermement. Transformé en camp de prisonniers pendant la Grande Guerre, il recevra le futur prix Nobel de la paix Albert Schweitzer, chantre de la non-violence, médecin et organiste, déporté de son hôpital africain de Lambaréné et assigné à résidence pour ses origines alsaciennes et donc à l'époque ressortissant allemand.

En dehors de la peinture et du repos à l'abri des toxiques, le traitement de Vincent a reposé essentiellement sur l'hydrothérapie avec des séances d'immersion prolongée en baignoire dans l'eau de la source salvatrice. Il a échappé ainsi aux lavements, aux saignées avec sangsues appliquées aux maniaques pour faire « dégorger » leur cerveau, aux émétiques, toniques et frictions de tout poil, aux contentions, fauteuils rotatoires et autres électrochocs pour dynamiser les mélancoliques, à une pharmacopée naissante qui associe la quinine, l'opium, le haschich, l'ammoniaque, l'atropine et les bromures… Flaubert, Maupassant, qui est atteint de neurosyphilis, ou Théo Van Gogh sont à la même époque accueillis et soignés à Paris dans la maison de santé du docteur Blanche qui, du père fondateur à Montmartre au fils Émile à Passy, conjugueront également art et médecine, associant l'hydrothérapie, les promenades dans un parc de cinq hectares et une psychiatrie axée sur la parole, dans le prolongement du « traitement moral » de Philippe Pinel (1745-1826). Celui-ci, dans la mouvance des idées révolutionnaires, sut ôter leurs chaînes aux aliénés et affirmer qu'ils pouvaient être compris et soignés, se posant en précurseur des psychothérapies modernes. Dans cette véritable maison d'hôtes, on ira jusqu'à accueillir les patients à la table familiale. On se plaît à imaginer l'angoisse de Charles Gounod, qui fréquenta l'établissement à la suite de son internement et deviendra l'ami de son directeur Émile Blanche. En proie à la mélancolie, aux délires et aux hallucinations mystiques à la suite de la composition de son opéra consacré à Faust, craignant pour le salut de son âme, le voici attablé aux côtés du fantôme de Gérard de Nerval, ancien pensionnaire retrouvé pendu et... traducteur fantasque du texte de Goethe en français. Cherchant le réconfort, le compositeur du célèbre *Ave Maria,* amateur de jolies femmes, se tourne vers sa charmante voisine à l'allure noble et triste. Il reconnaît Marie d'Agoult, l'ex-compagne de Liszt qui le terrorise à nouveau en lui apprenant que le fougueux pianiste à la virtuosité diabolique compose sa première... Méphisto-valse !

Aujourd'hui, outre les différents services de psychiatrie, l'établissement du prieuré de Saint-Paul à Saint-Rémy-de-Provence accueille également des personnes âgées dépendantes. Il n'est donc pas surprenant, compte tenu sa longue histoire, que le docteur Jean-Marc Boulon ait souhaité développer l'art-thérapie au sein de l'institution qu'il dirige. Proposant musique, chant, peinture, art plastique et écriture, l'association Valetudo, fondée en 1995, porte le nom de la déesse romaine de la source vivifiante et (involontairement ?) celui d'une forme de combat née au Brésil au XXe siècle, avatar moderne du pancrace des Grecs, régie par un minimum de règles et de restrictions et qui peut se traduire par « tout est permis » – écho au « fais ce que voudras » rabelaisien. Les œuvres des patients exposées dans les salles capitulaires de cette nouvelle abbaye de Thélème provoquent incontestablement un choc. Les souffrances et les émotions projetées sur la toile sans aucune censure mènent pourtant sur les chemins de l'apaisement, de la reconstruction de soi et de l'ouverture aux autres, voire de la guérison. « Écrire, c'est faire danser mon stylo sur la piste de mon silence », dit l'un des patients. « Pourtant, je suis là chaque jour, à peu près à la même heure. Je suis le crépuscule, un peu désespéré, mais tellement confiant. Je suis le verrou du jour, l'opercule de la nuit », confie un autre. Antonin Artaud, qui pu écrire et lire à sa guise lors de son internement à Rodez grâce aux psychiatres de l'établissement qui lui confièrent la bibliothèque de l'hôpital, se souviendra également de Vincent Van Gogh, évoquant en 1947, dans *Le Suicidé de la société* « celui qui, durant sa vie, fit tournoyer tant de soleils ivres sur tant de meules en rupture de ban ».

Art-thérapie

L'art-thérapie propose d'aider la guérison de personnes en difficulté par des créations artistiques successives aboutissant à un processus de transformation individuelle. Au début du XVIIIe siècle, l'asile de Charenton organisait déjà régulièrement des bals et des concerts et permettait au marquis de Sade ventripotent de monter des pièces de théâtre mélangeant infirmiers, comédiens et malades mentaux. Il ne s'agit pas d'un simple divertissement pour détourner l'attention du patient, d'une ergothérapie, d'une psychopathologie de l'expression ou d'un objet de décryptage des signes d'une maladie à la manière de Charcot traquant l'hystérie à la Salpêtrière et dans les œuvres d'art avec son élève Paul Richer. Il n'est pas non plus question d'une étude psychanalytique, comme Sigmund Freud a pu le faire avec *Un souvenir d'enfance de Léonard de Vinci*, détectant un fantasme de fellation dans l'ouverture par la queue d'un vautour de la bouche du peintre encore nourrisson. Le but est de parvenir à une véritable métamorphose du patient qui, puisant dans la souffrance interne qui le fige, l'extériorise et tente de l'exorciser par un processus dynamique. Les fins esthétiques restent secondaires : l'intention n'est pas de briguer le génie et la créativité par la folie, comme le pensait Aristote ou l'étudiant en médecine affecté en 1916 au centre de neurologie de Saint-Dizier qui inventa le surréalisme et l'écriture automatique – vous aurez reconnu André Breton. On ne prône pas non plus le dérèglement systématique de tous les sens comme le préconisaient Rimbaud, Théophile Gautier ou Gérard de Nerval ingérant de la résine de marijuana avec Baudelaire, Delacroix et Alexandre Dumas sur l'île Saint-Louis, fréquentant pour un temps le club des Hashischins, dont le fondateur n'était autre qu'un psychiatre : Jacques-Joseph Moreau de Tours. Le propos n'est pas non plus de collectionner les œuvres des malades (par exemple, celles d'Adolph Wölfli ou d'Aloïse Corbaz en Suisse) et de se livrer à des études psychologiques et psychopathologiques comme le fit le psychiatre Hans Prinzhorn en 1922, influençant par ses travaux Paul Klee, Hans Arp et Max Ernst. Ces artistes recherchent dans l'« art des fous » de nouvelles clés pour franchir les portes de l'inconscient, accéder à des vérités plus profondes, détachées des contraintes culturelles, comme le souhaitera plus tard Jean Dubuffet avec l'art brut, « encourageant » la folie, pour se retrouver au final taxés par les nazis d'artistes « dégénérés » !

L'art-thérapie, elle, utilise n'importe quelle forme artistique, pourvu qu'elle soit adaptée au patient et l'aide dans sa recherche de guérison. Elle s'adresse tout autant aux maladies mentales qu'à l'adolescence en quête d'identité et à l'intégration sociale des marginaux ; elle permet de dépasser un handicap physique, elle aide à se relever d'un traumatisme, d'un deuil ; elle peut accompagner et soulager le vieillissement normal ou pathologique. Le pionnier dans ce domaine fut un peintre tuberculeux, Adrian Hill, qui, en 1941, en lança l'idée depuis son sanatorium : « Lorsqu'il est satisfait, l'esprit créateur favorisera la guérison au cœur du malade[1]. » Peinture, sculpture et modelage permettent de se projeter dans les formes et les couleurs, puis de travailler sur l'œuvre, véritable émanation de soi devenue autonome, d'abord énigmatique, puis évoluant peu à peu vers un résultat moins travesti, plus lisible et plus authentique, les œuvres successives sculptant leur créateur en retour. Le dessin est particulièrement adapté aux plus jeunes, moins accessibles à l'introspection verbale. Sophie Morgenstern, pionnière de la psychanalyse d'enfants en France, utilisait les jeux, les contes et les dessins. Elle écrit : « Dans ses créations imaginaires, l'enfant exprime par des symboles ses griefs, ses échecs affectifs. Il cherche à se venger et à trouver une libération par un acte créateur[2]. » La photographie et les vidéos peuvent aussi être utilisées ; elles induisent un nouveau regard sur soi, un cadrage sur les autres, mais aussi des souvenirs chez les personnes âgées, en particulier par le biais d'albums photos. On recourt également au théâtre, déjà prôné par le divin marquis. Pour le psychiatre Jacob Levy Moreno, qui écrit en 1923 *Le Théâtre de la spontanéité*, acteurs et public créent la pièce ensemble. On lui doit l'invention du psychodrame, des jeux de rôles et de la psychothérapie de groupe. Moreno propose le renversement de rôle qui permet à deux sujets de se mettre à la place de l'autre, la technique du double qui permet à l'alter ego d'exprimer ce que le sujet ne peut formuler ainsi que des scénarios d'anticipation, de projection imaginaire dans le futur. Il faut rejouer ses traumatismes et ses conflits dans un but thérapeutique et cathartique, car « toute véritable deuxième fois est la libération de la première ». En 1970, le psychologue américain Arthur Janov ira jusqu'à l'idée d'une seconde naissance et popularisera le « cri primal » qui l'accompagne, influençant John Lennon pour l'album *Plastic Ono Band*, le groupe rock écossais Primal Scream et, pour la *new wave* britannique, Tears for Fears.

Dès 1959 l'écrivain Armand Gatti commence un travail théâtral « révolutionnaire » à Montreuil avec sa communauté de « loulous », de jeunes marginaux taulards, délinquants et drogués en stage de réinsertion à qui il offrait une possibilité de sortie de l'impasse. Plus récemment, l'idée de la théâtralisation des gestes et du discours dans les interactions avec les patients Alzheimer a été développée avec succès par le neurologue Jean-Pierre Polydor, faisant appel aux propriétés des neurones miroirs et aux circuits de l'empathie. Un patient reconnaît encore longtemps le sens des intonations de la voix, des expressions du visage et le symbolisme des mouvements du corps de son interlocuteur, même si les mots lui échappent. Aujourd'hui, le même Polydor s'intéresse avec l'association Trait d'union qu'il préside aux effets bénéfiques de la nature et réalise des « jardins thérapeutiques ».

Des masques, des clowns, des marionnettes...

Autre variante d'art-thérapie : la mascothérapie, inventée par Henri Saigre, comédien psychothérapeute et auteur de *L'Au-delà des masques ou la rencontre improbable* et de *Deviens qui tu seras*. Bruno de Panafieu, architecte et sociologue, lui emboîte le pas et les masques confectionnés par les patients avec du papier mâché, des cartons, des crayons et des feutres reflètent les souffrances qui les habitent. Ceux-ci sont portés au cours de saynètes improvisées en groupe sous la surveillance du thérapeute qui fixe les limites. « C'est lorsqu'il parle en son nom que l'homme est le moins lui-même, donnez-lui un masque et il vous dira la vérité », dit Oscar Wilde dans *La Décadence du mensonge*. La psychothérapeute Marie Meerson, qui travaille entre Londres et Paris, nous présente[3] l'évolution de masques réalisés successivement par un même patient au cours de sa cure et qui témoignent de sa transformation par une déclinaison de couleurs moins agressives, de formes moins angulaires, signant la diminution de la douleur morale, de la violence des pulsions et le travail de cicatrisation.

Le maquillage est une autre forme d'art et j'ai rencontré sur l'île de la Réunion une « socioesthéticienne » qui fardait les pensionnaires des maisons de retraite en redonnant littéralement des couleurs à leur existence. L'automaquillage a également été proposé par Nancy Breitenbach, favorisant la métamorphose. Plus insolite, le déguisement en clown, en commençant par le nez rouge, aide à mettre au jour ses failles, et il existe une très sérieuse société française de « clownanalyse » ! Le clown professionnel Howard Buten, dit Buffo, « Monsieur Butterfly », réussit à communiquer avec les autistes par son art[4]. L'écriture peut également être utilisée. L'autobiographie, souvent difficile ou vite imaginaire, est plus facilement remplacée par la fiction. Cette dernière permet l'évocation de sujets difficiles en attribuant une histoire personnelle à un personnage de roman. Cette chimère, sur laquelle porteront les questions du thérapeute et les réponses du patient, endossera les blessures et les attentes de celui-ci. La technique est ludique et particulièrement adaptée aux enfants qui se projettent facilement dans les récits mythiques et les contes. Elle peut également contribuer à vaincre ou à contourner les résistances des adolescents en évitant de parler directement de sujets « tabous », comme cela est possible également avec les dessins.

Le travail de l'imagination aide à oublier ses peurs et permet de panser ses plaies en déplaçant l'horreur sur un monstre fictif symbolique qui peut être progressivement transformé et maîtrisé, brisant le cycle infernal des malédictions passées et le ressassement perpétuel de l'histoire traumatisante au profit d'une dynamique de vie. Elisabeth Bing l'a développé dès 1959 sous la forme d'ateliers d'écriture et son fils Emmanuel la répand désormais sur le net. La bibliothérapie peut également aider un patient à comprendre des éléments de sa problématique personnelle en les reconnaissant dans des lectures guidées. Il pourra ainsi plus facilement verbaliser ses émotions et les partager avec le thérapeute ou avec un groupe. L'utilisation de marionnettes donne « corps » aux personnages fictifs, le patient pouvant lui-même tirer les ficelles du pantin qu'il a éventuellement en partie fabriqué. On pense aux peluches distribuées par le pédopsychiatre Marcel Rufo aux enfants hospitalisés qui doivent subir une intervention chirurgicale en même temps que leurs petits propriétaires compatissants. La technique des marionnettes, qui séduit les enfants, peut également réveiller de grands psychotiques qui sortent de leur léthargie en animant le pantin qui leur ressemble, tel Igor Stravinsky donnant vie à Petrouchka par ses cascades d'accords diaboliques.

Et Nijinski s'élance !

« Dansons, dansons, sinon nous sommes perdus », disait Pina Bausch, qui fera danser les dames et messieurs de 65 ans et plus. Le geste prend la place de la parole, c'est l'heure de la danse-thérapie, qui puise ses racines dans les transes des chamanes et le bercement des nourrissons. « Si possible, il faudrait qu'ils soient bercés sans arrêt, comme dans un navire », édicte Platon dans ses *Lois*. La danse dionysiaque des Corybantes calme les Bacchantes frénétiques et guérit les maniaques, la tarentelle soulage les jeunes filles mélancoliques, le tango débloque les parkinsoniens. « Le mal des uns comme des autres est en somme de la peur, poursuit Platon ; une peur qui vient d'une certaine faiblesse de l'âme. Quand on oppose à de telles agitations une secousse extérieure, le mouvement du dehors maîtrise le mouvement interne de frayeur et de frénésie, et le maîtrisant, se retrouve avoir ramené dans l'âme le calme et la tranquillité que troublaient, chez les uns comme chez les autres, les pénibles sursauts du cœur. Or c'est là un grand bienfait. Il procure aux uns le sommeil ; il réveille les autres par la danse et la musique avec le secours des dieux auxquels chacun d'eux offre des sacrifices propices, les ramène de la frénésie au bon sens[5]. »

La danse porte sur la mémoire du berceau protecteur où l'enfant se relie à la mère et se réconforte, selon la psychanalyste France Schott-Billmann qui ajoute dans son ouvrage *Le Besoin de danser* : « L'étroitesse d'un lien s'enracine dans un bercement à deux. » Ce bercement permet de s'articuler à l'autre tout en s'autonomisant et soulage du traumatisme de la séparation. Est-ce pour cette raison que les animaux en cage ou les enfants en carence affective ou psychotiques ont des mouvements stéréotypés ? Tentative de lutte contre le morcellement de la personnalité ?

Mémoire du corps, voyage dans l'espace et le temps, pulsation rythmique, lutte contre la pesanteur et ouverture à l'autre par le langage des gestes et des regards, la danse-thérapie est née en 1930 à Washington avec la danseuse et chorégraphe Marian Chace qui intègre handicapés et patients psychiatriques dans son école, prônant la guérison de l'âme par celle du corps. Depuis 1966, la très active association américaine de danse-thérapie poursuit son œuvre. Voici un échantillon des thèmes abordés au cours de son colloque annuel de 2011 : autisme, anorexie et autres troubles des conduites alimentaires ; intégration des handicapés physiques et mentaux ; intérêt de la danse à l'école et avant la scolarisation ; comprendre et utiliser ses réflexes primitifs pour développer ses capacités d'attention et d'apprentissage ; favoriser l'émergence et la transformation de souvenirs par la mémoire du corps ; mieux franchir les étapes de l'existence ; améliorer les relations parents/enfants et au sein du couple par la danse ; résoudre les conflits ; prévenir la violence ; surmonter les épreuves et les traumatismes ; restaurer l'image de soi après des violences conjugales ou autres ; développer l'empathie et la compassion ; action sociale de la danse ; dialogue interculturel – la danse immunise-t-elle contre le racisme ?

Éco-psychologie, harmonie du rythme, du son et du mouvement, danse en cercle des Indiens, cercle de joie des paysans bulgares… Apparaît l'image solaire des derviches tourneurs qui tournent sur eux-mêmes de plus en plus vite jusqu'à atteindre une sorte de transe, la paume de la main gauche vers le ciel, celle de la droite vers la terre ; leur chorégraphie cosmique résonne avec les mots du psychiatre Jean-Pierre Klein qui définit l'art-thérapie comme « une mise en harmonie d'un être souffrant qui, par la transmutation en œuvre, se relie d'abord à la terre, puis s'ouvre par les vibrations de sa production à l'inspiration-aspiration dépassement de lui-même[6] ».

Alzheimer au musée…

Depuis plus de cinq ans, le Musée d'art moderne de New York, le MoMA, et la collection Phillips de Washington organisent des visites pour les patients Alzheimer et leurs proches.

Ces visites ont trouvé aujourd'hui un écho en France grâce à l'association Artz et aux encouragements de l'association France Alzheimer. Des patients peuvent désormais découvrir le musée du Louvre, celui du quai Branly ou Versailles. Les visiteurs s'assoient sur des tabourets en arc de cercle et observent longuement les tableaux qui leur sont brièvement décrits, anecdotes à la clé. Souvent intimidés, ils finissent par s'exprimer, repérant des détails insolites – un papillon dans une toile de Seurat, la décoration d'un chapeau de paille cher à Renoir, le regard amoureux d'un modèle croisant celui du peintre, l'attitude hiératique d'un patron de guinguette... Encouragés, stimulés, heureux d'être traités en adultes, ils reprennent confiance en eux et communiquent leurs impressions, leurs émotions, s'enhardissant à poser des questions, à demander des précisions. Les souvenirs personnels affleurent : « Ça ressemble à l'enterrement de ma vie de garçon ! » s'exclame un grand-père devant *Le Déjeuner des canotiers* d'Auguste Renoir. « J'avais l'habitude d'aller au bord de la Seine avec mon épouse[7] », se souvient un autre.

« L'art est un outil formidable pour recréer du lien et des souvenirs », fait observer Francesca Rosenberg qui dirige ces programmes au MoMA. « Au départ, ajoute-t-elle, nous ne pensions pas aux soignants et aux familles. Et nous avons découvert que cela avait autant de valeur pour eux que pour les malades. D'ailleurs, pendant la visite, souvent on ne sait plus qui est le malade. » Le musée new-yorkais a fait appel à l'écrivain polyglotte Amir Parsa qui maîtrise le perse, l'anglais, le français et l'espagnol, pour planifier les visites. Ce dernier, qui a choisi d'éviter les œuvres trop petites ou traumatisantes, observe l'intérêt immédiat des patients pour les tableaux du douanier Rousseau ou les œuvres de Miró et redécouvre « à chaque fois combien ces hommes et ces femmes, avec leurs problèmes cognitifs, leur perception différente, nous révèlent l'action souterraine d'une œuvre d'art[8] ».

Plus prosaïquement j'ai proposé à un patient philatéliste de reprendre une collection avec la complicité de son fils : la manipulation de timbres choisis pour leur grand format, l'intérêt de leurs sujets et leurs couleurs semble constituer une activité bénéfique pour le malade qui s'adonne à nouveau à sa passion, s'émerveille devant les vignettes qu'il manie avec une pince à épiler et qu'il tente de classer, exerçant ainsi sa dextérité fine, sa capacité à identifier les images et sa mémoire implicite et topographique.

Le « traitement moral et hygiénique » révolutionnaire de Philippe Pinel associait le travail, le dialogue entre médecin et malades et les distractions. Le billard, recommandé à Louis XIV pour faciliter la royale digestion, était fort apprécié par le docteur Blanche et les pensionnaires de sa clinique à Passy qui exerçaient ainsi leur adresse et leur concentration[9]. Ils préféraient cependant, pour soulager leur cœur, écouter sonner le piano à queue Érard qui trônait dans le salon de musique. Prenez place car ce soir un traitement de choc vous est réservé : Berlioz est venu en ami, Rossini en voisin, Gounod en frère et la mezzo-soprano Pauline Viardot, la sœur de la Malibran, interprétera quelques extraits du *Don Giovanni* de Mozart dont elle vient d'acquérir à grands frais l'unique manuscrit autographe à Londres, n'hésitant pas à se déposséder de ses bijoux et d'une grande partie de sa fortune. Approchez et contemplez la partition parfaitement conservée qui scintille dans son magnifique écrin en bois de thuya ; la guérison est proche… Champagne !

CHAPITRE 4

Musique, science et médecine à New York

Le 25 mars 2011, l'Académie des sciences de New York organisait pour la première fois une journée de rencontres entre la musicothérapie et les neurosciences, occasion d'échanges multidisciplinaires fructueux entre chercheurs et thérapeutes. L'immeuble de cinquante étages, qui abrite les locaux de la célèbre société savante qui compta Darwin et Einstein parmi ses membres, était alors la seule tour de Manhattan reconstruite à Ground Zero. Le chauffeur de taxi avec son bonnet sur la tête grommelait ce matin d'avoir à nous amener de bonne heure dans cet endroit maudit, mais la sculpture de Jeff Koons, *Balloon Flower* (rouge), qui appartient à l'artiste et nous attendait devant l'entrée, trônant dans une fontaine, semblait de bon augure. L'immeuble contient une station électrique sur ses dix premiers étages, qui alimente le quartier ; il abritait initialement, entre autres, des locaux de la CIA et le « bunker » de crise du maire de New York. La vue du 40ᵉ étage y est exceptionnelle et à la hauteur de l'accueil réservé.

Cerveau et musique

Dorita Berger ouvre le bal. Cette pianiste concertiste, à l'origine de la réunion, est également une musicothérapeute confirmée. La musicothérapie est définie par la Fédération française de musicothérapie comme une « pratique de soin, d'aide, de soutien ou de rééducation qui consiste à prendre en charge des personnes présentant des difficultés de communication et/ou de relation. Il existe différentes techniques de musicothérapie, adaptées aux populations concernées : troubles psychoaffectifs, difficultés sociales ou comportementales, troubles sensoriels, physiques ou neurologiques. La musicothérapie s'appuie sur les liens étroits entre les éléments constitutifs de la musique et l'histoire du sujet. Elle utilise la médiation sonore et/ou musicale afin d'ouvrir ou de restaurer la communication et l'expression au sein de la relation, dans le registre verbal et/ou non verbal ». Dorita Berger travaille dans une clinique du Connecticut et s'occupe des troubles du développement, des autistes, des retards de langage, de l'anxiété. Elle rappelle d'emblée différentes composantes de la musique : mélodie, rythme et tempo, harmonie, timbre, volume – qui peuvent tous présenter un intérêt thérapeutique et dont les mécanismes d'action sont à préciser par les neurosciences : effets sur le système cérébral de la récompense et du plaisir, impact du rythme sur les rythmes physiologiques, effets mesurables sur les sens, les émotions, la mémoire, la douleur, les mouvements.

Les musicothérapeutes sont des musiciens cliniciens et le dialogue avec les chercheurs est nécessaire. Mark Tramo, qui intervient ensuite, tente une réponse en traitant de l'organisation fonctionnelle du cerveau, en particulier dans le cas de la musique. Neurologue, professeur à Harvard, il est également chercheur au MIT et dirige l'Institut des sciences de la musique et du cerveau (Boston, puis Los Angeles). À noter, à la première place du conseil consultatif de l'établissement, Sir George Martin, l'ancien producteur-arrangeur des Beatles. Mark Tramo égratigne Oliver Sacks, dont je comprends enfin l'absence à cette réunion qui se tient à deux pas de chez lui, niant l'intérêt scientifique d'anecdotes isolées, interprétées à la lueur de convictions personnelles. Serait-il un brin jaloux ? Il affirme, convenons-le avec justesse, que seules des études cliniques rigoureuses et reproductibles sont valables et publiables, avec notamment, comme en pharmacologie, un groupe témoin non exposé à la musique. Il nous rappelle que notre cerveau reçoit des informations apportées par nos sens, qu'il filtre, module et mixe avant d'agir en retour sur le monde. Il cite saint Augustin : futur et passé n'existent que dans le présent et témoignent des traces neuronales d'expériences antérieures qui nous permettent d'anticiper sur l'avenir (« à-venir », dirait Jacques Derrida ou Jung). Les différents constituants d'une musique sont donc décomposés au fur et à mesure de leur écoute et nous tentons de prévoir la suite en fonction de ce que nous avons déjà entendu et de nos connaissances musicales antérieures. Nous serons parfois confortés dans nos attentes, car le morceau est répétitif ou tonal, mais souvent surpris par des variations inattendues apportées par des appogiatures, des modifications de tempo, de rythme, de tonalité, de volume sonore, qui provoqueront des émotions, sentiments de quiétude ou de surprise, modifiant notre pression artérielle, nos pulsations cardiaques, la tonicité de nos muscles, nos sécrétions hormonales, notre immunité, nos expressions faciales et qui pourront nous donner envie de battre la mesure, de danser, de siffler ou de chanter. La musique aura également des effets plus personnels en fonction des souvenirs et des événements qui y sont associés, rappelant tel fait précis de notre biographie et déclenchant une émotion spécifique. La mémoire implicite, qui se passe du langage, peut être également concernée et un pas de danse, un état d'esprit peuvent revenir inconsciemment.

Les rythmes de l'univers

Gyorgy Buzsáki est un médecin chercheur réputé de l'Université Rutgers du New Jersey. Il dirige un laboratoire de neurosciences et tente de percer les secrets de la « syntaxe » du système nerveux et le rapport éventuel avec la « grammaire » de la musique. Il a publié un livre sur les rythmes du cerveau qu'il décrit comme un orchestre fait d'oscillateurs qui peuvent se synchroniser et naviguent sans cesse entre un état stable, enregistrable par exemple sur un électroencéphalogramme, avec un rythme de fond prédictible, et un état critique complexe, par exemple dans une crise d'épilepsie. La théorie du chaos n'est pas loin et le chercheur illustrera ses résultats avec une fugue de Bach montrant comment le thème musical est repris, décalé et superposé par le compositeur.

Rencontré en d'autres lieux, L'astrophysicien George Smoot, prix Nobel de physique en 2006 avait exposé son intérêt pour les rythmes de l'univers. Il tente avec Mickey Hart, percussionniste du groupe rock Grateful Dead, de reconstituer le « bruit » du Big Bang et celui du mouvement des planètes, ressuscitant l'antique théorie de la « musique des sphères » chère à Platon, qui la tenait de Pythagore et qui influença l'astronome Johannes Kepler et son *Mysterium cosmographicum* (1596). Il tient un discours semblable à celui de Buzsáki et m'avait avoué observer des similitudes de fonctionnement entre l'univers, la musique et le cerveau. Buzsáki a étudié les balbutiements de notre activité cérébrale dans un travail réalisé en collaboration avec l'équipe de l'Institut de neurobiologie de la Méditerranée et montré que les mouvements du fœtus dans l'utérus maternel, par exemple lorsque celui-ci va sucer son pouce, déclenchent un rythme à 10 pulsations par seconde, oscillation qui sera le premier modèle d'organisation de la vie cérébrale, comme le premier battement d'un cœur. Une fois activée, l'oscillation continuera de se produire par elle-même entre le thalamus, structure profonde qui filtre les informations sensorielles générées par les mouvements fœtaux, et le cortex cérébral, partie la plus évoluée du cerveau qui l'entoure comme une écorce. Ce rythme premier, cette aurore neuronale, sculptera les premières connexions nécessaires à la représentation des muscles dans le cerveau et à la coordination sensori-motrice[1]. Vous avez sans doute déjà vu sur Internet ce film montrant un bébé en couche qui danse en regardant la chanteuse Beyonce à la télévision. Bel exemple de coordination visuomotrice précoce…

Musique et soins intensifs néonataux

Aniruddh Patel, de l'Institut des neurosciences de San Diego, dont j'ai déjà évoqué les brillants travaux comparant musique et langage[2], étudie également le rythme et l'audition. Il va tout naturellement nous parler de l'intérêt de la musique dans les services de réanimation intensive pour les nouveau-nés. Une quarantaine de centres dans le monde accueillant prématurés et jeunes opérés utilisent cette technique. Les nouveau-nés placés en soins intensifs sont soumis à un stress permanent lié à l'isolement, à la privation des sons de la vie normale et de la voix maternelle en particulier, à la perturbation de leur sommeil par les bruits ambiants et autres sonneries d'alarme, aux soins parfois douloureux. Outre les effets immédiats du stress sur leur système nerveux et neuroendocrinien avec hypersécrétion de cortisol (l'hormone du stress), il peut s'ensuivre des conséquences à long terme altérant le développement cérébral, en particulier dans les régions impliquées dans les apprentissages et la mémoire (hippocampe), l'attention et l'impulsivité (cortex préfrontal médian), les émotions (amygdale) – en particulier, la peur. Ces enfants pourront présenter plus tard des difficultés à gérer une situation de stress, un retard de langage, une altération de leurs capacités à faire des choix cohérents, des troubles de l'attention, une hyperactivité ou d'autres perturbations du comportement. Or les effets relaxants de la musique démontrés chez l'adulte – diminution des hormones du stress dans la salive et le sang ; baisse de la pression artérielle ; ralentissement du rythme cardiaque – sont transposables aux nouveau-nés dont le système auditif fonctionne dès la 28ᵉ semaine de gestation, avant la vision, et les rend aptes à l'écoute musicale, d'autant plus que leur système émotionnel et leur réponse au stress sont fonctionnels.

Bien que la musique diffusée pour des raisons pratiques soit enregistrée, offrant moins de possibilités d'interactions multimodales que si la mère de l'enfant ou Mozart étaient présents en personne, les effets, en particulier ceux des berceuses maternelles si stéréotypées à travers les cultures avec leur tempo lent et leur mélodie descendante, sur les pulsations cardiaques, le sommeil et la prise de poids sont indiscutables. L'enfant sort plus rapidement de réanimation et en meilleure condition – permettant ainsi à l'hôpital de faire quelques économies compensant ses investissements dans la musique… Cette dernière ne se contente d'ailleurs pas de diminuer le stress du nourrisson ; elle enrichit également son environnement, privé des sons habituels, stimulant le développement de son cerveau alors d'une très grande plasticité, avec des effets ultérieurs sur l'acquisition du langage, l'attention et le contrôle de la motricité.

Mozart et la chirurgie

Claudius Conrad, chirurgien, pianiste amateur et professeur à Boston, propose quant à lui de la musique à ses patients avant, pendant et après le bloc opératoire. Ses choix se portent sur Mozart, qu'il estime aussi utile aux opérés qu'à l'« opérateur », notamment sur l'adagio de la *Sonate pour piano KV 576* qui présente l'avantage d'être tranquillisant par son rythme lent, la symétrie de sa composition et ses nombreuses reprises avec peu de variations. Conrad en profite pour rappeler les travaux de Gardner parus dans la revue *Science* dès 1960 qui montraient que l'activation des circuits du système auditif inhibait ceux de la douleur – effet analgésique de la musique bien connu des dentistes ! Avec la musique, des doses significativement moins importantes d'anesthésique sont nécessaires pour obtenir une sédation équivalente, ce qui permet de réduire le temps passé en réanimation postopératoire et les risques de complications. Conrad montre que les concentrations sanguines des hormones du stress et des médiateurs de l'inflammation diminuent, tout comme la fréquence cardiaque et la pression artérielle du patient ; quant à la concentration et à l'efficacité du chirurgien (qui a choisi le morceau de musique), elles sont également meilleures. Des gastro-entérologues ont récemment témoigné du meilleur rendement de leur coloscopie et de leur aptitude à détecter des polypes cancéreux lorsqu'ils officiaient en écoutant du Mozart[3].

Coffee break : *paroles et musique*

Profitons de la pause-café pour aller discuter avec Ani Patel. Celui-ci avoue avoir mis cinq ans pour rédiger son livre sur musique, langage et cerveau qui est désormais la référence absolue en la matière[4]. Il a, par exemple, montré que la langue maternelle influence la perception des sons en général et, en particulier, des rythmes, en comparant la façon dont les Japonais et les Anglais perçoivent un rythme simple alternant des notes de durée longue, puis de durée brève : _._._._._._. Les Anglais entendent un rythme brève/longue._._._, alors que les Japonais retiennent l'inverse, longue/brève _._._., ce qui ne va pas en faveur du caractère inné de la perception des rythmes mais bien d'un fait culturel influencé par la langue. En effet, le rythme des mots anglais de deux syllabes est habituellement brève/longue (be*cause*, a*bout*...), alors que c'est l'inverse pour le japonais avec une syllabe longue suivie d'une brève. Partant de la constatation que les hommes utilisent du rythme et de la mélodie à la fois dans la musique et dans la « prosodie » ou mélodie du langage, Patel a montré que le rythme de la langue maternelle d'un compositeur se reflétait dans sa musique. Étudiant la perception des intonations de l'anglais et du français, il en a quantifié la prosodie de manière statistique et montré également que les différences d'intonation des deux langues se reflétaient dans les mélodies de leurs musiques respectives. Ces découvertes suggèrent que l'apprentissage implicite des structures mélodiques et rythmiques d'une langue peut influencer la création de structures mélodiques et rythmiques dans un autre domaine comme la musique et que l'esprit ne fait pas de différence stricte entre l'apprentissage de la musique ou celui d'une langue. Leonard Bernstein soulignait déjà que le caractère idiomatique de la musique d'un peuple reflète les particularités de son langage parlé (accentuation tonique, prononciation, escamotage des voyelles, sonorités gutturales...) et pensait qu'il était possible avec un peu d'entraînement d'identifier facilement une musique française, austro-allemande, russe, tchèque ou hongroise. Le final de la *Symphonie 104* de Haydn, dite « Symphonie de Londres », parlerait ainsi le... hongrois, avec l'accent tonique marqué sur la première syllabe ou le premier temps, comme lorsque l'on prononce *Béla Bartó*.

Nous parlons ensuite avec Patel de l'orchestre des éléphants de Thaïlande, qui lui est si cher, et le voyons sourire et se détendre. Il ne pense pas pourtant que les éléphants puissent jouer en rythme. La possibilité de battre la mesure n'existerait que chez l'homme qui peut facilement et spontanément extraire le rythme d'une musique, si complexe soit-elle. Ceci témoigne d'une interface privilégiée entre les systèmes auditif et moteur : notre capacité à reconnaître un rythme, qui n'est curieusement pas meilleure si celui-ci est nettement frappé, sera plus difficile si celui-ci est uniquement visuel, sans composante sonore. Cette capacité à pouvoir se synchroniser par la musique a-t-elle joué un rôle dans l'évolution, en renforçant les liens à l'intérieur des communautés ? La pause se termine et Ani Patel nous conseille une visite au site Internet de la Société pour la perception et la cognition musicale (Society for Music Perception and Cognition)...

Deuxième session : musique et enfance

La musique sculpte notre cerveau et soigne les troubles du langage et de l'écriture. C'est au tour de Nina Kraus, qui enseigne la neurophysiologie de l'audition à l'Université de Chicago, de prendre la parole. Italienne d'origine, elle se déplace sans cesse et s'exprime avec les mains : les organisateurs lui ont donc accroché un micro portable autour du cou. Elle porte un jean, des baskets rouges, une grosse montre au poignet et harangue un auditoire conquis avec des gestes de rock star. Elle nous montre tout d'abord la similitude entre la forme des enregistrements des ondes sonores entendues et celle de l'activité électrique neuronale correspondante. Cette dernière peut être convertie en un signal sonore qui ressemble effectivement au signal acoustique initial, ce qu'elle nous prouve à l'aide du plus célèbre riff de guitare des Deep Purple, composé en 1971 à l'occasion de l'incendie du casino de Montreux pendant un concert de Frank Zappa : la lecture du signal électrique cérébral induit permet d'entendre « Smoke on the water » discrètement filtré...

Nina Kraus aborde ensuite le cœur de son sujet : comment l'entraînement à la musique accroît nos capacités auditives et affine notre fonctionnement cérébral. L'écoute musicale modifie les connexions entre nos cellules nerveuses et réorganise des circuits neuronaux entiers, permettant en retour une plus grande acuité dans la perception et l'analyse des sons et aboutissant à une modification de nos comportements : un musicien entraîné aura ainsi l'ouïe plus fine et plus discriminative, il repérera plus facilement un changement minime dans la prosodie, la « musique » d'une conversation, il sera plus rapidement et plus facilement alerté par une variation de cri chez son bébé, alors qu'il prêtera moins d'attention à son cri habituel et le reconnaîtra pourtant entre cent. Sa mémoire auditive sera bien entendu meilleure à tout âge.

L'un des sujets de prédilection de Nina Kraus est l'écoute dans le bruit environnant, ce qui est une opération difficile pour nous tous, mais tout particulièrement pour les personnes âgées et les enfants présentant des troubles du langage ou de la perception auditive. La pratique de la musique est une aide efficace en ce domaine. Cette dernière permet en effet une meilleure discrimination des sons, mais aussi leur meilleure extraction des bruits ambiants. Pensons aux musiciens d'orchestre qui doivent s'entendre jouer et s'intégrer aux autres instruments sans interférences avec les bruits parasites éventuels. Le pianiste russe Nikolaï Luganski, habitué au vacarme du conservatoire de Moscou, a continué imperturbablement la sonate *Clair de lune* de Beethoven au festival de piano de La Roque d'Anthéron alors qu'une alarme de voiture hurlait à proximité. En d'autres lieux, Michel Dalberto a poursuivi son Chopin sans sourciller malgré les dix coups de cloche d'une église voisine. Et que dire des pianistes des saloons du Far West ou des huit valeureux musiciens de l'orchestre du *Titanic* qui jouèrent jusqu'au bout pour tenter d'endiguer la panique des naufragés, se déplaçant en costume et sans gilet de sauvetage du salon des premières classes au piano du grand escalier avant de finir sur le pont, jouant des valses et des airs entraînants et se congratulant à l'instant final, lorsque le bateau sombre et se verticalise...

Il n'est pas étonnant dans ces conditions qu'un musicien, même très jeune ou âgé, ait plus de facilité à suivre une conversation dans le bruit, et ce d'autant plus que sa pratique musicale est importante. Les plus jeunes bénéficieront d'un meilleur décodage du langage ; les plus vieux seront moins isolés et aussi moins lents que la moyenne des gens de leur âge. Le cerveau des musiciens façonné par l'expérience leur permet de repérer immédiatement une tonalité, de compléter un accord, de transposer un morceau, de moduler un rythme avec un élégant *rubato*, de varier les sonorités, mais aussi de percevoir plus fidèlement, avec plus d'acuité et de façon plus discriminative, les sons en général, notamment ceux du langage, avec leur rythme, ce qui favorise la lecture et l'écriture.

L'un des mécanismes incriminés dans la dyslexie réside précisément dans la mauvaise perception du rythme et de la durée des syllabes. Paula Tallal, qui s'intéresse à l'apprentissage, est une autorité mondialement reconnue dans le traitement des troubles du langage et de la dyslexie. Elle a créé dans son laboratoire de l'Université Rutgers des jeux vidéo qui captent l'attention des plus petits et leur délivrent des récompenses sous forme d'animations et de musiques joyeuses lorsqu'ils réussissent par exemple à distinguer deux sons ascendants, deux sons descendants ou deux sons alternés. D'autres programmes permettent d'entendre des discours dans lesquels les variations de vitesse ou d'intonation sont volontairement accentuées ; il existe aussi des exercices visuels qui aident à comprendre la grammaire.

Les résultats obtenus sont étonnants tant pour les troubles de la compréhension du langage que dans la dyslexie. L'imagerie fonctionnelle cérébrale, qui fait apparaître une activation du lobe frontal et du lobe temporo-pariétal de l'hémisphère gauche chez un lecteur normal, mais uniquement du lobe frontal chez un dyslexique, montre en effet une normalisation après entraînement. Les résultats sont significatifs sur la lecture et sa compréhension, mais également sur les mathématiques. Pour Paula Tallal, ces tests dans lesquels il faut classer deux sons successifs pourraient également améliorer la mémoire à court terme des personnes âgées. L'intérêt de l'enseignement de la musique, en rendant l'oreille plus « intelligente », est évident, à l'école, mais aussi pour la rééducation des troubles du langage et de la dyslexie.

Autisme et réintégration sensorielle

La psychologue June Groden est avec son mari Gerald une pionnière dans les soins apportés aux autistes. Elle s'intéresse tout particulièrement aux moyens de mesurer et de réduire le stress et l'anxiété des jeunes patients. Par définition, ceux-ci sont limités dans leurs moyens de communication, tant pour exprimer leurs sentiments que pour percevoir ceux des autres, ce qui entraîne des frustrations et un isolement social. Dans ces conditions, il est parfois difficile de mesurer leur angoisse. June Groden l'objective par des paramètres physiologiques – fréquence cardiaque et respiratoire en particulier. Elle a mis en évidence une accélération constante du pouls chez les autistes, comme si ces derniers étaient en permanence sur la défensive, avec des fluctuations de stress moins importantes que dans la population témoin. Forte de ces observations, elle tente de les soulager par des techniques de relaxation avec massages, contrôle respiratoire ou même des histoires dessinées montrant comment « évacuer » en cas de situation stressante...

Dans cette optique, Maria Leticia Alberti, qui travaille à la Fondation pour la lutte contre les maladies neurologiques de l'enfance à Buenos Aires en Argentine, nous montre maintenant comment la musique contribue à une « réintégration sensorielle » chez les autistes, leur permettant une meilleure maîtrise de soi et l'élaboration de réponses adaptées à l'environnement. On sait que les autistes ont souvent des difficultés pour interpréter les informations sensorielles : ils craignent de toucher des vêtements, de la nourriture, présentent des réactions excessives à certains sons anodins ou inattendus, ont du mal à trouver un équilibre postural, à planifier une action, à gérer des informations plurisensorielles simultanées. Tout cela aboutit à des troubles du comportement et des relations sociales, des perturbations de la régulation des émotions et des troubles de l'apprentissage et de l'adaptation en général. Apprendre à mieux reconnaître ses informations sensorielles peut contribuer à mieux gérer sa vie mentale, son anxiété et ses émotions, ses relations sociales et son adaptation. Un endroit calme est choisi, avec des activités routinières, bien expliquées à l'enfant surtout lorsque l'on passe de l'une à l'autre, en tenant compte de ses préférences, avec des consignes à la fois visuelles et auditives. La relaxation apportée par la musique induit un sentiment de sécurité, une nouvelle façon de répondre à des stimuli auditifs et de communiquer, une meilleure gestion des émotions ; elle contribue à rendre l'enfant plus attentif et disponible pour de nouveaux apprentissages.

Amelia Oldfield, aussi, étudie depuis plus de trente ans à Cambridge, en Angleterre, l'impact de la musicothérapie sur les autistes. Ses vidéos sont étonnantes. On la voit par exemple jouer de la clarinette (c'est son instrument de prédilection) avec un jeune autiste profond qui est allongé sur le dos, la bouche ouverte, et qui semble l'écouter en esquissant un sourire. Un assistant approche alors un carillon métallique du jeune patient qui avance la main et fait tinter les lamelles en riant et en poussant de petits cris que la musicothérapeute imite aussitôt en musique pour le plus grand bonheur de l'enfant qui réagit favorablement à ce genre d'échange nouveau pour lui. Intrigué, il touche le pavillon de la clarinette et la psychologue se met à chantonner tout en continuant d'imiter les cris joyeux de l'enfant au fur et à mesure. Il écarte les bras et se trémousse sur son tapis de sol. Amelia joue à nouveau puis chante et – miracle ! – l'enfant se met à chanter aussi, reprenant son air et l'accompagnant ! Il replie les bras derrière sa tête, écarte légèrement les jambes et sourit comme s'il allait faire une sieste. Lorsque son attention fléchit, Amelia arrête un bref instant son morceau, le reprend à l'improviste et le jeu continue. L'assistant chatouille parfois le ventre de l'enfant en rythme ou lui tient les mains. Plus tard, le jeune patient arrivera à imiter quelques syllabes chuchotées… Avec un enfant plus grand, Amelia se met au piano et joue la célèbre berceuse de Mozart en chantonnant. L'enfant se tient à côté d'une assistante qui joue du tambour. Il tient également une baguette dans la main et ne se privera pas de jouer de la grosse caisse. À chaque coup de percussion, Amelia pousse un cri et interrompt sa musique reprenant quelques instants plus tard à l'improviste le morceau. Bientôt, encouragé par l'assistante, l'enfant frappera le tambour à chaque interruption de la musique, puis, peu à peu, à la fin d'une phrase musicale qu'il sentira venir et ponctuera ainsi. Sur un air de jazz, il jouera même des cymbales…

Lunch time

L'heure du repas a sonné et nous admirons la vue sur Manhattan en dégustant quelques sandwichs. Les musicothérapeutes américains sont très organisés et adeptes des réseaux sociaux. Les informations circulent facilement et la profession dont l'utilité ne fait aucun doute est bien reconnue. Des praticiens de la côte Ouest ou du fin fond du pays n'ont pas hésité à faire le voyage. Des cartes de visite s'échangent. Les livres et les revues foisonnent ainsi que les annonces de colloques ultérieurs. Ani Patel est trop occupé avec de jeunes étudiantes admiratives et Joseph

LeDoux n'est pas encore arrivé. Profitons-en pour faire le tour des posters : intérêt du tempo en musicothérapie pour traiter les comportements stéréotypés et répétitifs des autistes ; intérêt de la musique dans le traitement des addictions par stimulation du circuit de la récompense ; intérêt dans les accidents vasculaires cérébraux, la régulation du sommeil ; etc.

« *Sois sage, ô ma Douleur,*
et tiens-toi plus tranquille... »

La perception de la douleur est nécessaire au maintien de la vie et constitue un facteur clé de l'évolution, nous confie Alban Latrémolière, un Français neuroscientifique à Harvard. Des récepteurs cutanés précis avertissent du danger, déclenchent des réflexes protecteurs immédiats et transmettent l'information au cerveau. Celui-ci peut en retour moduler la sensation douloureuse et, par exemple, l'augmenter dans la région blessée de façon à obliger le patient à mieux protéger cette dernière en attendant la cicatrisation et la guérison. La douleur peut, par contre, ne plus présenter d'intérêt protecteur et devenir chronique, parce que le stimulus douloureux persiste, comme dans un rhumatisme, ou parce que les nerfs sont atteints ou enfin parce qu'il existe un dysfonctionnement au niveau de l'intégration de la douleur dans le système nerveux central, comme dans la fibromyalgie. Un rétrocontrôle inhibiteur altéré et une hyperexcitabilité inappropriée peuvent concourir au maintien des souffrances. Les troubles du sommeil, la perte d'appétit, la dépression, le naufrage social et familial et l'invalidité guettent alors... La musique, en captivant l'attention, a le pouvoir d'aider à oublier la douleur qui tend à envahir l'existence. Elle stimule en effet la sécrétion d'opiacés endogènes et pourrait contribuer à restaurer ce rétrocontrôle défaillant du système nerveux central.

Joanne Loewy est musicothérapeute à l'hôpital Beth Israël de New York et dirige le Centre Louis Armstrong pour la musique et la médecine, inauguré en 1995. Elle y soigne, entre autres, les musiciens et leurs pathologies spécifiques, y compris la fatigue chronique, les addictions, l'angoisse de performance et les dystonies de surutilisation telles que la crampe des musiciens. Elle est également rédactrice en chef de la revue internationale *Music et Medecine*. Joanne Loewy part du constat que la musicothérapie calme, régule les pulsations cardiaques, la pression artérielle et le rythme respiratoire, qu'elle facilite la conscience de soi et les relations avec les autres, améliore la qualité de la vie, soulage la douleur et… aide les processus de résilience ! Elle nous rappelle que les individus qui marchent sur des braises en Afrique, en Inde, à Hawaï, dans les îles Fidji, chez les Indiens d'Amérique et même les hommes d'affaires en stage de motivation accomplissent leur exploit au son des tambours. Elle a montré l'intérêt de ces derniers et des gongs dans les douleurs chroniques, au même titre que les musiques relaxantes, les improvisations qui « occupent » l'esprit et le chant qui redirige les perceptions corporelles vers d'autres éléments. La vidéo de la petite Susie âgée de 16 ans souffrant d'anorexie et de coliques néphrétiques nous arrache des larmes. La jeune fille improvise et chante de tout son cœur et ses douleurs semblent s'estomper, elle sourit et paraît heureuse, apaisée. Pourtant, sa chanson pleine d'entrain et d'émotion est un hommage à son père décédé qui lui manque tant.

Joanne Loewy cite un travail récent[5] qui a analysé l'impact sur 125 adultes jeunes d'une étude de Chopin jouée *tantôt* par un pianiste talentueux, *tantôt* par un ordinateur perfectionné qui respecte toutes les nuances : seule la version « expressive » du pianiste, avec ses changements dynamiques de tempo et d'intensité, active en imagerie cérébrale (IRM fonctionnelle) les circuits des émotions et du plaisir, mais aussi ceux des neurones miroirs et de l'empathie. Voilà sans doute pourquoi Arthur Rubinstein, qui jouait Chopin avec son estomac, nous émeut plus qu'une version parfaite, sans une fausse note, mais mécanique et sans âme.

La vidéo suivante nous montre une femme en chimiothérapie anticancéreuse. Un guitariste nommé Pedro joue à ses côtés et elle l'accompagne au vibraphone avec sa main libre, l'autre bras recevant la perfusion. Elle supporte bien la piqûre initiale et l'injection douloureuse. Lorsque le musicien entonne « Blackbird » des Beatles, elle esquisse même un mouvement d'envol avec ses membres supérieurs et le remercie chaleureusement en espagnol. Diverses échelles sont utilisées pour évaluer la douleur ; l'une d'entre elles, peut-être inspirée par le peintre allemand Albrecht Dürer qui avait réalisé vers 1512 pour son médecin un

Autoportrait en homme malade dans lequel il montrait avec l'index son flanc gauche, consiste simplement à localiser sur un dessin ses souffrances et à leur associer une couleur. La patiente traçait en rouge vif ses douleurs osseuses avant la perfusion ; elles deviennent bleu clair après la visite de Pedro le guitariste. En montrant son flanc gauche, Dürer signifiait la souffrance de sa rate, *spleen* en anglais, le siège de sa mélancolie…

Tango, tandem, tai-chi et Parkinson

Si l'idée de l'intérêt du tango dans la maladie de Parkinson poursuit son chemin[6] avec la salsa, et même le reggae malgré ses accords en contretemps, Jay Alberts, médecin rééducateur à Cleveland, s'est taillé une solide réputation aux États-Unis en soulignant l'intérêt du tandem ! Le patient entraîné par son rééducateur pédale et s'améliore, alors que le vélo d'appartement en solitaire est inefficace. L'idée d'un effort, entraîné par quelqu'un d'autre, qu'il s'agisse de cyclisme, de danse de salon ou de tai-chi est à retenir. Et la musique ajoute une autre dimension ; des vidéos confirment la nette amélioration de la marche lors de l'écoute d'un morceau entraînant ou si le patient chante ou imagine entendre une musique rythmée qui le stimule. Son élocution est également améliorée, il articule mieux et son discours est plus compréhensible – il retrouve même une certaine mélodie et des intonations. Son humeur s'améliore aussi, par stimulation directe des circuits du plaisir et de la récompense qui dépendent de la dopamine, le neuromédiateur qui fait défaut dans la maladie de Parkinson. Convaincues des résultats, les principales écoles de danse de New York proposent depuis décembre 2011 des cours adaptés aux parkinsoniens qui s'accordent bien avec les interfaces privilégiées entre les circuits auditifs et moteurs évoqués ce matin avec Ani Patel.

Traumatismes crâniens et comas :
réveils en fanfare

Des possibilités persistantes de représentations mentales ont été prouvées en neuro-imagerie à des stades avancés de coma végétatif[7] : lorsqu'on demande aux patients d'imaginer qu'ils jouent au tennis ou qu'ils se promènent autour de leur maison, certains d'entre eux activent leur cerveau de la même façon que des sujets conscients. L'utilisation de la musique sur les patients inconscients est donc envisageable compte tenu de ses effets sur le système nerveux « végétatif » et sur les émotions. De fait, elle permet de détecter des réponses physiologiques discrètes chez un comateux et peut aider à son réveil. Les médecins rééducateurs argentins montrent qu'une mélodie peut également faciliter la récupération de la mémoire chez un patient amnésique après un traumatisme crânien. Leur patient, trois ans après son accident, ne peut toujours pas emmagasiner de nouveaux souvenirs, mais sa mémoire implicite, non verbale, est préservée, en particulier ses connaissances en musique. Deux nouvelles chansons lui sont présentées, paroles et musique ou paroles seules, pendant dix jours. Si on lui chante par la suite une phrase du morceau, il est capable spontanément de continuer et de chanter la suite bien mieux qu'avec le texte seul sans la mélodie. Celle-ci fait donc office de béquille au souvenir des paroles. Le même phénomène est observé dans la maladie d'Alzheimer.

Retour à la maladie d'Alzheimer

La musique agit sur les troubles du comportement, qu'il s'agisse d'anxiété, de dépression, d'agitation d'agressivité ou d'apathie. Elle stimule la mémoire et la sociabilité en facilitant la communication non verbale et l'expression des émotions et constitue ainsi un accompagnement thérapeutique de choix pour la maladie d'Alzheimer. Le professeur Steven Ferris rappelle les 5 millions de cas de maladie d'Alzheimer recensés aux États-Unis (près de 1 million de cas en France, soit près de 1 personne sur 5 atteinte après 75 ans). Il décrit les lésions provoquées par cette maladie dont l'origine reste mystérieuse : perte de connexions entre les cellules nerveuses étouffées entre des dépôts de plaques amyloïdes externes et dégénérescence neuro-fibrillaire interne aboutissant à la mort neuronale. Si la durée d'évolution est de cinq à quinze années, celle-ci est précédée d'une phase « présymptomatique » de dix à vingt ans. Cette dernière peut être objectivée par des techniques d'imagerie cérébrale sophistiquées, qui permettent de « voir » les plaques amyloïdes et par l'étude de marqueurs du liquide céphalo-rachidien (nécessitant une ponction lombaire !). Celles-ci aident donc à identifier les patients à haut risque évolutif ; toutefois, il n'est pas totalement prouvé que les traitements médicamenteux soient plus actifs à ce stade précoce. L'intérêt, par contre, des activités intellectuelles et sociales comme la musique est de favoriser la constitution d'une sorte de « réserve cognitive » entraînant l'apparition plus tardive du déclin (lequel sera également souvent plus rapide). Une fois la maladie déclarée, la musique peut également réduire son impact sur la famille et les soignants, en offrant un moyen de communication non verbal, le langage étant progressivement détruit.

« Je chante donc je suis ! », conclut David Aldridge, le dernier orateur de cette après-midi new-yorkaise. Il nous montre une vidéo sur le rôle de « resocialisation » de la musique : un groupe de patients allemands en institution chante joyeusement en marquant la mesure avec des tambours ou des cymbales. Un papy facétieux termine le morceau en frappant sur la cymbale de sa voisine, déclenchant l'hilarité générale. Il se lève et les deux « concertistes » se serrent la main chaleureusement. On apprend que ce grand-père est à un stade avancé de la maladie, qu'il ne maîtrise plus le langage, qu'il est déprimé, qu'il alterne des phases d'irritabilité et d'apathie. En participant à cette activité musicale collective, il a retrouvé subitement un sens social. Lorsque la maladie progresse, les patients continuent de chanter en battant la mesure, puis battent la mesure en écoutant les autres, anticipent un changement de rythme s'ils connaissent le morceau, frappent encore dans les mains, finissent par se contenter de tourner les pouces en mesure. Les dernières images nous montrent une patiente en phase terminale recroquevillée dans son lit en position fœtale et qui semble soulagée par quelques accords de harpe joués à son chevet.

Joseph LeDoux, professeur de neuroscience, anime alors un atelier de « heavy mental » avec son groupe rock les Amygdaloïds. LeDoux est l'inventeur de la « route du haut » et de la « route du bas » dans notre circuiterie cérébrale – l'une permet une réaction rapide, émotive mais peu précise à un danger (« Ciel un serpent ! Je recule ! ») ; l'autre, une réaction plus lente mais plus fine, intellectuelle (« Non, ce n'est qu'une branche d'arbre ! J'ai eu peur pour rien ! »). C'est un grand spécialiste de l'amygdale cérébrale et de son activation par la peur. Il a choisi d'emprunter ici la route du bas, celle des émotions, et de s'exprimer en musique. Imperturbable, il chante ses théories en jouant de la guitare, accompagné par un professeur de biologie ; d'autres collègues, une bassiste et une percussionniste, égrènent les titres de ses albums, parfois agrémentés de clips musicaux, « Maniac Depression », « 19th Nervous Breakdown », « Fear » ou « Theory of my mind », cette dernière chanson ayant été composée avec Simon Baron-Cohen, l'inventeur de la théorie de l'esprit. Le groupe de LeDoux s'est produit à Madison Square Garden devant 10 000 personnes enthousiastes à l'occasion d'un gala de fin d'année universitaire !

Le chant des sirènes :
du suicide à l'orgasme

Le mot de la fin reviendra à Klaus Scherer, une autre star, qui dirige à Genève un centre de recherches sur la vie affective et les émotions. Il nous rappellera les pouvoirs de la musique en ce domaine depuis la plus haute Antiquité, tant au niveau du public que chez les musiciens eux-mêmes, qu'elle soit vocale ou instrumentale, et qui s'étend des orgasmes musicaux provoqués par le castrat Farinelli aux vagues de suicides planétaires engendrées par la chanson *Szomorú Vasárnap*, « *Sombre Dimanche* », créée en pleine dépression en 1933 par le compositeur hongrois Rezsö Seress après une dispute avec sa fiancée. Celle-ci mettra fin à ses jours peu de temps après en tenant la partition à la main, l'auteur se défenestrant lui-même en 1968 un dimanche. Curieux air mortifère repris, entre autres, par Billie Holiday sous le titre

« Gloomy Sunday » et interdit sur les ondes de la BBC en 1941, car jugé trop démoralisant, chanté par Björk à l'enterrement du couturier Alexander Mac Queen suicidé après le décès de sa mère, adapté et repris en français par Gainsbourg « Sombre dimanche », lointain écho du « *Leierman* », l'étrange vieillard joueur de vielle dans le dernier lied du *Voyage d'hiver* qui emportera Schubert, et de l'air du spectre de la mère de la pauvre Antonia, invoqué par le diabolique docteur Miracle dans les *Contes d'Hoffmann* d'Offenbach, qui conduit la malheureuse à chanter jusqu'à en mourir d'épuisement. En 1974, au Congrès international de musicothérapie à Paris, le Pr Erwin Ringel, fondateur du service de la prévention des suicides de Vienne[8], avait déjà montré que les improvisations musicales des patients suicidaires accueillis dans son service autrichien ressemblaient à cette funeste mélodie. Elle constituerait donc un archétype hantant notre inconscient depuis les temps ancestraux...

Soirée libre

La nuit est tombée lorsque nous quittons le building de Manhattan. Après avoir caressé la fleur-ballon de Jeff Koons, nous décidons d'aller tenter notre chance au Village Vanguard à Greenwich Village qui n'est pas très éloigné. Le club de Jazz qui a vu les performances de Sonny Rollins, John Coltrane, Bill Evans, Dexter Gordon, Wynton Marsalis, Michel Petrucciani et tant d'autres depuis soixante-quinze ans reçoit ce soir une formation de cuivres. Nous avons hâte de descendre les quinze marches noires pour pénétrer dans cette curieuse salle en entonnoir, avec sa scène molletonnée de rouge dans la partie la plus étroite, ses petites tables blanches et son parquet usé. Nous irons au Blue Note ou au Cotton Club une autre fois. Hier, nous avons vu à Broadway un show sympathique consacré aux Beatles ; demain, Placido Domingo dirige *Roméo et Juliette* de Gounod au Metropolitan Opera, car le chef d'orchestre en titre James Levine est souffrant. C'est promis, nous irons aussi au MoMA voir les expressionnistes abstraits, traverserons Central Park pour saluer John Lennon à Stawberry Fields et passerons au Metropolitan

Museum of Art. Une exposition temporaire présente quelques guitares et mandolines, de Stradivarius aux artisans new-yorkais d'origine italienne et dont les noms font rêver les connaisseurs : John d'Angelico, James d'Aquisto, John Monteleone. Il y aura aussi un peu de temps pour faire des courses et pour manger un steak chez Gallagher's, sauf si vous êtes végétariens. Ah, le taxi jaune nous a vus, venez vite, engouffrons-nous, il commence à pleuvoir !

CHAPITRE 5

Cosmétiques, neuromarketing
et *Méthode Rose*

Printemps 2011, nous sommes à Londres au bord de la Tamise, dans le magnifique appartement de Geneviève B., avec vue imprenable sur le Tower Bridge. Ariel B., arrivé la veille avec son petit avion, s'est mis au piano dès son réveil, enchantant nos oreilles avec la transcription de la *Chaconne* de Bach par Busoni et la *Ballade n° 1* de Chopin, « La Favorite », qu'il connaît par cœur. Hier, nous sommes allés à l'opéra à Glyndebourne écouter *Don Giovanni* dans la très belle version de Jonathan Kent qui situe l'action dans l'Italie des années 1960, avec un clin d'œil au cinéma de l'époque et notre cœur oscillait déjà, comme avec Chopin, entre mélancolie et allégresse, mais Mozart n'a-t-il pas lui-même qualifié son chef-d'œuvre de « drame joyeux », *dramma giocoso* ? L'orchestre The Age of Enlightenment offre avec ses instruments anciens une sonorité d'époque qui tranche avec les interprétations habituelles, mais qui ne tarde pas à séduire ; la mise en scène prévoit d'ailleurs un début extrêmement rapide, l'ouverture de l'opéra retentissant en un éclair dès l'extinction des lumières dans la salle. Je me souviens aussi des moutons dans la prairie du Sussex, des Anglais endimanchés pique-niquant dans la verdure à l'entracte, de la promenade autour de l'étang, de la délicatesse toute britannique du chauffeur de taxi qui, sauf avis contraire, éteint la radio lorsqu'il conduit des passagers à « Glynde », afin que leurs oreilles se préparent en silence au spectacle qui va suivre.

Neuromarketing
et théories de l'attachement

Geneviève qui nous reçoit fête son anniversaire le même jour que Mozart. Normalienne, agrégée de biophysique et professeure de médecine, elle a dirigé le CNRS et pilote désormais la recherche au sein d'une grande multinationale impliquée, entre autres, dans les produits de beauté, sillonnant le monde entre les plus prestigieuses universités et les laboratoires les plus réputés. Comme tous les grands esprits, elle est d'une modestie et d'une générosité extrêmes. Ariel est un brillant médecin, spécialiste en économie de la santé, pianiste de haut niveau et pilote d'avion, qui a également développé un instrument de mesure de la qualité de la vie pour un grand groupe industriel de cosmétiques. Toutes les conditions sont donc réunies pour que la beauté et ses impacts soient évoqués au cours du *breakfast*.

L'évolution insidieuse des mentalités en Occident dans les années 1980, avec l'effritement des valeurs familiales et religieuses, les modèles proposés par les médias et le développement de l'individualisme, a renforcé le rôle de l'apparence. La recherche de la perfection physique est devenue nécessaire à la confiance et à l'estime de soi, indispensables au sentiment de sécurité, mais l'inaccessibilité de la beauté idéale est source de frustrations : complexe d'Adonis qui pousse au culturisme et aux anabolisants, régime Barbie anorexigène, dysmorphophobie, chirurgie plastique… À l'extrême, le plus profond ne s'exprime que par la surface et Patrick Bateman, le héros d'*American Psycho*, passera des heures à sa toilette et à ses exercices physiques, prêt à tuer pour une carte de visite plus rutilante que la sienne[1].

Nous en venons à parler de la neuro-économie, en particulier du neuromarketing, qui tente de prévoir les réactions des consommateurs à la vue d'un produit ou d'une publicité, voire d'un candidat à une élection, en détectant en particulier en imagerie fonctionnelle l'activation cérébrale des circuits de la récompense et du plaisir qui augure d'un futur achat ou d'une intention de vote. L'attention des spectateurs doit être captivée et modulée, la mémoire stimulée, surtout à la fin d'un spot publicitaire, et les émotions provoquées au bon moment.

L'heure de passage d'une publicité a aussi son importance ainsi que son contexte : l'impact d'une demande de dons pour un organisme humanitaire sera, par exemple, moindre au milieu d'un épisode d'une série satirique comme les *Simpson* ou *South Park*. Le sexe ne fait plus recette, car désormais envahissant et facilement accessible dans les médias. L'essentiel est le sentiment de sécurité ressenti par le consommateur qui s'attache ainsi à un produit (ou à un candidat) comme un enfant à sa mère. Nous tenons ces propos à quelques encablures de la maison de John Bowlby (1907-1990), le psychiatre éthologue londonien fondateur de la théorie de l'attachement et des relations mère-enfant, disciple de la psychanalyste Melanie Klein. L'intérêt porté au développement émotionnel de l'enfant à Londres à la fin de la Seconde Guerre mondiale s'explique par le fait que de nombreux bébés se trouvaient alors séparés de leurs parents.

Pour Bowlby, l'attachement fait partie des besoins primaires de l'enfant au même titre que l'alimentation. Un bébé doit, pour se développer et explorer le monde, pouvoir trouver sécurité et réconfort par un lien privilégié avec un adulte. Bowlby s'appuie sur ses observations de jeunes enfants et de familles, tout en utilisant les apports de l'éthologie et de la psychologie cognitive. Il pense que les bébés développent des stratégies adaptatives différentes selon la manière dont on en prend soin. Un attachement sera dit « sécure » (le mot vient de l'anglais) lorsque la mère (ou une autre figure d'attachement) répond de façon appropriée, rapide et cohérente aux besoins de l'enfant. Cette situation engendre une meilleure régulation émotionnelle et minimise par la suite les troubles de comportement chez l'enfant et l'adolescent ; elle semble aussi améliorer ses performances cognitives.

Martin Lindstrom, devenu l'une des cent personnes les plus influentes au monde avec son livre *Buy.ology*, n'hésite pas à comparer le lien entre produit de consommation et client à celui qui unit un fidèle à sa religion, Apple, Orange, Google, L'Oréal et Louis Vuitton rejoignant le nouveau panthéon. Il a ainsi été démontré que le Pepsi-Cola active préférentiellement les circuits de la récompense si le sujet ne sait pas ce qu'il consomme, alors que le dieu Coca-Cola gagne la partie si le sujet testé est informé du nom de la boisson, ce qui prouve la puissance et l'impact de la marque dans les consciences et témoigne, une fois de plus, de la dichotomie existant dans notre esprit entre ce que nous avons appris à trouver beau ou bon et ce que nous aimons réellement à un niveau plus « primitif » et plus ou moins inconscient. Lindstrom constate en ce qui concerne la consommation du tabac que les phrases du type « fumer tue » ou les photos de poumons de fumeur ou de cancer du larynx collées sur les paquets de cigarettes n'ont aucun effet tant que l'emballage est reconnaissable : les circuits de la récompense s'activent très rapidement à la vue de ce dernier, bien avant le dégoût provoqué par les avertissements sanitaires qui ne seront pas suffisants pour contrer le désir engendré. Il faudrait donc totalement modifier l'aspect du paquet de cigarettes, tant sa forme que ses couleurs et la typographie de la marque, pour éviter l'effet d'« empreinte » initiale et laisser une chance aux images chocs d'exercer leur action de médecine préventive.

Notre conversation se poursuit et glisse sur les effets de la musique, en particulier sur les émotions que nous avons ressenties hier à l'opéra et ce matin en écoutant Bach et Chopin et qui sont faciles à objectiver. L'impact de la musique sur les fonctions intellectuelles a été également démontré et nous connaissons son rôle stimulant, en particulier sur la mémoire implicite, voire autobiographique, dans la maladie d'Alzheimer. Pragmatique, Ariel souhaiterait voir se développer une méthode calquée sur la *Méthode Rose* des débutants au piano[2] en tenant compte des limites imposées par cette maladie. Un traitement qui ne coûte presque rien, dont l'utilité est prouvée et qui se révèle dépourvu d'effets secondaires ne peut qu'intéresser un économiste de la santé qui, de surcroît, a lui-même testé l'efficacité de la musique sur son propre cerveau : s'il a peiné pour obtenir son premier prix de conservatoire de piano lorsqu'il préparait le baccalauréat, Ariel a, l'année suivante, trouvé d'une grande facilité la très sélective première année de médecine, réussissant le concours à la cinquième place… Je lui fais donc parvenir quelques semaines plus tard, après en avoir discuté avec une musicothérapeute chevronnée, la proposition suivante…

Petit clavier bien tempéré

Initiation à la musique pour patients Alzheimer et maladies apparentées ; préface d'Oliver Sachs ; harmonisations de Madame Pilar Garcia, musicothérapeute (méthode ÉchO-Muse ©).

PRÉFACE (O. SACHS)

« Les effets de la musique sur les patients Alzheimer, à savoir l'amélioration de l'humeur, du comportement, voire des fonctions intellectuelles, peuvent persister plusieurs heures, voire plusieurs jours après une séance de musicothérapie[3]. »

AVANT-PROPOS (P. LEMARQUIS)

« Un des progrès les plus surprenants et les plus significatifs de l'accompagnement des patients atteints de maladie d'Alzheimer au cours des toutes dernières années est l'utilisation de la musique[4]. Nous en tenterons une approche analytique et rationnelle en nous efforçant de rendre au moins aisément abordables les problèmes de tout ordre qui surgissent dans cette pratique. Il y a lieu tout d'abord de tenir compte de l'endurance, évidemment limitée, de l'élève et surtout de sa capacité de concentration. Il lui sera difficile de soutenir un effort de concentration plus de trente minutes à une heure. Cette période, il s'agit de bien l'employer ; dans les dix leçons de l'ouvrage, nous avons tenté de donner un programme d'étude aussi précis que possible pour le travail quotidien, pendant les premières semaines d'activité musicale.

« *On travaillera* au moins une fois par semaine, le jour et l'heure devant rester fixes ainsi que le lieu de l'atelier. Toujours le même endroit et la même heure en respectant la volonté de participer ou non de l'élève qui dépendra en fait souvent de la motivation de l'enseignant, de ses regards et de ses sourires.

« Ce programme, systématiquement observé pendant les premiers mois, posera solidement les premiers jalons d'une formation musicale réussie. »

PREMIÈRE PARTIE. MÉLODIE OU LES PREMIÈRES NOTES

1re leçon. L'écoute passive

Le patient se familiarise avec l'atelier musical, trouve sa place et prend contact avec les autres élèves. Pas plus de 8 à 10 élèves maximum pour un professeur/animateur ; 12 à 15 s'il est secondé. À l'animateur d'assurer la cohésion du groupe, de veiller à ce que chacun se sente bien accueilli et en confiance, prêt à partager un moment de plaisir et à renouveler l'expérience, même s'il ne se souvient plus d'être venu la semaine précédente, la mémoire « implicite », non verbale, prenant le relais.

Les élèves auront peut-être oublié le cours précédent, mais auront gardé une trace du plaisir ressenti et reviendront volontiers au nouveau cours. L'instauration d'un « rituel » en début de séance est également utile pour en favoriser la mémorisation, rythmer l'activité du groupe et lui donner sa cadence : se saluer, se présenter, compter le nombre de participants, s'asseoir à sa place…

Le professeur/animateur regarde ses élèves, mesure leur disponibilité, leur parle, une main sécurisante sur l'épaule, sur la joue. De leur côté, les élèves fredonnent, sentent la vibration de leur voix traverser leur corps, deviennent des instruments de musique. L'écoute passive de musiques, si possible choisies par l'ensemble des participants, pourra être proposée par la suite à la fin des autres séances comme une détente, une récompense partagée, constituant un rituel aidant à préparer la séparation (transitoire) du groupe avant la programmation de la prochaine séance. Il est également utile avant de se séparer de partager ses émotions, de verbaliser ses impressions. Le professeur encourage ses élèves, les félicitant du travail accompli, du plaisir partagé, évaluant les difficultés individuelles et les solutions à envisager.

2e leçon. Souvenirs, souvenirs

On recherche les goûts musicaux du patient, éventuellement en cours privé, de façon à cerner les musiques et les chansons susceptibles de provoquer des émotions positives ou des souvenirs personnalisés.

Rappelons tout d'abord quelques succès des années 1940 : « Petit Papa Noël » (Tino Rossi, 1946), « Ma cabane au Canada » (Line Renaud, 1949), Édith Piaf avec son « Hymne à l'amour »

(1949), mais aussi « L'accordéoniste » (1940) et « La vie en rose » (1946) et, la même année, « Les trois cloches » avec les compagnons de la chanson. Et aussi : « Maladie d'amour » (Henri Salvador, 1947), « Si tu t'imagines » (Juliette Gréco, 1949 paroles de Raymond Queneau, musique de Kosma), « La tactique du gendarme » (Bourvil, 1949), « Douce France » et « La mer » (Charles Trenet, 1949 et 1947), Luis Mariano et « La Belle de Cadix » (1945). Et encore d'autres succès : « Pigalle » (1946), « Clopin-clopant » (1947), « Lily Marlène » (1942) ou « Ah ! Le petit vin blanc » (1943)...

Pour les plus âgés et les années 1930, les succès de Charles Trenet (« Je chante », « Y'a d'la joie », « Boum », « Le soleil à rendez-vous avec la lune »...) et de Tino Rossi devraient faire l'affaire. Si les élèves ont entendu leurs parents chanter, il faudra penser à convoquer Joséphine Baker et ses « deux amours » ainsi que « Riquita, jolie fleur de Java », voire « La Madelon ».

Pour les plus jeunes et les années 1950, par ordre chronologique : « Les feuilles mortes », Félix Leclerc et son « P'tit bonheur », « Étoiles des neiges » (Line Renaud), « Le galérien » (Les compagnons de la chanson), Mouloudji et son « P'tit coquelicot » en 1951, Mick Micheyl pour « Un gamin de Paris », « L'âme des poètes » de Trenet, Luis Mariano et « Mexico » puis « L'amour est un bouquet de violettes », la « chanson douce » d'Henri Salvador, Yves Montand (« Sous le ciel de Paris », « Un gamin de Paris », « Les grands boulevards »), André Claveau, Georges Guétary, Gloria Lasso, Dalida, Patachou et sa « chasse aux papillons », Francis Lemarque et son « petit cordonnier », Bécaud, Brasssens qui a déjà « mauvaise réputation » et dont « Le gorille » est censuré en 1952, puis Brel. La variété anglo-saxonne a parfois été traduite avec succès, mais des airs de Bill Halley et ses Comètes, d'Elvis, de Ray Charles peuvent susciter des souvenirs. Cette liste est loin d'être exhaustive et l'écoute nostalgique d'une radio de légende peut rafraîchir la mémoire... « Enfants de tous pays », « Prendre un enfant par la main », « Aux Champs-Élysées » et même « La Javanaise » ont un succès fou !

3ᵉ leçon. Exercice et détente

En exercice, pour renforcer la mémoire de travail, on peut proposer l'écoute de deux sons successifs et demander au patient si le second est plus ou moins haut ou identique au premier.

La détente sera ensuite assurée par le célèbre montage en U prôné par l'équipe de Montpellier (Stéphane Guétin) en cours particuliers ou collectifs si les plaisirs musicaux sont partagés : des séquences musicales successives de 20 à 30 minutes choisies en fonction des goûts précisés antérieurement induisent un état de relaxation par ralentissement progressif du tempo (de 95 à 30), du nombre d'instruments (d'une formation orchestrale à un solo) et du volume sonore. Après 20 minutes de détente, un « réveil » graduel permet de revenir à un rythme et un volume modérés, avec une petite formation instrumentale. Le choix personnalisé ou partagé des musiques renforce l'impression de sécurité et la confiance envers l'animateur. Le patient détendu se sent écouté et soutenu et il désirera peut-être poursuivre la séance en discutant avec son thérapeute, évoquant ses émotions ou déjà des souvenirs, ou se contentera d'échanger un sourire. Les résultats de l'étude menée dans une maison de retraite par Stéphane Guétin, sous la houlette du professeur Jacques Touchon et de son unité de recherches Inserm, ont montré une diminution significative de l'anxiété et de la dépression dans la maladie d'Alzheimer par rapport à un groupe de sujets non exposés à la musique. Cet effet s'est maintenu jusqu'à deux mois après l'arrêt des séances d'activité musicale[5], permettant de réduire le recours aux psychotropes.

4ᵉ leçon. Constitution d'un répertoire

À chaque séance désormais un échauffement d'une quinzaine de minutes : mobilisation délicate du cou, des épaules, exercices respiratoires, vocalises en articulant les voyelles. L'élève, seul ou avec le groupe, essaye de chanter les chansons précédemment retenues. Un livre de chants, un cahier avec les paroles, est fourni. Un répertoire se constitue, varié, de la comptine à l'opéra en passant par l'opérette, la variété, la chanson à texte. Le chant en groupe représente une activité sociale qui permet de tisser un lien intergénérationnel et peut dérider un sujet apathique ou calmer un coléreux. Les paroles de la chanson sont lues à haute voix, bien articulées, puis la mélodie est fredonnée jusqu'à ce que le groupe soit relativement coordonné, le refrain repris en chœur, puis l'ensemble de la chanson est interprété ; parfois, un soliste sera valorisé.

5ᵉ leçon. Rythmes et resocialisation

Le patient bat la mesure avec de petits instruments de percussion (tambourins, maracas) ou en frappant dans ses mains ou avec les pieds, pendant que d'autres chantent. Il perçoit le rythme et la vibration à travers son corps qu'il réinvestit. La musicothérapie est alors dite « active », créative et souvent ludique ; elle continue le travail de resocialisation et de restauration de l'identité tout en améliorant la coordination des mouvements. Les petits exercices de rythme feront désormais partie de l'échauffement habituel.

6ᵉ leçon. Musicothérapie active de type réminiscence

Le répertoire musical est choisi en fonction de l'histoire et de la culture musicale des élèves. Les chansons populaires en particulier résonnent avec la biographie de ceux-ci et peuvent permettre l'émergence de souvenirs associés, personnels ou collectifs, contribuant à restaurer, par le biais de la mémoire musicale et des émotions associées, l'identité du sujet qui est en train de s'effriter. Il est alors possible pour le professeur/animateur de travailler sur ces souvenirs, qui peuvent être l'amorce d'autres réminiscences lointaines, et d'engager des échanges plus intimes sécurisant et valorisant un élève qui raconte son histoire aux autres.

Voici un exemple d'exercice précis : chanter « Le petit bal perdu » de Bourvil dont le texte évoque bien la primauté de l'émotion liée au souvenir sur les critères de temps et d'espace. Le lieu et la date précise du petit bal – (« tout juste après la guerre, dans un petit bal qu'avait souffert ») – sont secondaires, y compris le nom du bal lui-même (« qui s'appelait, qui s'appelait, qui s'appelait... »). Seul compte le couple d'amoureux qui ne regardent rien autour d'eux. Alors quelle importance le nom du bal perdu ? Ce dont on se souvient, c'est qu'on a été heureux les yeux au fond des yeux. Et que c'était bien...

TROISIÈME PARTIE. HARMONIE ET RYTHME.
DE LA PREMIÈRE VALSE AU DERNIER TANGO

7ᵉ leçon. Apprentissage en chœur

Il s'agit ici de chanter ensemble à nouveau, battre la mesure et, pour certains, utiliser de petits instruments de percussion. Le groupe est soudé et peut passer à un stade supérieur : l'apprentissage de nouvelles chansons. Le professeur fait chanter phrase par phrase des chants nouveaux, texte sous les yeux, et les fera répéter semaine après semaine.

8ᵉ leçon. Transmission de l'héritage culturel

Les élèves suffisamment aguerris et sécurisés peuvent tenter d'apprendre à leur entourage des chansons anciennes restées en mémoire, tissant cette fois un lien transgénérationnel qui contribue à les éloigner de leur statut de malade et à retrouver leur identité sociale.

9ᵉ leçon. Voulez-vous danser ?

La danse, en particulier le tango, améliore l'humeur, la vie sociale, l'équilibre et stimule la mémoire ; ses effets ont été détaillés ailleurs[6], notamment sur le système du plaisir et de la récompense, sur la production de dopamine, la stimulation du cervelet et des circuits de l'empathie et des neurones miroirs.

10ᵉ leçon. Renforcement de l'apprentissage de nouvelles chansons

Hervé Platel, professeur de neuropsychologie à Caen, spécialiste de l'étude de la perception musicale en imagerie fonctionnelle, s'est intéressé à la maladie d'Alzheimer à la suite des constatations d'une gériatre, Odile Letortu, qui s'était aperçue que des patients de la maison de retraite dans laquelle elle exerce toujours souhaitaient – et parvenaient à – apprendre de nouvelles chansons, malgré la disparition ou la déficience de leur mémoire explicite – c'est-à-dire véhiculée par le langage et concernant à la fois des souvenirs personnels et culturels[7,8]. L'expérience menée rigoureusement sur des patients institutionnalisés à un stade modéré ou sévère de la maladie montre qu'une mélodie devient familière et parvient à être mémorisée en seulement 4 séances.

Pour cela, les patients disposent d'un cahier de chants avec le texte de la chanson. Une mémoire implicite, voire inconsciente, persiste apparemment et est invoquée. Le sujet ne se souvient pas de la phase d'apprentissage ; il pense avoir appris cette nouvelle chanson par le passé, il y a un an ou dans son enfance, ou il ne se souvient plus quand — « peut-être avec vous », disent-ils, mais rarement, à l'animateur. Le texte n'est jamais mémorisé, sinon quelques mots, mais de nombreux patients retrouvent en revanche la mélodie en lisant le texte. La mémoire musicale et celle du langage, si elles concernent des zones différentes du cerveau, possèdent aussi des territoires communs.

Sur le plan pratique, les patients étudiés par Platel ont été vus individuellement. Des chansons, des poèmes, des histoires très courtes et des tableaux de peinture leur sont présentés le premier jour. « Le connaissez-vous ? interroge l'animateur qui dispose d'une échelle d'intensité du sentiment de familiarité. Est-ce que cela vous plaît ? Pouvez-vous le décrire ? » Au total, 8 séances sont proposées sur 2 semaines et le début d'impression de familiarité est constaté dès la 4ᵉ séance pour les chansons et les peintures, ce qui n'est jamais constaté pour les poèmes ou les histoires brèves. Les patients reconnaissent les mélodies, les musiques accompagnées d'un chant, mais jamais le texte seul d'une chanson qu'ils ont pourtant sous les yeux depuis le début. Ils sont également capables de distinguer les chants et les peintures nouvellement appris et devenus familiers d'autres œuvres qui leur sont présentées pour la première fois.

ET APRÈS ?

Une fois la dixième leçon terminée, il faut travailler les exercices selon les principes indiqués précédemment. « Travailler une étude et une petite pièce par semaine… », nous dit la *Méthode Rose*, et peut-être parvenir au cours supérieur… Récemment, Mme Pilar Garcia, musicothérapeute, a réussi à proposer des activités musicales créatrices à ses élèves. Partie de l'élaboration de nouveaux textes sur la musique de chansons existantes, le vocabulaire et les thèmes étant choisis par les patients qui cherchent ensuite les rimes, elle est parvenue dans un second temps à la composition de nouvelles chansons, composées en groupe, oubliées, redécouvertes et retravaillées au fil des ateliers et parfois chantées en chœur avec les (arrière-) petits-enfants. Un hymne à la mémoire en quelque sorte...

Stimuler la mémoire en musique

L'activité musicale et l'activité culturelle non véhiculée par le langage (danse, peinture) permettent des effets transitoires sur l'humeur, le comportement, l'éveil et l'épanouissement. Au-delà, elles peuvent stimuler ce qui reste fonctionnel dans un cerveau lésé par la maladie d'Alzheimer. Des facteurs émotionnels, sociaux et moteurs (chant, marquage du rythme, danse) sont impliqués et l'existence de capacités d'apprentissage, voire créatrices préservées, implicites, « inconscientes », prouvée. Il est paradoxalement possible dans une maladie de la mémoire de garder la trace d'expériences nouvelles, et ce pour une longue période. Dans l'étude de Platel le sentiment de familiarité persiste 2, 4, voire 6 mois après la dernière exposition et le patient reste capable de retrouver très vite la mélodie et de chanter à nouveau son air nouvellement appris.

Il est même possible d'adapter de nouvelles paroles en vue de la mémorisation d'autres activités comme la toilette. Hervé Platel travaille avec une ergothérapeute qui propose, dans ce contexte, de chanter sur l'air d'« À la claire fontaine » les paroles « je prends la savonnette... », obtenant ainsi une nette réduction des troubles du comportement dans cette activité parfois mal supportée par le patient. Il n'est bien entendu pas possible à l'heure actuelle de « guérir » la maladie d'Alzheimer avec la musique et l'art en général, cependant, Mathilde Groussard, qui travaille à Caen dans l'équipe de recherches de Platel, a montré en 2010 qu'il existe des différences fonctionnelles et structurales au niveau de l'hippocampe entre musiciens et non-musiciens jeunes adultes (18-35 ans), l'hippocampe étant la partie du cerveau qui permet la mémorisation, l'« entonnoir » par lequel la plupart des informations transitent et qui est atteint en premier dans la maladie d'Alzheimer : chez les musiciens, les activations hippocampiques au cours de tâches de mémoire et la taille de cette structure sont significativement supérieures[9]. Par ailleurs, certaines études épidémiologiques tendent à montrer que la pratique musicale chez les sujets âgés serait un facteur limitant le risque de développer une démence[10]. Mathilde Groussard travaille donc actuellement sur un projet qui comporte un volet comportemental et un volet de neuro-imagerie et dont l'objectif est de préciser si les activités musicales chez les personnes âgées les protègent des effets neurocognitifs délétères liés au vieillissement normal, en particulier au niveau des mécanismes de mémoire. À quand une étude de ce genre sur la maladie Alzheimer plus spécifiquement ? Certes, les contraintes de l'imagerie cérébrale fonctionnelle sont difficiles à envisager dans ce cas, mais faisons confiance à l'ingéniosité des chercheurs qui finiront bien par trouver un moyen de contourner cet obstacle…

L'ART POUR APPRENDRE À VIVRE ET À... MOURIR

« Pour le poète, une primevère, c'est évidemment bien plus qu'une primevère jaune. J'avance que ce quelque chose de plus est en fait une reconnaissance réflexive. La primevère ressemble à un poème, et l'un et l'autre ressemblent au poète. Lorsqu'il regarde la primevère, il apprend quelque chose sur sa propre nature de créateur. Sa fierté s'accroît quand il découvre que lui-même contribue aux vastes processus que la primevère exemplifie. Et son humilité s'approfondit et se renforce lorsqu'il reconnaît qu'il n'est qu'un minuscule produit de ceux-ci. »

Gregory BATESON, *Une unité sacrée*,
Seuil, 1996, p. 351.

CHAPITRE 1

L'empathie esthétique

La pensée analogique est une pensée magique

Pour le médecin grec Galien, « la santé implique la beauté ». Il paraît évident que la perte de l'harmonie entraîne la perte de la santé. La pensée naturaliste admet facilement que le déprimé devienne immunodéprimé, que la maladie s'en empare et le dévore. Pour Claude Bernard « l'exagération, la disproportion, la disharmonie des phénomènes normaux constituent l'état maladif[1] ». Georges Canguilhem, professeur de philosophie de Michel Foucault, et occasionnellement médecin, affirme, dans le prolongement de la pensée d'Hippocrate : « La nature, en l'homme comme hors de lui, est harmonie, équilibre. Le trouble de cet équilibre, de cette harmonie est la maladie. Dans ce cas, la maladie n'est pas quelque part dans l'homme ; elle est dans tout l'homme et elle est tout entière de lui, les circonstances extérieures sont des occasions mais non des causes[2]... » Si la perte d'harmonie (catastrophe psychologique) prédispose à la maladie, l'inverse heurte la sensibilité occidentale actuelle : la restauration de l'harmonie ne peut-elle aider à la guérison ? « Guérir, c'est se donner de nouvelles formes de vie, parfois supérieures aux anciennes[3] », poursuit Canguilhem, évoquant avant la lettre un processus de résilience. Comment ! La restauration de l'harmonie, la beauté permettraient la guérison ? L'univers est en moi, je suis dans l'univers, la beauté pénètre dans mon « esprit », réjouit mon « âme », gagne mon corps et le soigne... Un sourire d'incrédulité devant tant de naïveté paraît bien vite, car nous sommes cette fois dans un mode de pensée analogique, empirique, ardemment combattu par la pensée matérialiste naturaliste et scientifique. Et pourtant, je me sens déjà mieux après avoir reçu un baiser de mon épouse, senti son parfum, vu le sourire de ma fille, admiré un coucher de soleil, écouté Mozart et plané avec les

Pink Floyd ou admiré une toile de Van Gogh ou de Gauguin… Ces deux-là s'affrontaient déjà violemment sur le sujet dans la maison jaune à Arles. Vincent, qui se voulait naturaliste, disait : « J'adore le vrai, le vraisemblable, même si je suis capable d'un élan spirituel. » Il croyait que « la pensée et non le rêve était notre devoir », alors que, pour Gauguin, « celui qui veut et en est capable peut rêver » et a le droit de peindre un Christ en vert ou en jaune s'il le ressent ainsi. Et même si cela doit rendre fou furieux son colocataire aux cheveux roux.

Quatre visions du monde

Philippe Descola, élève de Claude Lévi-Strauss et directeur du laboratoire d'anthropologie sociale, retient quatre grilles de lecture possible du monde qui nous entoure.

— Il y a le *totémisme*, répandu en Australie et chez les scouts, qui établit une continuité totale, à la fois « corps » et « esprit », entre les humains et les non-humains lesquels partagent ainsi des qualités communes au sein d'une même classe. Le jeu du portrait chinois, qui connaît un regain d'intérêt sur les sites de rencontres en ligne, tient du même mode de pensée : si j'étais un animal ? Une plante ? Un fruit ? Avons-nous les mêmes aspirations ? Le même type de personnalité ? Sommes-nous faits pour nous entendre ? Des humains peuvent ainsi être regroupés avec des kangourous, des moustiques et des ignames sauvages, et partager la même « essence », alors que d'autres appartiendront à un autre club fréquenté par des émeus, des baleines et des acacias. Chaque groupe dérive d'un ancêtre lointain, souvent un animal, qui vivait sur terre au « temps du rêve » et va définir le totem.

— L'*animisme*, lui, constate que l'apparence physique des animaux, des plantes, des minéraux, du vent diffère de celle des humains, mais considère que la vie intérieure et l'esprit sont identiques pour tous. Répandu chez les Indiens d'Amazonie, d'Amérique du Nord, en Arctique, en Sibérie, en Asie du Sud-Est et en Mélanésie, il nous en reste quelques traces : une serrure résiste, des clés s'égarent, la voiture refuse de démarrer, le mauvais temps qui sévit le week-end et la pendule de l'empereur Frédéric le Grand qui s'arrête lors de sa mort semblent animés d'intentions propres. Objets inanimés, avez-vous donc une âme ? Dans la forêt amazonienne, le chasseur demandera à sa proie de ne pas se venger.

— Le *naturalisme*, à l'inverse, reconnaît des caractéristiques et des lois physiques communes aux humains et au reste de la nature, mais les humains sont les seuls à posséder une intériorité, un « esprit », qui leur permet de comprendre et d'agir sur ces lois naturelles et sur le monde. L'homme seul est capable de faire progresser les sciences et les techniques, ce qui correspond à la pensée occidentale actuelle dominante, apparue à la fin du XVIIIe siècle, c'est-à-dire hier.

— L'*analogisme* enfin, contrairement aux trois modes de pensée précédents, ne repose sur aucune continuité entre humains et non-humains, mais sur l'existence supposée d'un réseau serré de relations de correspondances étroites entre les différents éléments constitutifs du monde ainsi fragmenté. Chaque entité constitutive, chaque partie est unique, mais reliée au tout et lui est similaire. La branche d'un arbre ressemble à l'arbre qui la porte ; la feuille de fougère à la fougère entière ; et votre corps, votre voix, vos empreintes digitales, votre esprit, qui n'existent pourtant qu'en un seul exemplaire, sont en résonance avec l'univers entier. Au-delà des polémiques, l'exposition itinérante *Bodies* hâtivement interdite en France avec un soupçon de tartufferie et qui poursuit sa carrière dans le monde entier, permettait à tous d'admirer d'extraordinaires travaux anatomiques, dévoilant la beauté vertigineuse de corps humains magnifiés. L'analogie avec la nature et l'univers en général sautait aux yeux et les visiteurs les plus fanfarons affichaient un respect absolu, silencieux, manifestement impressionnés par la dimension du sujet traité. La segmentation des bronches rappelait l'autosimilarité des fougères ; la circulation sanguine hépatique la forme d'une éponge ; celle des poumons le corail. Des galaxies et des nébuleuses s'inscrivaient au plus profond de nos entrailles. Même si des doutes persistent sur la provenance des cadavres fournis par le gouvernement chinois, l'exposition constituait une occasion unique de s'extasier devant la splendeur et la complexité de notre organisme, contrebalançant singulièrement la façon habituelle de le traiter au quotidien où des images d'exécutions sommaires, de tortures, de mutilations, de viols et de pénétrations en tout genre s'enchaînent à une cadence soutenue. Rappelons que la loi Caillavet permet en France depuis 1976 le prélèvement d'organes en vue de greffes si le donneur n'a pas manifesté de désaccord de son vivant, introduisant une notion de « consentement présumé » qui a permis de sauver des centaines de vies. La contemplation par le plus grand nombre d'extraordinaires préparations anatomiques aurait-elle pu mener à une prise de conscience de la dignité du corps humain supérieure à leur occultation voulue par les censeurs ?

Dominante en Europe, de l'Antiquité à la Renaissance, la pensée analogique persiste en Orient, en Afrique de l'Ouest, chez les Indiens de la cordillère des Andes et du Mexique et chez les Maoris. Nous couplant au cosmos, elle constitue une pensée magique autorisant toutes les extravagances, y compris l'interprétation des rêves et la divination : tel mouvement de planète va modifier mon destin ; Saturne apporte la mélancolie ; je lis l'avenir dans les entrailles d'un oiseau, sur l'omoplate d'une chèvre, en mélangeant des objets dans un panier ou une gourde divinatoire ; j'interprète le tirage des cartes d'un jeu de tarot ; telle variation climatique provoquera des émeutes ; je crois en la théorie des signatures (« *similia similibus curantur* », « les semblables soignent les semblables »). Telle plante ressemble à l'organe qu'elle soignera : une noix pour mon cerveau, la sanguinaire au latex rouge vif pour les affections du sang... et une paire de figues pour mes testicules.

Tout cela ne paraît pas sérieux : superstitions moyenâgeuses ; empirisme ; médecine analogique en relation avec quatre éléments pour les Grecs, cinq pour les Chinois qui ajoutent le bois et le métal au feu à la terre et à l'eau en oubliant l'air ; remèdes de « bonne femme »... Et pourtant j'ai l'air sérieux et avisé si je prétends qu'un battement d'ailes de papillon au Brésil peut provoquer une tornade au Texas... La théorie du chaos et son support mathématique, les fractales, qui impliquent des mécanismes d'autosimilarité à différentes échelles, ne constituent-ils pas un avatar moderne, démontrable et parfaitement admis de pensée analogique, « tentant d'apaiser le sentiment de désordre qui résulte de la prolifération du divers au moyen d'un usage obsessif des correspondances » selon les mots de Descola[4] ? Et pour la petite histoire, rappelons que les cendres de l'éruption d'un volcan en Islande en 1783 auraient ruiné les récoltes, aggravé la famine et provoqué... la Révolution française ! Et que, à l'origine, les remèdes de « bonne femme » viennent du latin *bona fama* c'est-à-dire « fameux », « de bonne renommée » !

Alors croyez-vous au père Nobel ? Antonio Damasio, professeur de neurologie, nous l'a déjà dit et il récidive : Spinoza (et Diderot et Aristote...) avait raison ; notre conception du fonctionnement cérébral est naturaliste, et c'est aux tréfonds de nos cellules (neurones, glie, corps et régulations biologiques...) qu'émergent les processus dynamiques qui génèrent nos sentiments, nos pensées – en un mot, notre conscience. Gerald Edelman, prix Nobel de médecine en 1972 pour ses recherches sur les anticorps et la formule des gammaglobulines, a montré comment, au fil de l'évolution, la matière devient conscience. Descartes (et Platon) avait tort, l'esprit n'est pas une entité à part, en communication « miraculeuse » avec le cerveau, c'est un système organique qui a évolué de la même façon que notre système immunitaire a évolué. Pour Jean-Pierre Changeux, le fonctionnement des neurones crée les processus mentaux qui peuvent, entre autres, amener à la conscience de soi, mais les systèmes sont parallèles, comme deux faces de la même médaille. Lionel Naccache et Stanislas Dehaene nous montrent l'imagerie fonctionnelle des circuits cérébraux de la conscience, voire de l'introspection. Roger Sperry, prix Nobel de médecine en 1981 pour ses travaux sur les connexions entre les hémisphères cérébraux, pense que les processus mentaux peuvent en retour agir sur les événements neuronaux qui leur ont donné naissance, qu'ils peuvent les modifier et ainsi sculpter notre cerveau. Ce sera, par exemple, la cognition motrice développée par Marc Jeannerod et illustrée en musique par Glenn Gould. Le pianiste canadien joue la partition dans sa tête, l'inscrit dans ses neurones et façonne par son entraînement mental le programme moteur qui lui permettra plus tard de s'installer au clavier sans répéter. Le cerveau de Beethoven fonctionne, lorsqu'il imagine entendre sa *Neuvième Symphonie*, comme s'il l'entendait réellement : il peut ainsi continuer à composer malgré sa surdité. Giacomo Rizzolatti, qui ne devrait pas tarder à être nobélisé, va plus loin avec la découverte des neurones miroirs, complétée par les études sur l'empathie, annonçant cette fois le retour de Platon (« les yeux sont les miroirs de l'âme ») et notre cerveau est un cerveau social, sculpté par les interactions humaines, par l'esprit des autres et, d'une manière plus générale, par le monde qui l'entoure : les montagnards seront plus sensibles aux verticales, les habitants du littoral aux horizontales.

Des événements environnementaux peuvent donc modifier notre fonctionnement cérébral qui les reflète et, par-là, le fonctionnement de notre corps qui en dépend ; ils peuvent influencer l'expression de nos gènes comme nous le montre l'épigénétique. Un réseau de correspondances s'établit entre le « macrocosme » qui nous entoure et notre « microcosme » intérieur et il nous faut bien accepter qu'une pensée analogique, rapidement vertigineuse, vienne fragiliser les certitudes de notre naturalisme extrême : jusqu'à ce point, tout est démontré. C'est peut-être sous cet angle, celui des interactions avec le monde qui nous entoure, et sans aller jusqu'à évoquer un mécanisme de type quantique ou à vouloir prouver l'existence de l'âme, que l'on peut arriver à John Eccles, prix Nobel de médecine en 1963 pour ses travaux sur les communications entre les cellules nerveuses, qui pense, comme le neurologue Penfield et le philosophe Karl Popper, que la conscience et d'autres aspects de l'esprit influençant le fonctionnement cérébral peuvent se produire à la fois en dedans mais aussi en dehors du cerveau et de l'individu. Le dernier chapitre de *L'Homme neuronal* de Jean-Pierre Changeux se nommait déjà « Le cerveau, représentation du monde ». Représentation, reflet ou miroir ? N'oublions pas que, pour le philosophe allemand Leibniz (1646-1716), héritier d'une longue tradition de pensée analogique et chantre de l'harmonie préétablie, « chaque substance simple a des rapports qui expriment toutes les autres » et, par conséquent, constitue « un miroir vivant perpétuel de l'univers[5] ».

Palo Alto, Californie

L'importance fondamentale de la pensée analogique dans la psychologie et les sciences de la communication a été soulignée dès le début des années 1950 par l'école fondée par l'anthropologue Gregory Bateson dans la ville de Palo Alto. Située au sud de San Francisco, à côté de l'Université Standford, Palo Alto deviendra paradoxalement le berceau de la Silicon Valley et de l'explosion du langage informatique qui s'oppose point par point au langage analogique par sa numérisation et sa « digitalisation » des informations qui n'ont plus rien à voir avec le concept initial ainsi codé. Les sillons d'un disque vinyle par exemple stockent directement, selon un procédé analogique, l'enregistrement initial qui sera reproduit par la vibration amplifiée d'une pointe diamant au contact du disque. L'information sur les compacts-discs subit, au contraire, un encodage numérique binaire (0 ou 1) qui nécessitera un convertisseur pour redevenir analogique et audible. Bien que le contenu soit le même, les puristes jugent la qualité sonore initiale d'un vinyle plus chaude et plus proche du signal sonore d'origine, plus « vivante » en quelque sorte – d'où sa dégradation inexorable au fur et à mesure des écoutes successives par usure mécanique, le compact-disc aseptisé demeurant en théorie éternel.

Bateson, zoologue avant de se tourner vers l'anthropologie, pensait que le chant des baleines ou la communication chez les dauphins relevaient d'un mécanisme analogique, exprimant directement les émotions et les messages comme avec la musique, sans nécessité d'un encodage tel qu'il existe dans le langage humain avec l'étape intermédiaire des mots, précise mais réductrice et fragile, dépendant d'un long apprentissage. Il n'est pas surprenant que Steve Jobs ait vécu à Palo Alto, redécouvrant les joies et la simplicité de la pensée analogique « iconique » en popularisant, *via* Apple, l'interface graphique qui a ouvert l'ordinateur au plus grand nombre, les icônes sur l'écran remplaçant de laborieuses études en programmation informatique, ni que les réseaux sociaux sur Internet y aient vu le jour, avec cette curieuse tentative d'hybridation entre les deux formes de communication, digitale et analogique, aboutissant au succès planétaire de Facebook.

La partie digitale du langage est représentée par l'information qu'il contient, telle qu'un robot pourrait la délivrer ; elle s'adresse à la mémoire véhiculée par les mots, qu'on nomme aussi « mémoire explicite ». La partie analogique la complète et englobe... le reste : l'intonation, le débit et la puissance de la voix, son timbre qui est unique pour chaque individu, les mimiques faciales, le regard, la gestuelle, les odeurs, l'aspect physique, les habits, la coupe de cheveux, la couleur des yeux, la mémoire des échanges antérieurs, la ressemblance avec quelqu'un d'autre, ou avec un animal... Toutes les informations auxquelles nous ne portons pas spécifiquement attention mais que nous enregistrons et traitons plus ou moins inconsciemment. Elle s'adresse donc au monde des émotions qui gouvernent et induisent nos relations et à une mémoire non verbale, parfois non consciente, sans doute la partie immergée de l'iceberg des souvenirs et que l'on peut qualifier d'« implicite ». Souvenons-nous du bon docteur Claparède, qui avait blessé une patiente amnésique qui ne le reconnaissait jamais avec une aiguille cachée dans la paume de sa main et qui constata par la suite que la malade, qui ne le reconnaissait toujours pas, refusait systématiquement de lui serrer la main.

La mémoire implicite est donc analogique : vous avez sillonné l'Ouest américain sur 5 000 kilomètres en trois semaines durant vos dernières vacances au volant d'un 4x4 à embrayage automatique et lorsque, quelques mois plus tard, rentré chez vous, vous troquez votre vieille voiture manuelle pour un puissant SUV, également à changement de vitesses manuel, sa grosse calandre, ses gros pneus et sa hauteur de caisse réactivent inconsciemment vos souvenirs de conduite estivaux et vous faites hurler la boîte de vitesses en oubliant de débrayer, vous retrouvant involontairement par la magie de l'analogie au volant de votre américaine automatique sur la route de Las Vegas ou dans la Vallée de la mort. Le langage digital et la pensée naturaliste font appel à l'apprentissage d'un encodage culturel et à l'intellect et s'accordent avec la « route du haut » évoluée, subtile mais lente et fragile, alors que la pensée et le langage analogique relèvent du domaine des émotions et de la mémoire implicite, de la « route du bas », archaïque mais robuste, et fournissent une explication à la dichotomie entre ce qui nous semble relever des canons de la beauté et ce que l'on pense aimer vraiment. Gérard Depardieu dans le film de Bertrand Blier *Trop belle pour toi* quitte sa très belle épouse interprétée par l'ex-James Bond girl Carole Bouquet pour une secrétaire intérimaire au physique moins flatteur, interprétée par Josiane Balasko avec laquelle il se sent plus en phase.

La mémoire implicite constitue une sorte d'inconscient cognitif et émotionnel projeté à l'extérieur par l'ensemble de nos comportements, en particulier créatifs. Dans son « expression » artistique, un sujet projette sa vie intérieure, ses acquis inconscients et ses blessures qui peuvent alors être guéries. Curieusement, la communication analogique échappe en partie à l'observation du psychanalyste, s'il s'en tient au dogme initial et ne s'intéresse qu'au langage, dans un climat de neutralité bienveillante, assis dans son fauteuil, se tenant à l'écart du patient allongé sur son divan dans la pénombre, soucieux d'éviter les interférences, les interactions, entre patient et thérapeute. Il décortiquera pourtant un mode de pensée analogique (interprétation des rêves, mythes) et son but ultime sera bien la découverte du mode de (dys-) fonctionnement de ce système.

Bateson notait déjà en 1932 lors d'un séjour en Nouvelle-Guinée, avec sa future épouse et collaboratrice Margaret Mead, que la façon dont les individus se comportent est déterminée par les réactions de l'entourage. « La communication est la matrice dans laquelle sont enchâssées toutes les activités humaines[6] », déclarera-t-il vingt ans plus tard, décidant le psychanalyste autrichien Paul Watzlawick à se joindre à son équipe. Ce dernier, de formation jungienne, s'est aussi initié à l'analyse de la logique du langage dans le sillage de son compatriote le philosophe Ludwig Wittgenstein. Il systématisera, en les prolongeant, les idées de Bateson et conclura avec ses collègues de l'Institut de recherche mentale de Palo Alto qu'il n'est pas possible de ne pas communiquer et que le silence (même bienveillant) est une forme de communication qui a son influence. Pour lui, communiquer, c'est comme entrer dans un orchestre, y ajouter la voix de son instrument en tenant compte de l'interprétation en cours sans en être ni la source ni l'aboutissement. Watzlawick sera à l'origine, avec ses confrères de l'école de Palo Alto, des thérapies familiales et « systémiques » – un système est comme un orchestre ; c'est un « ensemble d'éléments en interaction tels qu'une modification quelconque de l'un d'eux entraîne une modification de tous les autres ». La pensée analogique est donc également une pensée systémique ! Dans le cadre plus précis des thérapies familiales, la maladie mentale est vue sous l'angle d'un trouble de la communication au sein d'une cellule familiale. Celle-ci est considérée comme un système homéostatique dans lequel le trouble de l'un des membres est devenu nécessaire à l'équilibre de l'ensemble. L'intervention active du thérapeute consiste à aider la famille à trouver un nouvel équilibre qui ne dépendra plus du désordre de l'un de ses membres. Michel Delage en est l'un des plus brillants représentants actuels dans l'Hexagone.

Le psychothérapeute allemand Bert Hellinger, à partir de son expérience africaine des pratiques zoulous, a développé dans les années 1980 une technique systémique originale axée sur la notion de constellations familiales : les membres de la famille sont incarnés par d'autres personnes qui interagissent entre elles dans un état de transe, révélant des interrelations et des conflits du système familial sur plusieurs générations antérieures et conduisant le thérapeute à proposer une réorganisation symbolique. La statue du dieu A'a, divinité polynésienne que l'on suppose à l'origine de toute chose si l'on s'en tient à son nom, nous vient de l'île de Rurutu dans l'archipel des Australes. La statue en bois de forme légèrement ovalaire mesure près de 1,20 mètre et veille actuellement au British Museum. Elle est couverte de statuettes en relief qui la représentent à une échelle plus petite et forment également les traits de son visage, rendant perceptible d'une manière spectaculaire le fait, selon Descola, qu'« une personne, humaine ou divine, est constituée de toutes les relations avec d'autres personnes ou avec elle-même qui lui donnent une consistance sociale ».

Dans le cadre de la pensée analogique, la maladie est liée à un changement dans les interactions multiples qui s'effectuent au sein du monde auquel appartient le patient lui-même et qu'il faut réussir à modifier pour qu'elle ne soit plus nécessaire à l'équilibre de ce monde et qu'elle cesse de se comporter comme un parasite, suçant votre sang ou rongeant votre foie pour assurer sa survie. Pas étonnant que Bateson ait fini par s'intéresser à l'écologie… de l'esprit. Et que la beauté et l'harmonie représentent un moyen d'action privilégié au sein de ce système.

Navajos : la beauté qui guérit

Pour les Indiens Navajos, « santé » se dit *hozho*, mais le terme signifie également « beauté », « équilibre », « harmonie », « ordre », « bien ». Il se réfère à l'harmonie, à l'analogie, entre micro- et macrocosme. Le terme est d'ailleurs rarement employé seul et on le trouve dans les prières rituelles sous la forme de *shil hozho* (qui signifie « avec moi, il y a de la beauté »), de *shii hozho* (« en moi, il y a de la beauté ») et de *shaa hozho* (« de moi, la beauté irradie »). L'exposition sur les peintures de sable des Navajos à La Villette en 1996 s'appelait d'ailleurs *La Voie de la beauté* et les organisateurs, Sylvie Crossman et Jean-Pierre Barou, ont multiplié les ouvrages et les présentations traitant des savoirs de la médecine indigène. Ils se sont principalement attachés à l'influence que pouvait avoir dans ce contexte la notion de beauté sur la santé, parcourant le monde, de l'Arizona à l'Australie en passant par le Tibet. Ils confirment le fait que, pour les Navajos, la maladie résulte d'un équilibre rompu avec la beauté, l'harmonie qui non seulement entoure le patient, mais qui est également en lui, et cela à cause d'une faille dans sa manière de vivre et de penser, à cause de ses colères, de ses excès et autres dérèglements.

Ce lien avec la beauté sera rétabli par des cérémonies fixées par les ancêtres : chants, prières, danses, peintures initialement tracées par les êtres sacrés sur les nuages, les toiles d'araignées, les peaux de bêtes et transmis aux héros mythiques, marginaux qui les expérimentèrent en premier et leur donnèrent leurs noms avant de les léguer aux hommes-médecine. On connaît le Rêveur, dépourvu de sens pratique, mauvais chasseur et sauvé par la Voie de la nuit ; la frivole Femme-serpent ; le Garçon-pluie, guéri de son addiction aux jeux par la Voie de la grêle ; le Blaireau trop matérialiste qui s'accroche à la grande étoile… Le diagnostic de la maladie est généralement établi par une femme qui connaît bien le patient et désigne lors d'une transe l'organe atteint et la zone à soigner. Cette dernière nécessitera un traitement rituel adapté spécifique très complexe et très exigeant, une « Voie » pouvant comporter des centaines de chants et une douzaine de peintures de sable au minimum, très minutieuses à mémoriser et dans lesquelles chaque détail compte. Les cérémonies s'étalent sur plusieurs nuits, se poursuivent le jour et s'achèvent en beauté avec l'aube qui suit la dernière nuit, reléguant *La Tétralogie* de Wagner à une opérette. Les chants paraissent répétitifs, mais l'homme-médecine sait parfaitement quand il doit changer un mot bien précis à l'intérieur d'un vers, selon le principe universel en musique de la répétition/différence et de la tension/résolution que l'on retrouve dans la structure des berceuses maternelles. Chaque strophe comporte une variation, souvent subtile, par rapport à la précédente, mais fondamentale sur le chemin de la guérison.

Plus de vingt ans d'apprentissage sont nécessaires aux hommes-médecine qui seront naturellement appelés « chanteurs » et se spécialiseront, à l'instar de leurs confrères occidentaux, dans deux ou trois rituels auprès d'un maître sévère sur la trentaine de cérémonies principales existantes. La Voie de la nuit soignera ainsi les céphalées, mais aussi la cécité, la surdité et la démence ; la Voie de la beauté est indiquée pour la gastro-entérologie ; la Voie du projectile pour les troubles respiratoires... Selon l'intensité des symptômes (et le montant des honoraires), des versions courtes ou longues d'un rituel peuvent être proposées. La cérémonie débute par la bénédiction du hogan, la maison du culte par un jet de farine de maïs – blanc, si le patient est un homme ; jaune, s'il s'agit d'une femme. Le patient se purifie dans une hutte voisine par des bains de vapeur et des herbes vomitives, puis, une fois lavé, est massé avec des bâtons de prière, en insistant sur les zones malades ; enfin, il est vêtu de branches de yucca tressé. Un feu est allumé et veillera jusqu'à la fin, chauffant l'eau des infusions ; des chants s'élèvent et des offrandes invitent les divinités : coquillages, tabac, pierres ornementales (turquoises). Les peintures de sable spécifiques de la cérémonie choisie seront le lieu de visite des divinités.

Sur un tapis de sable blanc pouvant mesurer 4 mètres de largeur sont répandues des couleurs évoquant l'aspect du ciel au cours d'une journée : blanc du matin, bleu turquoise à midi, jaune-orangé du crépuscule et noir de la nuit qui correspondent chacune à une montagne sacrée navajo. Un arc-en-ciel protecteur peut entourer la scène centrale et s'ouvre à l'est, là où se trouve l'entrée du hogan. Serpents, éclairs, enfant-pollen à la houppe, plantes sacrées, figures féminines à tête rectangulaire, masques arrondis pour les hommes naissent de la poudre colorée qui s'écoule sur le sable avec dextérité entre le pouce et l'index du « chanteur », l'homme-médecine.

Des bâtons de prière sont plantés dans le sol et le malade peut enfin s'asseoir au milieu de la peinture, tourné vers l'est, non sans avoir au préalable consommé une potion contenant des pigments colorés provenant de cette dernière mélangés à des herbes. Au milieu des prières chantées, l'homme-médecine trempe ses mains dans ce breuvage et les applique ensuite alternativement de bas en haut sur des parties des figures peintes, puis, symétriquement, sur le corps du malade, transférant au passage un peu du pigment de la peinture et de ses « pouvoirs » sur le malade qui s'exclame, une fois la métamorphose achevée : « Par bonheur, je recouvre la santé. Par bonheur, mon calme intérieur revient. Par bonheur mes yeux retrouvent leur pouvoir. Par bonheur ma tête s'apaise. » Il reste seul encore quelques jours, suivant un régime spécifique, se couchant avec le soleil.

Contre toute attente, les résultats sont là et l'anthropologue James Faris les qualifie d'impressionnants…, mais pour les Navajos uniquement ! Guérison au-delà de l'effet placebo, sous-tendue par des fondements culturels, à tel point que les hôpitaux locaux sont équipés de hogans et que les hommes-médecine y cohabitent en bonne entente avec leurs confrères et sont remboursés dans ce contexte par les compagnies d'assurances… Les médecins occidentaux reconnaissent l'intérêt des traitements des Indiens en postopératoire, dans les problèmes de cicatrisation et lors de la convalescence. Aux médecins diplômés de la faculté, la guérison des corps, naturaliste, scientifique et rationnelle, passive et standardisée, reposant sur l'anatomie et les lois de la physiologie : le patient est guéri lorsque son corps est guéri, même s'il reste meurtri dans son imaginaire. Aux Indiens, la guérison des esprits, symbolique, analogique et magique, personnalisée, reposant sur la connaissance et l'adhésion active aux croyances et aux mythes d'un groupe culturel. À l'école des Indiens, l'enseignement de la santé est le couronnement des études de philosophie. Le patient est guéri lorsqu'il a retrouvé l'harmonie et sa place dans l'univers (même s'il meurt de tuberculose…).

Pollock : action !

En 1941, le peintre américain Jackson Pollock, à la recherche d'émotions spirituelles provoquées par l'art « primitif », découvre au MoMA les peintures de sable des Navajos. À leurs côtés se tiennent les *Demoiselles d'Avignon* inspirées par l'art africain que Picasso présente à André Malraux comme « son premier tableau d'exorcisme ». Pollock prend alors conscience que le pouvoir « thérapeutique » d'une œuvre réside dans l'action qui la crée plutôt que dans le résultat lui-même : les peintures de sable sont détruites après la cérémonie et dispersées dans la nature loin du village afin que leurs pouvoirs soient annihilés. On se souvient des tableaux de *La Vie mode d'emploi* de Perec, romans dans le roman, patiemment réalisés tout autour du monde, découpés puis reconstitués l'un après l'autre, sous forme de puzzles pour être finalement détruits.

« Au commencement était l'action », dit le *Faust* de Goethe, blasphémant l'Évangile selon saint Jean en privilégiant l'action au Verbe. Les livres, affirme-t-il, ne peuvent en effet pas rendre compte des « forces formatrices » de la nature ni « connaître tout ce que le monde cache en lui-même ». Wittgenstein renchérira : « On ne peut pas poser de questions sur ce qui est premier, sur ce qui est à l'origine de la possibilité même de poser toute question, [bien] qu'il doive forcément exister quelque chose de tel, cela est pourtant clair[7]. » Picasso se tient dans l'arène en habit de lumière au milieu d'un cercle de sable et affronte le taureau (ou le minotaure !) en l'honneur du dieu Mithra. Pollock peindra sur le sol, penché sur son tableau, comme les Indiens, inventant l'*Action Painting*. La peinture fluide, qui s'égoutte de son pinceau ou dégouline directement de son pot habilement percé ou d'un bâton rappelant les bâtons de prière navajos, est projetée sur la toile comme le pollen coloré s'échappant des doigts de l'homme-médecine, traçant son action rapide et précise, marquant l'empreinte de sa transe. Au final, Pablo Picasso transfiguré perçoit le monde sous plusieurs angles à la fois et la surface entière de la toile de Jackson Pollock est recouverte de signes et de lignes sinueuses entremêlées. Chaque partie du tableau est reliée à l'ensemble comme un réseau neuronal, chaque fragment est similaire à l'œuvre entière quelle que soit l'échelle.

L'anthropologue Gladys Reichard qui travailla avec Lévi-Strauss à New York et étudia les Navajos pendant trente ans fut initiée à leurs chants, à leurs peintures et à leurs rites. Elle constate qu'ils « forment un tout cohérent qui laisse stupéfait, non à cause de la valeur spécifique de ces éléments, mais en raison de la soigneuse interconnexion de chaque partie, non seulement avec quelques autres, mais à l'intérieur d'une totalité[8] ». Elle ajoute : « Le dogme navajo relie toutes les choses, naturelles et vécues, du squelette de l'homme à la destinée de l'univers, y compris l'inconcevable espace lui-même, en une unité étroitement imbriquée qui n'omet absolument rien, aucun phénomène, aussi infime ou prodigieux soit-il, et dans laquelle chaque individu a une fonction significative jusqu'à ce que, lors de sa dissolution finale, il ne devienne pas seulement un avec l'harmonie première, mais cette harmonie elle-même[9]. » Pollock dira : « Je suis la nature » ; les Navajos, enfants de l'arc-en-ciel, ajoutent : « Lorsque la terre fut créée, nous étions là » et leur but ultime sera de « marcher jusqu'au vieil âge sur la piste de la beauté[10] ».

Mandalas tibétains :
plus puissants que cent soleils…

Tantra en sanscrit veut dire « action ». Les mandalas, figures sacrées du Tibet, représentent la quintessence du bouddhisme tantrique et leur fabrication avec du sable et des poudres colorées au monastère de Namgyal obéit à des mobiles similaires à ceux qui animent les Navajos et Pollock. Leur création exige de nombreuses heures d'un travail extrêmement méticuleux, mais leur existence est éphémère, car ils seront également détruits selon le rite.

À midi, le premier jour, les moines commencent à étaler le sable sur un croquis préparatoire. Celui-ci s'écoule d'un cône tenu par leur main gauche qui repose sur un coussin, la main droite tapotant le réservoir pour faire sortir la poudre colorée. Des chants et des prières incessants accompagnent l'opération pour bénir le mandala et favoriser l'esprit d'Éveil, la *Bodhicitta*, qui libère des souffrances inhérentes au caractère cyclique de l'existence, en particulier par la compassion envers les souffrances d'autrui. « *Om mani padme hum* » est le mantra le plus célèbre du Tibet. Sa récitation répétée représente un son bénéfique et « thérapeutique » par ses vibrations, comme celle des bols tibétains, et sa répétition doit transformer ceux qui le prononcent correctement ainsi que le monde autour d'eux. La syllabe *Om* est considérée comme le son originel, primordial, le Big Bang à partir duquel l'univers s'est structuré ; *mani* signifie « joyau » et *padme* « fleur de lotus ».

Le troisième jour l'œuvre est achevée, parfaitement symétrique, à la fois dessin géométrique complexe, carte et reproduction spirituelle de l'organisation concentrique du monde. « Ce qui est ici est ailleurs, ce qui n'est pas ici n'est nulle part », disent les sages. Créé par le Bouddha historique au sortir de l'Éveil, au VIᵉ siècle avant J.-C., le rayonnement de ce mandala valait cent fois celui du soleil, mais son existence est éphémère. Lors de la cérémonie de Dissolution, le lama efface le mandala ; le sable est recueilli, puis dispersé en offrande à une rivière voisine afin que l'action bénéfique des prières dites pendant sa création se répande sur tous. Dans la culture bouddhiste tantrique, la fabrication de cette œuvre temporaire tracée avec du sable coloré a pour but la pratique de la méditation. La réalisation, longue et complexe, favorise la concentration nécessaire au cheminement intérieur.

Mandala en tibétain se dit *kyil-khor* ce qui signifie « cercle » ou « centre-périphérie ». Le mandala conduit vers son centre, sur le chemin de l'Éveil, débarrassant l'exécutant des trois poisons que sont la convoitise, la haine et l'aveuglement. Durant la contemplation d'un mandala, le méditant cherche à créer des images mentales de Bouddha et de ses proches, les *Bodhisattvas*, parfois jusqu'à 536 personnages différents, avec détails et couleurs, ce qui correspond à un parcours mental à travers 536 états de conscience ! Le mandala est une aide pour la mémoire, un support aux exercices de visualisation. Imperméable aux émotions négatives, aux agressions du monde extérieur, le méditant parvient à une concentration extraordinaire, le visage épanoui, rappelant le héros de la nouvelle de Borges « Le miracle secret » dans laquelle un écrivain condamné à mort a le temps de terminer dans sa tête le troisième acte d'une pièce de théâtre face au peloton d'exécution avant que « le plomb germanique ne le tue à l'heure convenue[11] », car le monde est soudain devenu immobile et sourd autour de lui.

Partir des quatre points cardinaux, du pourtour du cercle du mandala dans lequel le temps et l'espace existent encore ; résoudre le problème de sa quadrature et s'engager dans le labyrinthe ; suivre le chemin initiatique long et difficile comme il se doit ; franchir le niveau du corps grossier, « anatomique », celui de la parole et de l'esprit ; atteindre le corps « subtil », au-delà des cinq sens ; rebondir comme la bille d'un flipper au ralenti sur seize catégories de vides, seize salles à traverser contenant des vases emplis de précieux liquides corporels purifiés (sang, moelle, sperme…), comme dans une œuvre de Louise Bourgeois, et parvenir au centre du monde, au cœur du mandala ; se « retrouver » au terme du voyage spirituel dans la chambre de l'Éveil, à la fois vide et pleine, aux limites floues, et connaître l'extase avec Bouddha et Vishvamata, sa partenaire, qu'il enserre dans ses multiples bras et honore, le joyau dans la fleur de lotus... *Om mani padme hum*... Tel est le commencement et la fin de toute chose.

Jung et l'inconscient collectif

Le riche symbolisme des mandalas ne pouvait que séduire le psychanalyste suisse Carl Gustav Jung (1875-1961) à la recherche des manifestations culturelles de l'inconscient collectif. Bouddhistes, celtes, mayas, catholiques ou musulmans, peints sur bois, sur toile ou faits de poudres colorées, de bois, de métal ou d'argile, les mandalas (et les labyrinthes) ont été utilisés par de nombreuses cultures et religions. Jung considérait l'inconscient, contrairement à Freud, comme un système vivant nourri par toutes les expériences humaines depuis les origines, constituant un héritage de l'évolution, mais aussi une force de transformation dynamique reliant dans un réseau tous les êtres humains existants, ayant existé ou à venir. Des formes « archétypales » peuvent réapparaître à tout moment et dans n'importe quel domaine de l'activité humaine, en particulier dans les rêves. Elles « ressurgissent de nouveau des profondeurs oubliées pour exprimer les intuitions les plus profondes de la conscience et les plus hautes intuitions de l'esprit, unissant ainsi le caractère unique de la conscience moderne au passé millénaire de l'humanité[12] ». Ainsi la cathédrale de Brasilia vue du ciel a la forme d'un mandala comme les temples d'Angkor, le plan du Dôme du rocher à Jérusalem, le labyrinthe de la cathédrale de Chartres, les roues solaires du néolithique, un tatouage spiralé maori, une soucoupe volante, une ville fortifiée par Vauban, une mosaïque mauresque ou la place de l'Étoile avec les dix artères qui convergent vers l'arc de Triomphe. Les rosaces des cathédrales font écho au paradis de la *Divine Comédie* dans lequel les âmes des bienheureux sont immergées avec celles des anges, et se révèlent à Dante en forme de rose blanche.

Jung avait remarqué que les mandalas apparaissent parfois dans les rêves. Ils constituent, selon lui, une expression de l'inconscient sous la forme d'un archétype qui peut symboliser, après la traversée de phases chaotiques, un retour à une nouvelle intégrité de soi. Il demandait d'ailleurs à ses patients de dessiner et de colorier des mandalas qui reflètent leur inconscient et qui le rendent au moins en partie accessible à la conscience. Leur contemplation par ailleurs sera source d'équilibre, d'harmonie, de « recentrage » et de réconciliation entre les parties consciente et inconsciente du psychisme. Au-delà des cas particuliers, Jung pensait que l'homme moderne en général souffrait des progrès de l'industrialisation et autres conséquences de la pensée naturaliste. Celle-ci lui avait volé son âme en le standardisant, en lui créant des besoins artificiels qui le rendaient capricieux, hystérique et individualiste et qui lui faisaient oublier son passé. Le seul remède consistait donc à libérer l'énergie de l'inconscient collectif et sa force de transformation, en ravivant ses racines archaïques, comme Picasso le fit avec l'art africain, Rothko avec les mythes gréco-romains et Pollock, qui suivit une psychothérapie jungienne, avec les peintures de sable des Navajos. « Je cherche à combattre la civilisation corrompue avec quelque chose de plus primitif... », écrivait Gauguin avant de s'embarquer pour la Polynésie.

Amazonie : voir l'invisible

Les Shipibo, qui vivent en Amazonie péruvienne sur les rives du fleuve Ucayali, partagent leur existence entre la chasse et la pêche. Ils conservent dans leur panthéon des êtres mythiques qui accompagnent leurs activités et ont résisté à l'évangélisation : Ino, l'ancêtre jaguar, est le maître de la forêt ; l'Anaconda, ou « Grand Boa », est la mère des eaux, le maître de la pêche qui a dessiné les rivières ; il représente également le soleil sur la terre. Nos chasseurs-pêcheurs distinguent les maladies du corps de celles causées par l'« autre-monde » ou la sorcellerie. Les premières requièrent une pharmacopée traditionnelle, à base de plantes, alors que les secondes justifient l'intervention d'un chamane spé-cialisé, qui doit combattre l'affaiblissement du « principe vital », l'efficience de ce dernier dépendant de la qualité de ses contacts avec le monde extérieur. Si le Grand Boa peut envoyer le soir un vent ou une brume pathogène, il révèle aussi aux humains un art thérapeutique : la peau des anacondas présente des motifs géométriques faits de lignes de différentes épaisseurs, organisées en réseaux intriqués et reproduits par les Shipido sur leurs tissus, leurs céramiques, leurs sculptures en bois et sur tout autre support pouvant être recouvert par des symboles analogiques et abstraits.

Trois autres animaux participent à l'élaboration des dessins : le jaguar, déjà mentionné, prête les taches de son pelage ; le héron, son plumage ; le colibri, son vol saccadé qui guide la main de l'artiste.

Les dessins, réalisés sans modèle ni esquisse, sont l'œuvre des femmes qui recherchent l'excellence, s'imposant jeûne et abstinence. Elles rêvent leurs modèles les yeux fermés ou interrogent le chamane, « celui qui voit ». Les figures géométriques apparaissent dans leur esprit – leur inconscient collectif, dirait Jung – et sont reproduites traditionnellement sur le coton tissé avec une fine spatule de bambou ou une pointe de métal trempée dans du suc de genipa. Les lignes épaisses tracent en premier les cadres à l'intérieur desquels serpentent ensuite les traces les plus fines aux combinaisons innombrables, à l'instar d'une toile de Pollock. On raconte qu'elles existent déjà toutes sur la peau du grand anaconda et qu'elles peuvent se transformer l'une en l'autre au gré des mouvements du reptile et des reflets de la lumière sur sa robe. Elles resteront invisibles au début et personne ne pourra les contempler hormis leur créateur dans son imaginaire, car l'encre végétale du jeune fruit est incolore. Elles ne deviendront visibles pour tous que secondairement, après oxydation, prenant une teinte bleu nuit. Elles protégeront celui qui porte les tissus ainsi dessinés ; la cape du chamane en particulier lui conférera les pouvoirs surnaturels, thérapeutiques et maléfiques de l'anaconda.

Le chamane est « celui qui voit » les dessins invisibles, analogues à ceux des femmes, mais propres à chaque individu, révélés par des visions provoquées par l'ayahuasca, une boisson préparée à partir d'une liane fortement hallucinogène. Il peut, dit-on, se transformer en jaguar ou voler comme un colibri, et ses chants puissants évoquent une langue secrète dérivée de l'inca. Un ami radiologue qui a goûté à cette liane m'a avoué avoir passé la nuit à vomir et le spectacle de quelques étoiles filantes n'a pas suffi à le convaincre de renouveler l'expérience, préférant s'en tenir désormais à la magie de ses scanners et autres rayons X pour « voir à travers ». Il me signale toutefois que les aficionados ont l'impression d'être enlacés par des serpents amicaux. C'est l'Anaconda, dit-on, qui a donné aux hommes la boisson qui permet, selon les mots de l'ethnologue Michel Perrin, de « voir l'invisible » et les dessins tracés sur leur propre corps. Aux femmes, il a révélé la connaissance de ses images abstraites, signatures corporelles, sortes d'empreintes digitales, la drogue n'étant cette fois en rien dans leur élaboration. La légende raconte qu'une jeune femme couverte de beaux dessins apparut à un chasseur. C'était Sidika, l'esprit d'Anaconda. L'homme voulut faire l'amour avec elle et la jeune femme l'entraîna dans le monde en dessous de l'eau. Là, l'homme apprit à préparer et à boire l'ayahuasca, que l'on appelle *dunu himi*, « sang d'anaconda », ou bien *dubuan isun,* « urine d'anaconda ». Quand il mourut, de son corps sortit la liane d'ayahuasca.

Chez les Shipibo, le malade est amené dans la nuit, bien après que le chamane a revêtu sa cape et bu la boisson hallucinogène. Les motifs géométriques figurent non seulement sur ses vêtements, mais aussi sur les céramiques, les tissus exposés, les peintures des visages. Le chamane fume du tabac et chante, enveloppant le patient des volutes de sa fumée, l'enroulant dans sa mélopée. Nuages et musiques serpentent autour de son corps, semblables aux circonvolutions des dessins magiques, à la constriction du boa. Plus tard, il suce les parties malades. La théorie du chaos n'est pas loin et l'esprit de l'ayahuasca est là, aidant le chamane à « gérer l'aléatoire de la maladie[13] » afin de sécuriser son patient. « Il projette des dessins lumineux sous les yeux du chamane. Le chamane lit les beaux dessins, aidé de ses esprits, de ses auxiliaires végétaux et animaux. Il chante les mélodies qui leur correspondent… Les chants s'opposent aux esprits maléfiques. Les parents et l'assistance les reprennent en chœur. Le chant prend la forme d'un beau dessin… il rentre dans le corps du malade. Le chamane recommence, plusieurs nuits… Si le dessin ne peut pas pénétrer son corps, le malade meurt[14]. »

La maladie et son histoire sont inscrites dans le corps du patient sous la forme de dessins défectueux, déformés, aux traits discontinus. Les chants ont le pouvoir de reconstituer la géométrie initiale, de redessiner le patient, de le réécrire : la beauté, l'harmonie du dessin restauré par la musique amènent la guérison et la santé. « Avant, le corps du malade se voyait comme un dessin confus. Puis, peu à peu, le dessin se précise. Quand il est net, clair, complet, le malade est guéri[15]... » Quatre à cinq séances nocturnes de plusieurs heures chacune sont souvent nécessaires pour arriver à parcourir le chemin tracé par les motifs géométriques et pour décrypter leur message curatif venu des caractères abstraits du « monde-autre ».

Calligraphie :
le dessin avant l'écriture

Fuxi est l'un des dieux légendaires principaux de la mythologie chinoise. Habituellement représenté avec le symbole du Yin et du Yang, il règne sur l'univers et conçoit la musique par analogie avec l'harmonie du cosmos. Observant l'araignée en train de tisser sa toile, il crée les filets de pêche et... les liens du mariage. Inspiré par la contemplation du fleuve jaune, les dessins sur la carapace d'une tortue, il invente les premiers idéogrammes et rédige le *Yi-King*, le livre des mutations, qui représente l'univers et ses interactions possibles : son écriture sert à prévoir l'avenir et non pas à se souvenir du passé. Le livre inspirera Leibniz et Jung en rédigera la préface de la traduction anglaise, s'inspirant des prédictions de tirages aléatoires successifs des idéogrammes qu'il réalise au fur et à mesure de sa rédaction.

La calligraphie représente l'un des beaux-arts les plus populaires au Japon, à l'égal des estampes. Autrefois étudiée par les aristocrates japonais et les samouraïs, elle réclame une maîtrise absolue du geste créateur et possède un sens philosophique. Les caractères sont harmonieux, proportionnés, équilibrés. Rien n'est fortuit : chaque ligne et chaque point sont justifiés et ont leur importance. Le début, la direction, la forme et la fin des tracés, la répartition entre les différents éléments et même l'espace vide ont un sens. On pense au Kandinsky de *Point et ligne sur plan*, de *La Grammaire de la création* et *Du spirituel dans l'art, et dans la peinture en particulier*.

Les hiéroglyphes extrême-orientaux possèdent une puissance esthétique par leur forme, mais aussi par l'élégance des mouvements du pinceau de bambou qui les crée en déposant l'encre de Chine sur le papier de riz et par leur signification propre qui touche au sacré. La calligraphie japonaise est une pratique zen, comme l'art de la cérémonie du thé, l'*ikebana*, à laquelle elle est habituellement couplée. Comme pour l'escrime japonaise (*kendo*) et d'autres arts de combat (*budo*), l'enseignement est long, difficile et parfois énigmatique. Il existe une « Voie » de la calligraphie, un chemin initiatique nommé *Shodo* – *Sho* signifiant la « calligraphie » et *do* la « voie », à l'instar des Voies des Navajos, menant à l'*hozho*, la beauté, l'équilibre et l'harmonie.

Dans le Japon médiéval, on distinguait également la Voie du combattant (*busido*), la Voie des arts de combat (le *judo*, le *kendo*...). Les maîtres de la cérémonie du thé étudient la calligraphie aussi longtemps et avec le même soin que l'art du thé. Les maîtres réputés des arts de combat écrivaient par le pinceau des hiéroglyphes qui exprimaient leur force. Il faut avoir vu un maître calligraphe se concentrer sur sa toile puis, s'emparant de ses pinceaux, y laisser sa trace en un bref combat. C'était dans le calme et l'ombre de la chapelle Saint-Charles, lors du soixantième festival d'Avignon en 2006. L'artiste japonais Nakajima Hiroyuki proposait une variation personnelle et contemporaine de la calligraphie traditionnelle en réalisant un cycle de douze performances sur les états successifs de la lune et leur Kenji, leur écriture, correspondante. Vêtu de blanc, le crâne rasé, l'artiste avançait méditatif, pieds nus, circulant d'abord autour de la toile immense posée à terre sur un tatami et retenue par quatre galets. L'assemblée privilégiée retenait son souffle. Le maître venait de contempler sur une vidéo l'aspect de la lune du jour et l'inspiration prenait forme. Dans quelques instants, il entrerait dans l'arène et marcherait sur sa toile, se saisissant à deux mains d'un lourd pinceau chargé d'encre pour l'abattre sur la feuille. Après quelques instants, un geste calme et sûr, ample et plus léger, élancerait le pinceau sur la toile, révélant aux spectateurs son élan intérieur. L'ombre de Jackson Pollock planait dans la petite chapelle. La calligraphie, centrée sur le mouvement du corps, s'accompagnait d'une respiration amplifiée par un micro permettant au public de partager ses phases d'inspiration et d'expiration inspirées du tai-chi, art martial plongeant ses racines dans la philosophie et la religion chinoises. Le taoïsme, ancêtre du zen, vise la perfection, la quiétude par le dépassement mystique des étapes qui ont permis le cheminement lui-même, et prône l'équilibre des forces opposées et complémentaires du Yin et du Yang. Les lignes verticales sont très fortes, intenses, tandis que les lignes horizontales seront plus douces.

Comme chez les Shipido, des lignes sinueuses plus fines complètent le tableau. L'artiste datera son œuvre, la signera et y apposera son petit cachet rouge pendant que la feuille de riz saigne encore, continuant d'absorber quelques instants l'encre qui diffuse après le combat, avant de sécher pour révéler le dessin définitif. Un dialogue philosophique s'établit entre la surface blanche du papier qui signifie le néant et l'absence, les possibilités infinies d'une présence à venir, et l'encre noire qui la matérialise en se figeant, opposée et complémentaire, ne représentant qu'une solution parmi tant d'autres, un haïku graphique, le souvenir d'une action partagée par le public qui s'éveille aux formes inspirées par la lune gravide. Un autre jour, une autre année, un calligraphiste soufi peindra le nom de Dieu en chantant. Dans les écoles coraniques, l'encre précieuse sera bue à la fin de la séance d'écriture. La peinture est une poésie que l'on voit au lieu d'entendre, la poésie est une peinture que l'on entend au lieu de voir disait Léonard de Vinci dans son traité sur la peinture en 1651. L'homme chantait avant de parler et dessinait avant d'écrire – en témoignent les hiéroglyphes.

Japon :
le tatouage est un acte d'amour

En 1996, dans son film *The Pillow Book*, le réalisateur britannique Peter Greenaway s'intéresse aux rapports entre l'écriture et la chair. Son héroïne Nagiko, mannequin japonais exilée à Hong Kong, se souvient de son enfance lorsque son père, calligraphe réputé, traçait sur son visage ses vœux d'anniversaire : « Quand Dieu modela dans la glaise le premier être humain, il y peignit les yeux, les lèvres et le sexe, puis il peignit le nom de chacun pour que celui qui le portait ne l'oublie jamais. Si Dieu était satisfait de sa création, il donnait la vie à la figure d'argile peinte en la signant de Son nom[16]. » Elle souhaite trouver l'amant qui, tel le Valmont des *Liaisons dangereuses*, sera capable de lui donner du plaisir charnel et d'écrire sur son corps, l'encrier posé sur ses fesses, la transformant en livre de chevet, en mémoire des écrits de Sei Shōnagon. Cette dame de compagnie de l'impératrice Teishi vivait aux alentours de l'an mille et tenait un journal intime dans lequel elle notait ses impressions prises « sur le vif » : « L'odeur du papier blanc est comme l'odeur de la peau d'un nouvel amant qui nous fait une visite surprise venant d'un jardin sous la pluie et l'encre noire ressemble à une chevelure laquée. Et le pinceau ? Eh bien, le pinceau est comme cet instrument de plaisir dont la destination n'est jamais mise en doute mais dont la surprenante efficacité est sans cesse, sans cesse, oubliée par nous[17]. » Ses premières expériences la laissent insatisfaite, car les bons calligraphes se révèlent de piètres partenaires sexuels et *vice versa*. La vénus callipyge orientale rencontre finalement un traducteur anglais, Jérôme, interprété par Ewan McGregor, qui maîtrise plusieurs langues mais dont la beauté de l'écriture laisse à désirer. Il la convainc d'inverser les rôles, qu'elle devienne le pinceau et il lui offre son corps en guise de papier. Elle s'exercera sur d'autres peaux qu'elle jugera de mauvaise qualité en particulier sur celle d'un photographe qu'elle surnommera « le buvard » ! Jérôme représente par contre un support exceptionnel qui lui inspire le livre de l'Agenda, qu'elle peindra en caractères noirs, rouges et dorés. Il séduira un éditeur qui le découvrira sur le corps dénudé du traducteur. Jérôme, qui s'est, entre-temps, perfectionné dans l'art de la calligraphie, se met à écrire lui aussi sur la peau de Nagiko ravie. Le couple vit en parfaite harmonie, chacun portant les empreintes de l'autre dans sa chair. Identité et interconnexions. Mais d'autres écrits suivront : deux touristes suédois serviront de parchemins au livre de l'Innocent et au livre de l'Idiot ; un vieillard offrira sa peau tannée pour le livre de l'Impuissance ; un Américain provoquera la jalousie de Jérôme qui se suicidera, tel Roméo, sa peau recevant un dernier texte, celui du livre des Amants. L'éditeur peu scrupuleux n'hésitera pas à profaner la tombe du traducteur, l'écorchant pour s'emparer du manuscrit. Nagiko lui proposera d'autres écrits en échange : le livre de la Jeunesse, malheureusement altéré par la pluie, le livre du Séducteur puis le livre des Secrets, écrit sur la peau la plus tendre d'un jeune moine, le livre du Silence sur la langue d'un mystérieux messager. Un dernier ouvrage sur le cuir d'un lutteur de sumo lui permettra de récupérer la peau de son amant dont elle porte l'enfant. Elle l'enterrera sous un bonsaï qui fleurira dans les dernières images du film pendant qu'elle sera occupée à dessiner des idéogrammes sur le visage du nouveau-né.

« Einfühlung » :
l'empathie esthétique

François Lupu, sinologue, nous apprend qu'il est fréquent en Chine que le propriétaire d'une œuvre d'art comme une estampe écrive des commentaires sur les espaces libres de cette dernière. Il la conserve en rouleau et la déplie au gré de ses humeurs, la complétant d'une calligraphie exprimant ses impressions ou de quelque petit poème, quitte à coller un morceau de papier supplémentaire si la place vient à manquer. Cette façon asiatique de faire corps avec l'œuvre d'art en la complétant peut expliquer que la plasticienne d'origine cambodgienne Rindy Sam ait souhaité embrasser la toile immaculée du diptyque de l'artiste américain Cy Twombly, consacrée au *Phèdre* de Platon, à la fondation Yvon-Lambert à Avignon en 2007, marquant d'un baiser son immense amour et laissant la trace d'une très voyante empreinte de rouge à lèvres sur une œuvre estimée à 2 millions d'euros. D'où le courroux du collectionneur... Ce dernier aurait préféré qu'elle s'en tienne à un amour « platonique » et s'abstienne de toute forme d'écriture selon les recommandations du *Phèdre* : « L'écriture produira l'oubli dans les âmes en leur faisant négliger la mémoire : confiants dans l'écriture, c'est du dehors, par des caractères étrangers, et non plus du dedans, du fond d'eux-mêmes, qu'ils chercheront à susciter leurs souvenirs. » D'où la toile blanche initiale pour illustrer ce propos.

L'œuvre de Twombly constituait l'un des points forts d'une exposition au titre pourtant prémonitoire, invitant à l'éclosion de fleurs et d'autres choses – « Blooming. A scattering of Blossoms and other Things ». Alors pourquoi pas un baiser ? « Ainsi, nous possédons la merveilleuse capacité de projeter et d'incorporer notre propre forme dans une forme objectale. Je projette donc ma propre vie individuelle dans une forme sans vie, exactement comme je le fais avec une autre personne, un autre non-moi vivant. C'est seulement en apparence que je conserve mon identité, même si l'objet demeure distinct de moi… Je suis mystérieusement transporté et magiquement transformé dans ce non-moi », écrivait le philosophe allemand Robert Vischer en 1873 dans sa thèse de doctorat sur l'esthétisme et la vision des formes, utilisant pour la première fois le terme d'« empathie », *Einfühlung*, « ressenti de l'intérieur », en l'appliquant à l'art, avant qu'il ne connaisse un succès phénoménal et soit employé pour désigner le mécanisme psychologique par lequel un individu peut comprendre les sentiments et les émotions d'une autre personne.

À l'origine, le concept avait été créé par Vischer pour désigner le mode de relation d'un sujet avec une œuvre d'art permettant d'accéder à son sens. « Un roman, un poème, un tableau, un morceau de musique sont des individus, c'est-à-dire des êtres où l'on ne peut distinguer l'expression de l'exprimé, dont le sens n'est accessible que par un contact direct et qui rayonnent leur signification sans quitter leur place temporelle et spatiale. C'est en ce sens que notre corps est comparable à l'œuvre d'art », renchérira Merleau-Ponty en 1945 dans sa *Phénoménologie de la perception*.

L'art est donc une forme de pensée analogique, tant dans sa création qui extériorise et reflète notre vie intérieure que dans sa contemplation qui dans un premier temps ne s'adresse qu'à ce qui est relié à nos acquis, nous sécurise, avant de nous éveiller, de « nous ouvrir l'esprit » en nous offrant de nouvelles variations sur notre vision du monde, parvenant à nous transformer progressivement par un processus d'empathie et d'assimilation, de répétitions et de différences, de tensions et de résolutions, qui peut se révéler thérapeutique.

L'art est avant tout une action, une forme de communication, un lien, même si ce dernier n'est pas matérialisé par un interprète comme dans la musique. « Toute œuvre d'art alors même qu'elle est une forme achevée et close dans sa perfection d'organisme exactement calibré, est ouverte au moins en ce qu'elle peut être interprétée de différentes façons, sans que son irréductible singularité soit altérée. Jouir d'une œuvre d'art revient à en donner une interprétation, une exécution, à la faire revivre dans une perspective originale[18] », nous dit Umberto Eco.

Outre l'empathie esthétique, la pensée analogique conduira donc à des productions qui se répètent en se modifiant, comme les poupées russes emboîtées les unes dans les autres, les sérigraphies d'Andy Warhol, les vingt variations sur le portail de la cathédrale de Rouen ou sur des meules de foin de Claude Monet selon un principe d'écho et de résonance. On pense aux contrepoints de Bach, à la musique minimaliste et répétitive de Philip Glass, à *La Madone Sixtine* peinte par Raphaël qui se retrouvera, près de cinq siècles plus tard, en filigrane dans une oreille géante peinte par Dali. Dali qui connaissait tout sur Raphaël comme il le dira à ses professeurs de l'École des beaux-arts de Madrid, ajoutant, avant d'être aussitôt renvoyé pour son impertinence : « Et vous, vous ne savez rien. Il est donc préférable que je me retire. »

L'analogie mènera également à la fabrication de chimères, êtres hybrides composés d'attributs appartenant à des espèces différentes, mais qui présentent une certaine cohérence sur le plan anatomique aboutissant à la création d'un être tout à fait singulier. Pour Descola, la pensée analogique permet de constater « que l'ensemble des existants est fragmenté en une pluralité d'instances et de déterminations, et qu'il existe néanmoins toujours une voie par laquelle on pourra associer certaines de ses singularités. Il s'agit, au fond, de rendre présents des réseaux de correspondances entre des éléments discontinus[19] ». Les folies d'Espagne, bref thème musical apparu à la fin du XVe siècle et qui continue à se propager de nos jours à la façon d'une maladie infectieuse, fournissent un bel exemple de résonance à travers les siècles. La chimérisation constitue, quant à elle, l'un des mécanismes essentiels du processus de résilience, menant lui-même à la cicatrisation, la guérison et la métamorphose…

CHAPITRE 2

Éloge de la *folia* : résonances

Pour Platon, les activités supérieures de l'homme participent toutes d'une folie qui est la marque de leur origine divine. Aristote lui emboîte le pas et fait rimer génie avec folie dans son Problème XXX. Érasme en fera une satire au tout début du XVIe siècle sous le masque d'un éloge à son ami Thomas More – Moria en grec signifiant « folie » – et celui-ci nous parlera du monde idéal dans son *Utopia*. Pascal conclura dans ses *Pensées* : « Les hommes sont si nécessairement fous, que ce serait être fou, par un autre tour de folie, de n'être pas fou ! »

Morphologie et mode d'action
d'un virus culturel

Voici un thème très simple apparu à la fin du XVe siècle.

Ceux d'entre vous qui lisent la musique auront sans doute reconnu la source de la fameuse sarabande de Haendel, somptueusement orchestrée par Leonard Rosenman pour le film de Stanley Kubrick *Barry Lyndon*. Huit petites mesures, comme un standard de jazz, appariées deux par deux, avec un rythme identique : brève longue brève/brève brève brève et des écarts de notes minimes, une formule de répétitions/différences amenant des tensions/résolutions classiques, mais diaboliques, car ces quelques notes de musique réunies seront au final d'une virulence extrême. Le tout est plus que la somme des parties comme Magritte l'a peint dans son tableau *L'Éternelle évidence* : des pieds, des genoux, une tête, des seins, un sexe forment, une fois réunis, un organisme vivant capable de se reproduire. Sitôt née de la partition, la folie s'en échappe et pénètre dans les cerveaux qu'elle infeste et parasite, s'y reproduisant, changeant de mode, se transformant et réapparaissant après de savantes mutations immédiatement transmises à toute personne approchant le patient contaminé. Le médecin humaniste italien Girolamo Fracastoro, qui étudiait la propagation des maladies infectieuses à la même époque, donna à la syphilis son nom qui signifie en grec « don d'amitié réciproque » ! Il craignait que cette dernière ne puisse parfois s'attraper par un simple regard. La *folia* se transmet, elle, assurément par les oreilles, y compris chez les sourds puisque Beethoven n'a pas échappé à l'épidémie.

On sait que l'audition d'une musique plaisante démultiplie les capacités d'écoute du cerveau, activant immédiatement les circuits de la mémoire et de la récompense qui se chargeront de capturer le morceau choisi et de le rediffuser en boucle, réactivant à chaque passage les zones du plaisir et les sécrétions humorales addictives qui en résultent. L'activation involontaire parallèle des circuits moteurs se déclenche dans la foulée, provoquant le désir de chanter et de danser, visible ou non. Les circuits des neurones miroirs et de l'empathie permettront ensuite la diffusion de la contagion par imitation et résonance émotionnelle, au-delà des frontières et des siècles et... de la durée d'une vie. À la fin du film *Barry Lyndon*, le narrateur conclut : « Ce fut sous le règne du roi George III où ces personnages vécurent et se querellèrent ; bons ou mauvais, beaux ou laids, riches ou pauvres, ils sont tous égaux maintenant. » Mais Salvador Dali, qui s'y connaissait en matière de folie, d'Espagne ou d'ailleurs, au point de déclarer « la seule différence entre un fou et moi, c'est que moi je ne suis pas fou ! », clame haut et fort : « Jamais la pensée ne pourra être effacée par le temps ! » La lecture de la partition d'une *folia*, aussi dangereuse qu'une fuite dans un laboratoire d'étude de micro-organismes pathogènes de classe 4, génère l'ouverture d'une boîte de Pandore et évoque irrésistiblement le décodage d'un brin d'ARN-messager à l'origine de la synthèse des protéines. Dali assimilera son cher acide désoxyribonucléique, mémoire des chromosomes, « à la mémoire de Dieu, au service de chaque élément du monde ». L'éthologue anglais Richard Dawkins, athée et élève du prix Nobel Nikolaas Timbergen, privilégiera dans sa vision des mécanismes de l'évolution le « gène égoïste » qui souhaite se reproduire et s'exprimer à tout prix, aux dépens par exemple de l'altruisme. Il appliquera les lois de la génétique à des entités culturelles qu'il nommera les « mèmes », par analogie avec les gènes, qui incluent aussi bien des informations que des comportements et qui, une fois créés, comme le thème de la folie, ne visent qu'à se reproduire en se transmettant d'humain à humain, évoluant en se répliquant, pouvant s'affiner, se combiner, se modifier, voire se transformer en de nouveaux mèmes qui tenteront à leur tour leur chance. L'évolution socioculturelle dépendrait ainsi d'un mécanisme analogue à celui de l'évolution biologique, les mèmes remplaçant les gènes.

Voyez Marin Marais venu solliciter vers 1672 l'acariâtre monsieur de Sainte-Colombe, dans le film d'Alain Corneau *Tous les matins du monde* tiré du livre éponyme de Pascal Quignard. Il espère obtenir des cours de viole de gambe et devenir l'élève de l'austère professeur décrit comme « âpre, humble, libre, prude, en fuite, intempestif, raffiné, rusé, subtil, brusque, mystérieux ». Il tente pour l'heure de le séduire par quelques variations tirées des folies d'Espagne. Concentré sur son instrument, il suscite d'emblée l'admiration de la plus jeune des filles du redoutable joueur de viole, la plus vulnérable, qui le dévore des yeux. Plus mûre et plus réservée, sa sœur succombe entre la deuxième et la troisième variation pendant que Sainte-Colombe résiste, détournant le regard. Il capitule après une quatrième version d'une virtuosité extrême, acceptant l'élève qu'il ne considère cependant que comme un habile exécutant, mais pas encore comme un véritable musicien habité par son art. Il faut dire que le virus de la folie a sérieusement muté avant de réussir à contaminer monsieur de Sainte-Colombe :

Origines portugaises ?

Le thème musical des « folies d'Espagne » naît… au Portugal vers 1480, à l'occasion de danses pratiquées par les bergers. En 1611, celles-ci seront ainsi décrites par l'Académie royale d'Espagne : « Il s'agit d'une danse portugaise, très bruyante, dans laquelle de nombreuses figures sont exécutées au son de tambourins et autres instruments. […] Le bruit est si intense et le rythme si rapide que les danseurs semblent avoir perdu l'esprit, raison pour laquelle ils donnèrent à cette danse le nom de *folia*. »

Imaginez une danse champêtre, rituelle et dionysiaque, liée à la fertilité, au cours de laquelle les danseurs portent des hommes déguisés en femmes sur leurs épaules. Cette folie est mentionnée pour la première fois dans un texte portugais du XVIe siècle, écrit par le dramaturge Gil Vicente (1465-1537). Orfèvre, musicien et maître de rhétorique du roi, celui-ci sera le créateur des premières pièces de théâtre ibériques. S'inspirant de thèmes religieux issus des mystères médiévaux comme la Visitation, l'Adoration des bergers, il ne tarde pas à introduire des figures païennes comme la Sibylle Cassandre, avant de se lancer dans des histoires d'adultères, favorisées par la solitude des femmes de marins partis à la conquête des Indes. L'une des premières *folia* est un *villancico*, une danse médiévale associée à un chant profane qui sera ensuite récupérée par l'Église sous la forme d'un chant de Noël, souvent accompagné à la vihuela, un cousin du luth qui ressemble à une petite guitare. Une autre folie célèbre le héros Rodrigo Martinez, fier guerrier du royaume de León qui s'illustra au XIIe siècle et se chante à deux voix. Elle figure dans le recueil de musiques de la Renaissance intitulé *Cancionero de Palacio* conservé à… Madrid.

Contagion européenne : folia, follias, *folies d'Espagne, folies françaises...*

Nées au Portugal, les folies gagnent donc rapidement l'Espagne, sitôt repérées par un organiste aveugle, Francisco de Salinas (1513-1590), professeur de musique à l'Université de Salamanque. Leur diffusion à travers la péninsule passionne de nos jours le Catalan Jordi Savall, spécialiste de la viole de gambe, qui leur a consacré plusieurs albums enthousiastes.

L'Italie sera contaminée par l'arrivée des « guitares » espagnoles qui cachent le microbe dans leur ventre. Petites et comportant cinq cordes doublées à l'unisson ou à l'octave, elles ressemblent à celles de *La Joueuse de guitare* de Vermeer peinte en 1672. Les *follias* gagneront un « l » supplémentaire en survolant la Méditerranée et s'arrêteront en Corse : *Le Perdono mio Dio* (« Pardonnez-moi mon Dieu ») qui se chante pour le Vendredi saint et constitue une sorte de *Miserere mei* insulaire, présente une parenté avec cet air lusitanien. Il m'a spontanément été chanté par Ange-François Vincentelli, maire du village de Santa-Reparata en Haute-Corse et neurochirurgien, lors du festival Musica Classica auquel il m'avait convié, alors que je lui signalais que j'avais entendu parler de cette possible filiation avec les polyphonies corses.

Le luthier germano-italien Johannes Hieronymus Kapsberger (1580-1651), théorbiste virtuose, improvise et compose à Venise, puis, dès 1610 à Rome, à la cour du pape. Il présente tous les facteurs de risque pour être l'un des premiers contaminés en Italie et la forme de la chaconne, danse importée d'Amérique du Sud basée sur la répétition et la variation d'un thème, se prêtera particulièrement bien à ses *follias* échevelées et jubilatoires. A-t-il rencontré Frescobaldi (1583-1643), organiste virtuose à Saint-Pierre de Rome, qui publie en 1615 ses *toccatas* et *partitas* en tablature de clavecin reprenant le thème pour l'une des plus brillantes ? Qui, des deux musiciens, a transmis le virus au guitariste italien Francesco Corbetta (1615-1681), lequel le diffusera à son tour à l'archiduc d'Autriche, à la cour d'Angleterre et à Versailles ? Le Florentin Jean-Baptiste Lully (1632-1687), devenu surintendant de la musique de Louis XIV, fera danser le Roi Soleil sur ses « folies d'Espagne », danse devenue très guindée, sarabande lente et noble, bien que vraisemblablement toujours d'origine sud-américaine, qui, faut-il le préciser, est très éloignée des liesses pastorales des bergers portugais. Apollon *versus* Dionysos ?

Robert de Visée, professeur de guitare du roi qui se passionne pour l'instrument, est à ce titre l'un des rares favoris à pouvoir pénétrer dans la chambre du monarque. Il écrit en 1682 dans son *Livre de guitare* : « On ni trouvera point non plus de folies d'Espagne. Il en court tant de couplets dont tous les concerts retentissent que je ne pourois que rebattre les folies des autres… » Et pourtant Narciso Yepes exhumera l'une de ces folies pour le film *Jeux interdits*, prouvant que nul n'est immunisé contre l'infection. Le claveciniste Jean-Henri d'Anglebert (1635-1691), également ordinaire de la musique de la chambre du Roy, ne manquera pas de composer pour son souverain une sarabande très ornementée dans sa troisième suite à tel point que le maître à danser allemand Gottfried Taubert constatera en 1717, deux ans après la mort du Roi Soleil, que « la folia est la plus connue des mélodies de sarabande ». Excédé, François Couperin (1668-1733) publie en 1722 son troisième livre de pièces de clavecin où figurent les douces folies qu'il veut « françaises ». Appelées aussi *Dominos*, elles évoquent, nous l'avons vu, sous la forme de douze morceaux, quelques-uns des caractères décrits par La Bruyère ; la pièce consacrée à « L'ardeur » sera cependant inspirée par le virus ibérique. Quant au Grenoblois Michel Farinel (1649-1726), il se rend à Londres après des études à Rome avec le grand compositeur baroque Giacomo Carissimi. Il sera nommé par la suite surintendant de la musique de la reine Marie-Louise (fille du duc d'Orléans) à Madrid, puis invité à Versailles, avant de retrouver son Dauphiné pour diriger la musique du monastère royal de Montfleury. Lors de son passage en Angleterre, il rebondit sur la partition des *Folies d'Espagne* de Lully qui connaît un certain succès outre-Manche et ses variations pour violon sont publiées en 1684 sous le titre de *Faronell's Division on a Ground*. Corbetta à la guitare, Farinel au violon sous la direction de Lully : la folie gagne l'Angleterre.

Henry Purcell (1659-1695), le plus grand des compositeurs anglais, en sera profondément affecté, à tel point que le virus apparaît sous des formes diverses dans nombre de ses œuvres au point d'en constituer une sorte de « marque de fabrique ». Si la désormais aristocratique guitare apparaît dans son opéra baroque *Didon et Enée*, le thème de la folie se retrouve dans la chaconne alerte et légère de l'acte V du semi-opéra *The Fairy Queen*, composé en 1692, pièce hybride entre l'opéra et le théâtre, inspirée par le *Songe d'une nuit d'été* de Shakespeare. Un autre jour, Purcell, organiste de l'abbaye de Westminster, confiera au clavier une folle tristesse en sol mineur que le compositeur et chef d'orchestre Benjamin Britten (1913-1976) orchestrera plus de deux siècles plus tard, rendant un vibrant hommage à son prédécesseur et établissant avec lui une filiation. Les premiers accords de la chanson « Pinball Wizard » du groupe rock britannique The Who, interprétés par Elton John dans le film *Tommy*, le premier opéra rock, sont un clin d'œil à Purcell et le brin de folie d'Espagne qui souffle au début du morceau se poursuit par une rythmique presque flamenco qui mêle guitares sèches et électriques.

La fonction de musicien officiel à la Chapelle royale amène à composer des œuvres qui illustrent la vie des souverains et l'on connaît le goût des Britanniques pour les fastes princiers. Purcell éprouvait manifestement de l'affection pour la très populaire et très mélomane reine Mary, épouse de Guillaume d'orange, et qui fut la principale destinataire de ses œuvres entre son couronnement en 1689 et son décès en 1694. Il composa une ode pour chacun de ses anniversaires, mais aussi la musique de son couronnement et celle de ses funérailles lorsqu'elle mourut de la petite vérole à l'âge de 33 ans. L'immense popularité de la souveraine justifiait une cérémonie grandiose qui se déroula à l'abbaye de Westminster en mars 1695 sous une violente tempête de neige. Imaginez trois cents vieilles femmes vêtues de noir, le roulement de trente tambours militaires, les timbales insufflant leur rythme solennel à la marche funèbre, l'avancée lente de la procession dans l'église, les notes tenues longtemps par les cuivres, trompettes fixes et trompettes à coulisse (ancêtre du trombone) qui modulent et vont *crescendo*, entrecoupés de longs silences. Henry Purcell utilisa quelques thèmes composés plus tôt et la folie s'insinue entre ses notes, en particulier dans la version arrangée pour synthétiseur en 1971 par Walter Carlos (qui deviendra par la suite Wanda Carlos), sur laquelle s'ouvre un autre film de Stanley Kubrick, *Orange mécanique*, utilisation probablement totalement inconsciente du thème par le cinéaste, tant celui-ci est alors difficile à identifier, quatre ans avant sa réexposition dans la sarabande de *Barry Lyndon* et neuf ans avant que Jack Nicholson ne sombre dans la folie dévastatrice du film *Shining*. Les funérailles, jouées plus rapidement au synthétiseur avec des sonorités de flûtes, figurent une autre fois dans la bande originale du film consacré à la rééducation de l'amygdale et des circuits de la récompense d'un adolescent violent et pervers sous le titre de *Beethovania* – « *There was me, that is Alex… !* » Ironie du sort, Henri Purcell, l'auteur de « L'air du froid » pour le semi-opéra *Le Roi Arthur*, repris avec brio près de trois siècles plus tard par Klaus Nomi, meurt neuf mois après le décès de sa chère reine Mary à l'âge de 36 ans, d'un refroidissement contracté un soir de novembre en rentrant tard chez lui alors que son épouse endormie avait fermé la porte. La folle marche funèbre sera donnée à nouveau à Westminster pour les propres funérailles de son compositeur. Reposant à côté de l'orgue, on peut lire sur son épitaphe : « Ici repose Henry Purcell Esq., qui a quitté cette vie et est parti pour ce lieu béni qui est le seul où son talent puisse être surpassé. » Un extrait de ses funérailles sera interprété en 1997 lors de l'enterrement de Lady Diana Spencer, princesse de Galles.

Si la fabrication des guitares connaît un perfectionnement inouï en Italie du côté de Cremone depuis qu'un certain Antonio Stradivarius (1644-1736) s'y intéresse, c'est un compositeur d'opéra, Alessandro Scarlatti (1660-1725), père du fameux claveciniste Domenico Scarlatti et touchant lui-même l'instrument à ses heures, qui reprend le thème dans sa fiévreuse *Partite sull'aria della Follia* éditée à Naples en 1723. Mais le flambeau revient sans conteste au violoniste Arcangelo Corelli (1653-1713) qui compose à Rome les vingt-trois variations sur la *follia* pour violon et basse continue qui assureront sa célébrité et sa postérité, à tel point que la paternité du thème lui sera souvent attribuée – douze réimpressions de son vivant, autant le siècle suivant, une transcription pour flûte à bec, plusieurs centaines d'enregistrements sur disque actuellement… On lit sur la pochette de l'un d'eux : « Nous assistons à un étourdissant festival pyrotechnique, dans lequel le violon est un instrument de feu, dompté par ce compositeur unique. » Malheureusement pour lui, Corelli, dont la production fut des plus limitée, eut pour élève un certain Antonio Vivaldi qui, voulant lui rendre hommage, transcende ses *follias* dès 1705. Le prêtre Roux se souviendra du thème de sa fougueuse jeunesse baroque vingt ans après dans son opéra *Orlando Furioso* d'après L'Arioste et l'utilisera brièvement dans un air incitant à danser et à se sentir jeune à nouveau : « *Danziam Signora le folia d'Orlando* » ! Francesco Geminiani (1687-1762), violoniste et compositeur, fut à la fois l'élève d'Arcangelo Corelli et d'Alessandro Scarlatti et, à ce titre, deux fois contaminé. Lorsqu'il se rend à Londres en 1714 sous la protection du duc d'Essex, après avoir dirigé l'opéra de Naples, il interprète ses concertos pour violon avec Georg Friedrich Haendel (1685-1759) à la Cour et la charge virale sera suffisante pour que l'auteur de la fameuse sarabande soit infesté et compose la pièce pour clavecin qui, somptueusement orchestrée deux siècles et demi plus tard, réjouira les spectateurs de *Barry Lyndon* avant d'accompagner en 2002 une publicité pour une marque de jeans. À noter également une version « romantique » de la sarabande par le trop rare contre-ténor français Thierry Mutin, « Sketch of Love », qui enchanta de sa puissante voix de castrat les discothèques en 1988 et fut disque d'or. Nos bergers portugais, jeunes éphèbes qui dansaient ensemble les premières *follias,* grimpés les uns sur les autres en se travestissant en femmes, accomplissaient des rites de fertilité sous le soleil du Portugal qui auraient séduit Pasolini...

Jean-Sébastien Bach (1685-1750), né la même année que Haendel et qui perdit la vue et la vie sous le scalpel du même ophtalmologiste, accordera au thème en 1742 quelques mesures caricaturales d'une cantate paysanne profane qu'il qualifiera lui-même de « burlesque » (BWV 212). Son fils Carl Philip Emmanuel au service de Frédéric II de Prusse pendant trente ans composa douze *Variationen auf die Folie d'Espagne*, fougueuses et novatrices. Mozart n'exploita pas le thème et laissa cet os à ronger à Salieri qui, obsessionnel, publiera en 1815 vingt-six *Variazioni sull'aria la Follia di Spagna* pour orchestre, d'une belle facture, qui annoncent parfois Schubert, bien que l'ombre de Wolfy plane sur nombre d'entre elles, sans doute inoculée en même temps que la *follia*. André Grétry (1741-1813), prolifique compositeur d'opéra, ami de Voltaire, Rousseau et Napoléon, la cite dans un duo d'amour de *L'Amant jaloux, ou les fausses confidences*, qui se passe en Espagne : « Le mariage est une envie qu'une fois dans la vie on peut bien se passer, mais ce serait une folie que de vouloir le recommencer. » Son librettiste succombera deux années plus tard d'un chagrin d'amour ! Luigi Cherubini (1760-1842) s'en servira pour l'ouverture de son opéra-comique, *L'Hôtellerie portugaise*, créé à Paris, le 25 juillet 1798, dans lequel il est question... d'une auberge espagnole. Si le militaire français François de Fossa (1775-1849), antibonapartiste et rallié à la cause espagnole, et le militaire espagnol Fernando Sor (1778-1839), converti à la cause française impériale, utilisent leur temps libre pour relancer la guitare hispanique et faires des folies, c'est l'Italien Mauro Giuliani (1781-1829) qui réussit à donner à l'instrument ses lettres de noblesse par ses compositions savantes et virtuoses inspirées par Rossini.

Surnommé le Beethoven de la guitare, Giuliani rencontrera le grand sourd, son idole, à Vienne, lors d'une tournée triomphale et le maître lui transcrira par amitié quelques pièces de son cru, l'engageant pour la première de sa *Septième Symphonie* en 1813, mais comme violoncelliste. Il continuera de sillonner l'Europe d'est en ouest et du nord au sud, s'intéressera à la lyre-guitare, inventera de nouvelles formes pour son instrument et pour la notation musicale. Ses *Six Variations sur les folies d'Espagne*, publiées à Vienne en 1814, ont-elles ébranlé Beethoven (1770-1827) qui avait aussi été l'élève de Salieri ? Le si célèbre deuxième mouvement de la *Septième Symphonie* est-il un avatar de la folie ? Les avis sont partagés, mais son statut de « mème » est, par contre, bien établi, vu le nombre impressionnant de fois où il a été réutilisé, en particulier au cinéma – et jusque dans une chanson de Johnny Halliday en 1970 sur un texte de Philippe Labro, « Poème sur la septième », qui évoque l'ambiance postapocalyptique du film *Soleil vert*. Le thème s'entend, par contre, sans aucune ambiguïté dans le deuxième mouvement de la *Cinquième Symphonie*. Trois virtuoses extrêmes s'en empareront et le pousseront à son paroxysme : le diabolique Niccolò Paganini (1782-1840) qui savait rendre fous ses auditeurs par sa dextérité au violon et s'intéressait à la guitare au point d'en offrir une à Berlioz, fera du thème espagnol une... polonaise dans son *Sixième Concerto pour violon*, œuvre de jeunesse retrouvée en 1972 chez un antiquaire londonien ; Frantz Liszt (1811-1886) abandonnera pour un temps ses *Rhapsodies hongroises* pour une rhapsodie espagnole et le thème surgira à de multiples reprises des cordes du piano, paré de tous les artifices du pianiste ; Sergueï Rachmaninov (1873-1943) fera de même en 1931, croyant composer ses vingt brillantes *Varia-*

tions sur un thème… de Corelli. Retour à la guitare avec le compositeur mexicain Manuel Ponce (1882-1948) qui, en 1929, exécute quelques variations sur la *Folia de España* à la demande de son ami Andres Segovia. En 1980, le moine espagnol Gregorio Paniagua, qui a précédemment ressuscité les musiques de la Grèce antique, propose presque trois quarts d'heure de variations déroutantes, oscillant entre musique ancienne parfaitement écrite et bribes de conversations, vrombissements de moteurs, bruits de Klaxon… Et si vous allez à Louvain en Belgique, bouchez-vous vite les oreilles, car les cloches du carillon sonnent à tout va une folie qui vous explosera la cervelle…

Pandémie mondiale

Pour célébrer le cinq centième anniversaire de la découverte de l'Amérique, la ville de Séville, qui abrite les restes de Christophe Colomb dans sa cathédrale, organise une exposition universelle et le cinéaste britannique Ridley Scott réalise le film 1492, *Conquest of Paradise* avec Gérard Depardieu dans le rôle du navigateur et Sigourney Weaver dans celui de la reine Isabelle. Il fallait un musicien hors pair pour en réaliser la bande originale et la tâche revint au grec Evángelos Odysséas Papathanassíou – l'Évangile et l'Odyssée comme prénoms ! –, plus connu sous le diminutif de Vangelis, pionnier de la musique électronique dans les années 1970 et oscarisé pour la bande originale du film *Les Chariots de feu*. Autodidacte, sa connaissance du solfège est des plus sommaire et c'est sans doute involontairement, mais fort judicieusement, qu'il compose une musique épique, avec des chœurs, sur le thème des folies d'Espagne pour accompagner les exploits du meilleur navigateur de tous les temps, signant son plus gros succès commercial et la plus grosse diffusion du virus à l'échelle mondiale.

Si les marins de Colomb ont ramené la syphilis en Europe, ils ont manifestement essaimé leurs folies aux Amériques. Au Brésil, les *folias* conservent initialement leurs liens artificiels avec Noël et sont jouées dans les églises. Les Jésuites s'en servent pour évangéliser les Indiens et Jordi Savall nous donne des exemples de folies créoles, *Folias Criollas*, qui se mêlent avec le folklore local, en particulier au Pérou. Mais les lieux de culte finissent par les proscrire, et les *folias* retrouvent leurs origines païennes dans les rues, élargissant leur répertoire. Les *folias-de-reis* ou *reisado* demeurent des fêtes religieuses populaires ; c'est une musique des pauvres célébrant les rois mages (et non plus les bergers !) et se confondant désormais avec l'épiphanie. Les musiciens vont de maison en maison pour chanter et danser entre la veille de Noël et le 6 janvier, portant masques, drapeaux et bâtons et souvent accompagnés d'un clown (père Noël ?) qui griffe avec un éperon la porte de chaque maison visitée. Les artistes reçoivent en échange de leur prestation quelques menus cadeaux, de la nourriture et des boissons. « Alors, ces voix, ces rythmes de guitare, ces phrasés d'accordéon s'imposent comme un témoignage communautaire, comme une respiration. Musique sociale, religieuse, populaire, traditionnelle, à la fois portugaise et brésilienne, la *folia* est tout cela : une musique dure, un peu fruste, qui sent la poussière et le soleil et qui est accidentée comme une vie de paysan », peut-on lire sur la pochette du disque consacré aux *Folias du Brésil* des éditions Colophon Records. Mais si les chansons racontent la vie quotidienne, l'amour et les espoirs des paysans, le thème initial s'est tellement transformé qu'il n'est plus reconnaissable. La nostalgie qui nimbe parfois les chansons rappelle à l'occasion une saudade lusitanienne. Attablé sous un buste de Borges, j'ai entendu dans une milonga à Buenos Aires la folie traverser un air de tango.

Mais d'où viennent ces notes diaboliques ?

Il est difficile d'imaginer qu'elles soient apparues comme par enchantement au Portugal en 1480, et l'esprit de l'écrivain argentin me suggère que la folie fait partie de l'esprit des hommes et que cet air a toujours existé et existera toujours. Échappé du monde divin des archétypes, il nous console du caractère éphémère de notre existence en nous donnant l'illusion de la possibilité d'une éternité. Lucas Ruiz de Ribayaz y Foncea (1626- ?), qui a reçu les ordres mineurs à la collégiale de Villafranca en Espagne, gagne le continent sud-américain à Lima pour accompagner le comte de Lemos, vice-roi du Pérou et guitariste amateur. Il publie en 1677 un traité de composition pour harpe et guitare avec des indications techniques révélant des influences sud-américaines et même africaines parmi les *canarios, pavanas, jacaras* et autres *zarabandas*, au milieu desquelles se trouve une *folia* pour harpe. Alors, origine africaine, présente à l'aube de l'humanité, née en même temps que l'homme, puis colportée par quelques marins revenus du Mozambique, de l'Angola ou de la Guinée, des îles Sao Tomé ou du Cap-Vert ? De nombreux objets artisanaux témoignent du passage des Portugais en Afrique au XVe siècle : hauts-reliefs en bois, salières du Nigeria finement ciselées représentant les navigateurs barbus avec leurs armes et leurs chapelets… « L'originaire est toujours invisible. Les vrais messages transitent dans les corps à l'insu de ceux qui les échangent[1] », écrit Pascal Quignard. Mais qui se souvient de tout ça, à Fortalerza ?

Une chose, par contre, est certaine : les Portugais, après l'Afrique et la Route de l'or, avant le Brésil et la Route du sucre, ont atteint dès 1543 par la Route des épices le Japon. Ils figurent avec leurs navires, leurs curieux couvre-chefs et leurs pantalons bouffants, affublés de longs nez et de moustaches, sur de célèbres paravents exposés au Musée d'art antique de Lisbonne. Les habitants du pays du Soleil levant, initialement très méprisants envers les arrivants qu'ils qualifient de « barbares du sud » ou *Namban* – parce qu'ils mangent avec les doigts au lieu d'utiliser des baguettes, montrent leurs sentiments sans aucune maîtrise de soi, et ne savent pas lire les idéogrammes – acceptent finalement leurs technologies (surtout militaires) et certaines pratiques culturelles. Matière et esprits se transforment. Les armures des samouraïs se renforcent pour résister aux balles des fusils à mousquet ; le nez des masques faciaux s'allonge à l'occasion et les casques adoptent parfois la silhouette de leurs homologues portugais. Des mots occidentaux s'incrustent dans la langue nippone et saint François-Xavier, missionnaire jésuite basque, l'« apôtre des Indes », débarque à Kagoshima en 1549 en chantant des psaumes religieux. Il pense retrouver le pays de Zipango décrit par Marco Polo dans son *Livre des merveilles* et découvre une civilisation raffinée dans laquelle il saura se fondre. Des messes seront accompagnées de musiques occidentales et japonaises, ressuscitées par Jordi Savall à partir d'un manuscrit retrouvé à Nagasaki. Le latin d'église sera chanté sur des airs orientaux alors que des mélodies occidentales accompagneront des textes locaux. Les cordes pincées des guitares et des vihuelas dialogueront avec celles des biwas japonais et les flûtes traversières se marieront avec la respiration des *shakuhachis* en bambou des moines bouddhistes zen. La musique du jeu vidéo *Final Fantasy IX*, « Vamo'alla flamenco », composée par Nobuo Uematsu, le maître japonais en ce domaine, fera elle aussi le tour du monde ; elle se révèle bien plus proche des premières *folias* lusitaniennes, comme celle dédiée à Rodrigo Martinez, que de *La Sarabande* de Haendel ce qui suggère un héritage direct avec la racine portugaise amenée par les caravelles.

L'Orchestre philharmonique royal de Stockholm et l'Orchestre symphonique de Seattle n'ont pas hésité à ajouter cette pièce venue du monde des jeux vidéo à leur répertoire classique pour la plus grande joie de leur public, rapidement contaminé, ce qui n'est pas une surprise, et qui applaudit à tout rompre à chaque écoute.

La folie réapparaîtra même à l'aube du troisième millénaire dans la chanson de Britney Spears, « Oops, I did it again »... Elle continue son chemin en se nourrissant des cerveaux qu'elle colonise et l'extraction de la pierre de la folie, qui suppose une trépanation, n'est pas chose aisée si l'on en croit le tableau de Jérôme Bosch exposé au musée du Prado et peint (pour d'autres raisons) à l'époque des débuts de l'épidémie. Plus de cent cinquante compositeurs à ce jour ont succombé, sans compter les transmissions folkloriques anonymes. L'attitude de ces artistes face à cet héritage de la tradition ne relève pas d'un choix esthétique, mais plus fondamentalement, pour plagier le philosophe italien Giorgio Agamben et transposer dans le domaine de la musique ses propos sur les images, d'une « confrontation mortelle ou vitale selon les cas, avec les terribles énergies que contenaient ces folies, et qui avaient en soi la possibilité de faire régresser l'homme dans une sujétion stérile ou d'orienter son chemin vers le salut et la connaissance[2] ». On pense aux duels de *Barry Lyndon* et à la balle qui plombe le corps de l'adversaire qui s'écroule. Agamben utilise la notion d'engrammes, qu'il emprunte aux travaux sur le système nerveux central, qui métaphorisent la cristallisation d'une expérience émotive déposée dans la mémoire sociale. En neurophysiologie, l'engramme est la trace biologique de la mémoire, fruit de modifications biochimiques au sein des millions de milliards de connexions entre les 10 milliards de neurones enchevêtrés du cerveau humain, comme dans un tableau de Pollock ou les motifs géométriques d'un dessin Shipibo.

Archétypes issus de l'inconscient collectif pour Jung, venus du fond des âges, voire d'ailleurs, du monde des Idées si l'on en croit Platon, éléments de génétique culturelle se transmettant par les circuits de l'empathie et des neurones miroirs, survivant et se transformant dans les circuits de la récompense et de la mémoire... : et si ces folies, au-delà de leur caractère pittoresque et vertigineux, représentaient tout simplement un traceur visible et facilement identifiable de notre mode de fonctionnement cérébral usuel, qui ne ferait que recycler en permanence ce qu'il engrange dans sa mémoire « inconsciente », implicite en lui imprimant sa « personnalité » qui résulte elle-même des empreintes précédentes[3] ?

CHAPITRE 3

Chimérisation et résilience

De Borges à Cyrulnik

Une chimère est un être imaginaire résultant du croisement d'éléments véritables appartenant à des espèces différentes. Elle apparaît pour la première fois chez Homère, dans le livre VI de l'*Iliade*, si l'on en croit Jorge Luis Borges et son *Livre des êtres imaginaires*. Il y est écrit qu'elle est de filiation divine et qu'elle a la tête d'un lion qui crache des flammes, le ventre d'une chèvre et la queue d'un serpent. Elle forme donc un tout cohérent sur le plan anatomique, ce qui la rend vraisemblable, et le choix de ses différents composants trouve un sens grâce à la pensée analogique dont elle représente une figure classique. Au Moyen Âge, personne ne doute de l'existence du griffon, curieux volatile associant le corps d'un lion à l'arrière à celui d'un aigle à l'avant et qui symbolise la vaillance et le pouvoir du roi des animaux, unis à ceux de l'oiseau impérial, seul capable de regarder le soleil en face.

La chimère peut illustrer un récit qui, en dévoilant ses origines et son histoire, en explique la composition. À la fin du IVe siècle, selon Borges, Marius Servius Honoratus, considéré comme le plus instruit de sa génération en Italie, pense que le monstre est originaire d'une région d'Asie Mineure, la Lycie, aujourd'hui au sud de la Turquie, car un volcan y porterait son nom : « Le pied en est infesté de serpents, ses versants sont couverts de prairies et de chèvres, son sommet vomit des flammes et des lions y ont leur repaire ; la chimère serait une métaphore de ce curieux ensemble. » Avant lui, Plutarque a suggéré plus simplement que Chimère est le nom d'un capitaine aux penchants de pirate qui aurait fait peindre sur son bateau un lion, une chèvre et une couleuvre. La chimère synthétise donc les éléments constitutifs d'un récit, au départ hétérogènes, en les télescopant en une figure unique cohérente qui les relie de façon stable et sécurisante. L'*Homme-requin* du Bénin, exposé au musée du quai Branly, est une statue anthropozoomorphe de la fin du XIXe siècle, faite de bois, de clous de fer et de pigments. Elle mesure 1,70 mètre. Les bras, les jambes et les pieds sont ceux d'un homme, alors que la tête est celle d'un poisson. Le corps est recouvert d'écailles et possède des nageoires. Cet être hybride et guerrier, bras levé ou pointant en avant, le poing fermé, se veut aussi dangereux et puissant qu'un squale. Il représenterait Béhanzin, le dernier roi du Dahomey, qui se compara à un requin, en déclarant la guerre aux Français dont la flotte mouillait le long des côtes du Bénin depuis un demi-siècle par ces mots : « *Gbo ouele fandan agbedui brou* », soit : « Le requin audacieux va troubler le banc de sable. »

Biologie des chimères

On l'a vu dans le chapitre précédent, lors de chacune de ses réapparitions, le thème de la folie doit s'hybrider avec le compositeur qui l'héberge pour renaître et poursuivre sa course. La chimère ainsi obtenue exprime tout autant la personnalité de l'artiste que le morceau lui-même. « Comme tout animal vivant, la chimère évolue, dit Boris Cyrulnik. Elle prend des formes différentes selon les moments, elle s'accorde aux personnes qu'elle rencontre et aux contextes culturels dans lesquels elle vagabonde[1] » ; elle se comporte comme un reflet dans un miroir qui sera légèrement modifié en fonction de la composition de ce dernier. « Les images qui se reflètent dans l'eau paraissent plus aqueuses », remarque Aristote dans son *Traité des couleurs*, et la Méduse devait se trouver un joli teint bronzé dans le bouclier de Thésée, la tête de saint Jean Baptiste avait des reflets d'argent sur le plateau de Salomé, et notre visage prend un aspect doré en se mirant sur la *Balloon Flower* de Jeff Koons. « La cire, l'or, l'argent et le bronze, et toute autre espèce de substance que l'on façonne [...] reçoivent la forme particulière de la ressemblance que l'on y imprime, en ajoutant par ailleurs sur l'objet imité une différence venant d'elles-mêmes », renchérit Plutarque, évoquant de façon plus générale la création artistique et la perception des œuvres. Le style de Jean-Sébastien Bach est immédiatement reconnaissable et même presque caricatural dans sa *Cantate paysanne* inspirée par le thème de la folie ; la fougue de Liszt transparaît dès les premières mesures de sa *Rhapsodie espagnole* et l'on ne confond pas le *Christophe Colomb* de Vangelis avec l'Ennio Morricone du film *Mission*. La chimérisation est donc aussi un processus créatif qui assure la survie du morceau à travers l'auteur qui lui redonne vie en récrivant son histoire, assurant la transmission de son reflet jusqu'à la prochaine surface réfléchissante.

On retrouve cette notion en génétique puisque des gènes chimères marqueurs de sélection ont été décrits. Fabriqués à partir de morceaux de deux ou de plusieurs gènes différents, ils rendent possible la survie de la cellule hôte dans des conditions qui, autrement, entraîneraient sa mort. Les mécanismes génétiques permettant l'évolution et l'émergence de nouvelles fonctions reposent sur l'existence de mutations, de séquences codant pour des protéines conservées dans des gènes différents et, enfin, sur des modèles plus récents qui font intervenir des gènes chimériques. Formés de fragments d'ADN d'origines diverses contenant l'information de deux gènes, ceux-ci autorisent une plasticité génétique jamais décrite auparavant.

En psychologie, un mécanisme d'une telle puissance se révèle crucial dans une dynamique de résilience et Boris Cyrulnik a été le premier à le souligner. Il s'agit cette fois de fabriquer une chimère en recombinant des éléments de sa propre biographie dans l'optique d'une stratégie de retour à la vie, de transcender une souffrance et de transformer des blessures qui pourraient être létales en forces de vie : « On bricole une image, on donne une cohérence aux événements, on répare une injuste blessure. Un récit n'est pas le retour au passé, c'est une réconciliation », nous dit l'éthologue dans son *Autobiographie d'un épouvantail*. La chimère donne un sens au chaos qui entoure celui qui est à l'agonie psychique. « Dans leurs autobiographies, les gens ne mentent pas, ils choisissent dans le passé des représentations d'images et de mots qui donnent une forme à ce qu'ils sentent aujourd'hui. Il s'agit donc d'une chimère. Dans la chimère, tout est vrai[2] », poursuit Cyrulnik. La reprise d'un récit, d'une histoire, redevient alors possible dans un monde qui offre désormais une grille de lecture à laquelle se raccrocher : « La chimère de soi est un animal merveilleux qui nous représente et nous identifie. Elle donne cohérence à l'idée que l'on se fait de soi, elle détermine nos attentes et nos frayeurs. Cette chimère fait de notre existence une œuvre d'art, une représentation, un théâtre de nos souvenirs, de nos émotions, des images et des mots qui nous constituent[3]. »

L'art-thérapie met en place une dynamique de résilience. En cherchant à métamorphoser les souffrances d'un individu en les extériorisant dans une création artistique, il en permet une lecture analogique qui aide à leur compréhension implicite et libère la personne des traumatismes et des conflits ainsi exposés. « Le seul moyen d'accéder à l'autonomie, c'est de construire une chimère, une représentation théâtrale de soi[4]. » Porter un masque que l'on a soi-même fabriqué, se maquiller, se mettre en scène dans une fiction, chanter, composer, interpréter, dessiner, danser, faire le clown sont autant de tentatives de chimérisation avec ses propres blessures, permettant de les transformer, de leur donner un sens, une cohérence qui permettra de les digérer et de rebondir : « Nos chimères font de nos vies des aventures romanesques. » C'est l'occasion d'une curieuse opération alchimique permettant la transmutation par l'œuvre.

Le monde est un théâtre

« Quelle chimère est-ce donc que l'homme ? », s'interrogeait déjà Pascal. Le fougueux Arrigo Boito, jeune compositeur échevelé et poète déçu par l'échec de sa collaboration avec son idole Giuseppe Verdi, dont le génie est jusqu'alors incontesté, va vendre son âme à son rival Richard Wagner. Il se chimérise avec le *Faust* de Goethe et compose son opéra *Mephistofele*. Il en écrit lui-même le livret sous l'influence du maître de Bayreuth, qui aurait aimé être Shakespeare ; monomane, il nomme le valet de son Faust Wagner et la voix de basse et les ricanements de son démon, qui expriment son souhait de la mort artistique de Verdi, troubleront le repos du créateur d'*Aïda* qui finira par se taire, tétanisé par Wagner.

Libéré par la mort de ce dernier qui s'effondre d'une crise cardiaque au palais Vendramin Calergi à Venise, le maestro se réconcilie avec Boito et, après un très long silence créatif, accepte à un âge avancé ses livrets d'opéra, pacte pour une nouvelle jeunesse. En composant ses deux ultimes chefs-d'œuvre que sont *Othello* le parano (hommage à la Venise qui a englouti son rival ?), puis *Falstaff,* avec quelques inflexions wagnériennes, Verdi se chimérise avec Shakespeare, l'idole de Wagner, qu'il a déjà côtoyé dans son opéra *Lady Macbeth*, et mêle son sang à celui de l'auteur du *Crépuscule des dieux*. Shakespeare, qui se chimérisait déjà lui-même avec son rival Christopher Marlowe, dont la vie mystérieuse se confond avec son récit de la tragique histoire du docteur Faust (qui inspira Goethe), nous disait que le monde est un théâtre. Il avait judicieusement nommé le sien Le Globe. Verdi, en trio avec Wagner et Boito, nous dit que le monde est un opéra, et ce bouffon de Falstaff conclut d'un rire méphistophélique qu'il n'est que farce et folies : « *Tutto nel mondo è burla. L'uom è nato burlone...* » Le monde entier n'est qu'une farce ; l'homme est né farceur. Dans son cerveau, sa raison vacille toujours. Tous dupés. Chaque mortel se moque de l'autre. Mais rira bien qui rira le dernier ! Fin de l'opéra.

De Karl Marx à Jésus-Christ : Antoni Tàpies et Frida Kahlo

Aux atrocités de la guerre civile espagnole qui ont marqué l'adolescence de l'artiste catalan Antoni Tàpies s'est greffé dès l'âge de 19 ans, et pendant plus de quatre ans, le calvaire d'une tuberculose pulmonaire et de ses traitements barbares. Pratiquée avant la découverte des antibiotiques antituberculeux, la collapsothérapie consistait à injecter de l'air ou un produit huileux par une piqûre enfoncée entre les feuillets de la plèvre, l'enveloppe protectrice des poumons, provoquant leur décollement des côtes avoisinantes et leur rétraction. Le but de ce supplice effroyable, aussi douloureux qu'un coup de poignard, était d'asphyxier le bacille tuberculeux au risque de détruire une partie d'un poumon et d'entraîner une gêne respiratoire à vie. La thoracoplastie, plus délabrante encore, impliquait l'ablation chirurgicale de quelques côtes. Si la tuberculose a emporté de nombreux artistes, de Molière à Modigliani, en passant par Chopin, les sœurs Brontë, Schiller, Tchekhov (et le singe Congo !), elle a pourtant été qualifiée de maladie « romantique » et a inspiré Alexandre Dumas pour *La Dame aux camélias* et Verdi pour *La Traviata*. La pâleur, l'amincissement, l'aspect fragile de la patiente dont le regard devient brillant, fiévreux, passionné, presque lascif, ses gestes lents et gracieux peuvent lui conférer un certain charme, la beauté d'une héroïne préraphaélite digne de Burne-Jones, ou celle de Simonetta Vespucci qui inspira la Vénus de Botticelli et Piero di Cosimo. Considérée comme la plus belle femme de la Renaissance, elle fut la maîtresse de Julien de Médicis et mourut à 23 ans. Chateaubriand ne se décide à écrire ses *Mémoires d'outre-tombe* qu'après le décès de madame de Beaumont : « Son visage était amaigri et pâle ; ses yeux, coupés en amande, auraient peut-être jeté trop d'éclat, si une suavité extraordinaire n'eût éteint à demi ses regards en les faisant briller languissamment, comme un rayon de lumière s'adoucit en traversant le cristal de l'eau… L'extrême faiblesse de madame de Beaumont rendait son expression lente, et cette lenteur touchait ; je n'ai connu cette femme affligée qu'au moment de sa fuite ; elle était déjà frappée de mort, et je me consacrai à ses douleurs. » Le philosophe Georges Gusdorf écrit en 1984 sur l'homme romantique : « Avec le romantisme, l'atteinte au poumon est considérée comme une maladie de l'âme. La mort des tuberculeux prend ainsi une dimension esthétique. C'est une mort magnifique… »

L'art-thérapie a été inventée par un tuberculeux, nous l'avions noté, et Antoni Tàpies, du fond de sa détresse, s'accrochera au dessin et à la peinture, à la calligraphie, à la philosophie, en particulier orientale, et à la musique romantique. Au cours des années de privations de la guerre, puis lors de sa longue convalescence dans le sanatorium de la montagne de Puig d'Olena, dans la province de Barcelone, il recopiera des Van Gogh et des Picasso. « Sans cette maladie, ma vie aurait, sûrement, suivi un autre cours. De façon surprenante, elle ne réduisit aucunement mon activité intellectuelle, mais me procura au contraire une sorte d'expérience révélatrice d'illuminations », confiera l'admirateur d'Arthur Rimbaud dont il précisera le concept : « Par "illumination", j'entends ce que l'on entend par ce mot en Orient : la transcendance de l'esprit[5]. » Tàpies parle de « couleur intérieure » qui relève d'un « sentiment mystique, presque indéfinissable, fondamental pour un artiste ». Dans son ouvrage sur la pratique de l'art, il écrit : « On trouve toujours à l'origine de la vocation artistique la souffrance vécue lors d'une expérience marquante, et qui tantôt se manifeste brutalement par accident, tantôt prend corps en un lent processus[6]. » Pour guérir, « un réajustement s'impose donc et c'est là que commence notre travail de création ». Il se souvient qu'enfant, il avait ressenti un véritable choc en visitant une clinique psychiatrique à Barcelone et bouleversé avait compris « que la folie n'est pas seulement une maladie, mais peut aussi mettre au jour des régions de la pensée qui normalement restent dans les ténèbres ». Il s'en souviendra lors de sa maladie pulmonaire et se sentira alors plus fort que les personnes normales et saines pour explorer à fond la réalité, attribuant à la pratique des techniques respiratoires nécessaires à son combat l'éveil d'une lucidité spirituelle. Aux pires instants de souffrance et d'angoisse, crucifié, au bord de l'étouffement, le lecteur de Nietzsche voit dans ce qui lui arrive un encouragement à la résurrection, à la reconstruction, à la renaissance. Stimulé par sa faiblesse extrême, il transforme l'horreur de l'agonie en élan vital. Son œuvre tout entière en découle et la croix sera sa signature, en souvenir des morts de la guerre et de son propre parcours, lointain écho du tau des Antonins atteints du mal des ardents, qui résonne avec le T de Tàpies.

Le peintre qualifiera ses tableaux de champs de bataille où les blessures se multiplient à l'infini ; leur but avoué sera une transformation qualitative médiée par les corps, la destruction aboutissant à une « tranquillité statique ». Des segments d'anatomie affichent leurs cicatrices : aisselles griffées, fesses lacérées, jambes entaillées, crâne, dent… Ici, des empreintes de pied forment un cercle et dansent la Sardane ; ailleurs, l'artiste dépose l'empreinte de son propre bras dans la position de celui de saint Jean Baptiste dans le tableau de Léonard de Vinci, l'encre diluée évoquant le *sfumato* que le génie de la Renaissance voulait vaporeux, sans lignes ni contours, à la façon de la fumée, par superposition de plusieurs couches de peinture extrêmement fines. Par leur relief, par la variété de leurs formes et de leur texture, par leurs empreintes cachées d'objets à découvrir, ses œuvres sollicitent tout autant le regard que le toucher : sentir si la forme en creux perçue parviendra à nous « combler, épousant le contour de nos désirs ». Chimérisation ? Il faut « transformer un tableau en un objet magique qui aurait des pouvoirs curatifs en entrant en contact avec ton corps ou en le posant dessus, et qui exerce la même influence qu'un talisman[7] ». « Je voudrais qu'en le touchant, vous sentiez des énergies, dit-il encore dans une interview télévisée[8] », joignant le geste à la parole en retirant brusquement sa main comme s'il venait de recevoir une décharge électrique au contact de son tableau. « Ou qu'il vous bénisse par exemple ; l'idéal serait de prendre un petit tableau quand vous avez mal à la tête et, qu'en le touchant avec la tête, ça vous donne des énergies pour vous guérir[9] », ajoute-il avec la voix d'un marabout.

Maurice Fréchuret, conservateur du musée Picasso à Antibes, raconte qu'un jour un homme fut terrassé par un infarctus devant une toile de Tàpies et qu'il trouva la force d'échapper à la mort en s'arrimant à l'œuvre qu'il était en train de contempler, transformée en véritable talisman qui « lui renvoie son image dont la précarité apparente, l'instabilité réelle, le désordre évident trouvent leur résolution dans les forces contraires, constituant aussi de l'œuvre[10] ». Les créations de Tàpies transforment en ex-voto des objets de récupération voués aux poubelles, papiers déchirés, cordes et chiffons, mobilier de bureau. « La main de l'artiste n'est pour ainsi dire intervenue que pour les recueillir et les sauver de l'abandon, de la fatigue, de la déchirure... », explique le peintre dans *La Pratique de l'art*. Transformés en œuvre d'art, ils continuent d'afficher leurs blessures tout en acquérant un pouvoir thaumaturge. Le *Bras bandé* (1971) suggère la consolidation en cours après la fracture ; la plaie de la *Jambe* (1983) est suturée. Vous vous en doutiez, Tàpies travaille au sol et se déplace autour de son œuvre, la saupoudrant de sable, de colle, parfois de poudre d'argile et de marbre, de terre et de poussière lui donnant son teint bistre. Il y laisse des symboles, des collages, des taches, des graffitis, des hiéroglyphes, des rectangles, des mots, des empreintes, et parfois marche dessus au risque de s'y engloutir. Son travail s'affranchit des notions de verticalité, de cadre et de limites ; nulle partie n'est plus importante qu'une autre, mais toutes tendent à s'attacher, à s'articuler, à se relier entre elles et au spectateur : « J'ai observé que lorsque nous dessinons les choses seulement de manière allusive, l'observateur est obligé de les compléter de sa propre imagination... »

L'artiste mexicaine Frida Kahlo (1907-1954) avait également besoin d'un support horizontal pour peindre, mais placé, cette fois, au-dessus d'elle – tel Michel-Ange sous la voûte de la Sixtine. Grandissant sur fond de révolution et de guerre civile mexicaine, laquelle causera la mort d'un habitant sur vingt, elle subit les attaques de la poliomyélite qui lui laisse la jambe droite atrophiée, la contraignant à boiter malgré les sports qu'elle pratique avec une énergie peu commune. Celle qui fréquente l'Escuela Nacional Preparatoria de Mexico en souhaitant devenir médecin est victime en 1925 d'un grave accident de bus lors d'une collision avec un tramway qui coûtera la vie à plusieurs personnes et la clouera au lit pour de long mois. Grièvement blessée par une barre de métal qui lui transperce le sexe et lui perfore le ventre, Frida voit sa jambe gauche valide réduite en miettes. Le pied droit, le bassin, des côtes et la colonne vertébrale sont également fracturés, l'épaule démise. Frida doit subir de multiples interventions chirurgicales qui l'obligent à rester alitée, le corps engoncé dans un corset plâtré. Elle décide de peindre, se prenant comme modèle, puisqu'elle peut contempler son reflet dans un miroir placé horizontalement dans le baldaquin au-dessus de son lit. Elle réalisera ainsi plus d'une cinquantaine d'autoportraits, soit plus du tiers de l'ensemble de son œuvre. Chimérisation cathartique ?

Avec ses sourcils épais qu'elle représente jointifs, son ombre de moustache et ses grands yeux noirs elle séduit l'ogre Diego Rivera (1886-1957), de plus de vingt ans son aîné, de trois fois son poids, d'un demi-mètre de plus qu'elle, célèbre pour ses frasques et ses vastes peintures murales. Il succombera à son talent, à son extraordinaire force d'expression et à la sensualité de ses toiles.

Deux fausses couches successives lors de son séjour aux États-Unis confirment la stérilité de Frida, liée aux conséquences de l'accident. Sa détresse sera exorcisée dans le tableau *Le Lit volant ou Henry Ford Hospital* dans lequel elle peint un gigantesque fœtus, le « petit Diego ». En 1935, sa toile *Quelques petites piqûres* évoque un drame de la jalousie et s'avère prémonitoire puisqu'elle découvre que son mari volage entretient une liaison avec sa propre sœur. Quittant le foyer conjugal pour New York, elle y donne libre cours à ses penchants homosexuels avant de retourner au Mexique en 1937 pour héberger avec Diego les Trotski en exil. « Pour Léon Trotski, je dédicace cette peinture avec tout mon amour... », écrit-elle sur son autoportrait dédié au révolutionnaire marxiste avec qui elle aura une liaison passionnée et qui sera assassiné quelques années plus tard à Mexico d'un coup de piolet à glace à l'arrière du crâne dans le quartier de Coyoacán, non loin de la maison bleue de Frida, par un agent de Staline. 1938, c'est André Breton et son épouse qui sont à leur tour accueillis au Mexique et sympathisent avec le couple Rivera-Kahlo. Frida se défend d'être surréaliste : « Je n'ai jamais peint de rêves. Ce que j'ai représenté était ma réalité. » Dans une chimère, tous les éléments sont vrais, nous rappelle Cyrulnik ! Jérôme Bosch est l'un de ses peintres favoris et, comme lui, elle utilisera un langage symbolique et métaphorique pour montrer ses blessures, puisant dans les mythes fondateurs aztèques, orientaux, dans l'Antiquité, le catholicisme populaire et le folklore mexicain sans oublier Marx et Freud...

André Breton, sous le choc, écrira : « L'art de Frida Kahlo de Rivera est un ruban autour d'une bombe. » La bombe explosera avant la fin de l'année : le couple terrible se sépare et l'artiste volcanique témoigne de son écartèlement dans un double auto-portrait intitulé *Les Deux Fridas*. Assises devant un ciel orageux, les deux femmes se tiennent par la main en fixant d'un air digne le spectateur pris à témoin. La Frida de droite, en costume mexicain, tient dans sa main gauche une amulette avec un portrait de Diego enfant, d'où part un vaisseau sanguin, cordon ombilical qui relie son cœur intact à celui blessé de la Frida de gauche. Cette dernière tient dans la main droite une paire de ciseaux chirurgicaux avec lesquels elle vient de couper le cordon et le sang de Diego s'écoule sur sa belle robe blanche en dentelle. Diego, ému, souhaitera stopper l'hémorragie et le couple se reformera dès l'année suivante, célébrant de nouvelles noces.

Les douleurs continuent cependant à tenailler l'épine dorsale de Frida et l'obligent à porter un corset en fer qu'elle représente dans ses toiles. *La Colonne brisée* peinte en 1944 la représente de face au milieu d'un décor de roche volcanique, de lave refroidie. Elle est nue sous son corset métallique qui laisse apparaître sa poitrine, un drap blanc lui sert de pagne (christique) et couvre la partie inférieure de son corps, fixé à sa jambe droite par des clous qui transpercent également toutes les parties visibles de son anatomie : ventre, torse, bras et même le visage. Son regard est digne, son visage stoïque, impassible, malgré les larmes qui ruissellent ; son corps est fendu en deux sur toute sa longueur, les chairs ouvertes retenues par les lanières du corset révèlent, en guise de vertèbres, une colonne architecturale de style ionique qui se fissure et tombe en ruine. Nouvelle opération en 1946, nouvelles cicatrices, suivie d'une infection nosocomiale qui oblige à une, deux, puis six reprises chirurgicales avant de pouvoir peindre à nouveau, toujours allongée. C'est sur son lit d'hôpital qu'elle sera transportée au printemps 1953 dans une galerie d'art à Mexico pour le vernissage de la première exposition rétrospective nationale qui lui est consacrée. Son calvaire n'est pas terminé et sa jambe droite sera amputée au cours de l'été 1953. « On m'a amputé la jambe il y a six mois qui me paraissent une torture séculaire et quelques fois, j'ai presque perdu la tête. J'ai toujours envie de me suicider. Seul Diego m'en empêche, car je m'imagine que je pourrais lui manquer. Il me l'a dit, et je le crois. Mais jamais de toute ma vie je n'ai souffert davantage. J'attendrai encore un peu… » *Journal*, février 1954. Elle meurt l'été suivant d'une pneumonie qui met fin à son martyre non sans avoir écrit sur son dernier tableau *Viva la Vida*, « Vive la Vie », soit les derniers mots prononcés par Trotski succombant à ses blessures. Elle est incinérée le 14 juillet, car « même dans un cercueil, je ne veux plus jamais rester couchée ! ». Ses cendres reposent dans sa maison bleue, La Casa Azul, sur son lit, à côté du jardin, au milieu de ses collections précolombiennes et des portraits des figures tutélaires du Parti, dans une urne qui a la forme de son visage, comme un autoportrait, et qui se reflète dans le miroir au-dessus du lit.

Vous verrez le ciel ouvert :
Sam Francis et Joseph Beuys

Traumatisme de la colonne vertébrale, tuberculose osseuse… : la biographie du peintre californien Sam Francis (1923-1994) s'accorde avec les deux précédentes. Des études de botanique à Berkeley, une inscription en médecine et en psychologie et puis un engagement dans l'armée de l'air en 1943 qui mène à la catastrophe : un crash au cours d'un vol d'entraînement au-dessus du désert de l'Arizona et notre héros de 20 ans se retrouve pour de longs mois cloué dans un lit de l'hôpital militaire de Denver. Cerise sur le gâteau : aux fractures se mélange le bacille de Koch, vecteur de la tuberculose. Le corset plâtré qui l'engaine des pieds au menton ne lui laisse libres que la tête et les bras, ce qui est suffisant pour peindre ! Couché sur le ventre, il dessine sur des feuilles étalées par terre, recopiant des images trouvées dans des livres. L'adversité l'aiguillonne et sa première sortie en fauteuil roulant sera pour le musée de la Légion d'honneur dans lequel il découvre, médusé, une toile du Greco consacrée à saint Pierre qui va transformer sa vie : « Je serais probablement mort si je n'avais pas vécu pour peindre… Ma peinture est venue de la maladie. J'ai quitté l'hôpital à travers la peinture. Je souffrais dans mon corps à l'hôpital, la première fois après la guerre, et c'est parce que je fus capable de peindre que je pus me guérir. Car je me suis guéri moi-même. Pas les docteurs. Ils avaient renoncé, moi pas », confiera-t-il dans ses entretiens[11].

Ses recherches l'amènent à se cultiver (Klee, Picasso, Miro) ; il prend des cours à San Francisco avec Clifford Still qui influencera Rothko et trouve progressivement sa voie dans l'abstraction malgré sa condition physique qui l'oblige à travailler sur le dos, étalant la gouache sur le papier avec les doigts dans des positions inconfortables. Assimilant les techniques de l'*Action Painting* dans le sillage de Pollock, il projettera par la suite, une fois retrouvée sa verticalité, des taches colorées sur des toiles de grand format étalées à terre, inventant sa propre calligraphie. La douleur aiguise son sentiment de vie et l'incite à se dépasser, y compris lorsque la maladie le frappe de nouveau quelques années plus tard. « La peinture est plus que la peinture, plus qu'un art : elle est quelque chose entre la poésie, la magie, la médecine et la connaissance. »

Ayant l'expérience de la souffrance, il se sent capable de soigner. Comme Matisse, dont il se sent proche par l'alitement et les idées, il prêtera ses œuvres à des malades (« Je suis un peu chamane »), composant un jour une grande peinture, un grand espace de jaune et d'orange, très brillants, avec un carré blanc au milieu pour un ami souffrant d'une atteinte pancréatique sévère : « Je t'en prie, regarde ce tableau tous les jours et médite sur la couleur. » On retrouve des inflexions goethéennes dans le discours de Sam Francis : « Les couleurs sont des forces. C'est évident. Ce sont des forces réelles dans la nature et dans la psyché ? C'est absolument vrai. Je peux faire disparaître la douleur de moi par la couleur. Si j'ai mal au genou, je fais venir un flot soutenu de couleur sur cette zone. Ça dépend de ce qui ne va pas, mais, si c'est enflammé, j'utilise du jaune et je peux faire s'en aller la douleur[12]. » Le peintre reconnaît cependant ses limites : « Être maître de la couleur, c'est à peu près être maître de l'air, de l'eau ou du feu. Je veux dire que ce n'est pas humainement possible. »

L'artiste, qui comparait ses toiles à des corridors, puis à des miroirs, se rapproche de l'absolu en les assimilant à des murs blancs. On pense à la lumière pure offrant toutes les potentialités de son spectre, au chaos des alternatives infinies de la page blanche du calligraphiste attendant l'ombre du maître et prenant vie par la cohérence de son pinceau, aux variations de la luminosité sur les murs d'une abbaye guidant la méditation des moines, au plafond de la chambre d'hôpital reflétant le monde extérieur que le malade devait contempler dans son carcan afin d'y puiser les ressources de sa guérison mentale et physique, songeant à l'infini du ciel qu'il parcourait dans son avion avant de rejoindre celui du désert de l'Arizona qui avait failli l'ensevelir.

Sur son lit d'hôpital, Sam Francis se souvient de Matisse qui, alité comme lui, parlait d'évasion lorsqu'il peignait dans sa chambre de l'hôtel Régina à Nice, passant du « petit espace » de la toile à un espace « cosmique » « dans lequel on ne sentait pas les murs ». Il se souvient de Rothko, poursuivant plus avant son lent travail de dissolution. Ses œuvres deviennent des fragments d'infini et leur propos s'étend bien au-delà du cadre de la toile, y compris dans la profondeur. Les coulures verticales de sa peinture tressées les unes aux autres forment un réseau qui relie entre elles les taches projetées. Seul l'intéresse « l'espace qui s'étend entre les choses ». Là où précisément se situe la transcendance ?

C'est également un accident d'avion qui sera révélateur pour l'Allemand Joseph Beuys (1921-1986). Pilote dans l'armée de l'air allemande, la Luftwaffe, pendant la Seconde Guerre mondiale, il voit son avion abattu sur le front russe tandis qu'il survole la Crimée. Des nomades tartares le recueillent, inconscient, au milieu des débris de l'appareil, et lui sauvent la vie. Ils le protègent du froid extrême en le recouvrant de graisse et l'enroulent dans des couvertures de feutre. Ils le nourrissent de miel lorsqu'il reprend ses esprits. Cette expérience de survie marquera l'œuvre de Beuys et les éléments qui l'ont sauvé deviennent récurrents :

graisse, feutre, miel – auxquels il faut ajouter la croix rouge, symbole de la souffrance des victimes et des remèdes apportés par les secours, la croix constituant plus généralement pour l'artiste, par sa forme et sa répétition à différentes échelles, un principe cristallin, fractal, donnant cohérence au chaos. Ayant frôlé la mort, le peintre sait désormais l'apprivoiser et se sent investi de pouvoirs chamaniques. Son chapeau de feutre vissé sur la tête, il déclare : « On peut rapporter ce que je fais à la médecine sans plus de formalités », truffant ses compositions de sparadraps, gazes, seringues, pansements, prothèses, flacons et éprouvettes. Dans *Infiltration homogène pour piano à queue*, en 1966, Beuys recouvre entièrement l'instrument de feutre et trace une croix rouge en tissu sur son côté. Dans sa première présentation au centre Georges Pompidou, le piano était lui-même placé dans une pièce insonorisée par le feutre qui la recouvrait du sol au plafond, installant un silence « assourdissant » et insoutenable qui saisissait immédiatement le spectateur et, en un écho pourtant impossible, le plongeait dans l'expérience des spéléologues entendant les battements de leur cœur en découvrant les peintures rupestres à l'intérieur de la grotte Chauvet ou de John Cage composant pour le piano ses 4 minutes 33 de silence en écho aux toiles blanches de son ami Robert Rauschenberg. *Das Rudel* (*Le Troupeau*), en 1969, est une installation de Beuys qui met en scène un van Volkswagen d'où sortent vingt-quatre luges en bois, toutes semblables, qui représentent chacune un « kit de survie » : y sont, en effet, fixés une couverture de feutre, un petit morceau de graisse animale et une lampe torche rappelant le sauvetage du pilote qui ajoute ce commentaire : « En cas d'urgence, le van Volkswagen est d'une utilité limitée, et des moyens plus directs et primitifs doivent être employés pour assurer la survie. » En 1974, pour son action « Coyote : I Like America and America Likes Me », il se fait transporter en avion à New York depuis l'Allemagne sur une civière, complètement enveloppé dans un drap de feutre, transféré sitôt arrivé dans une ambulance avec gyrophare et escorte officielle à la galerie René Block pour son inauguration. Il y reste enfermé avec un coyote sauvage, récemment capturé au Texas, avec lequel il s'entretient, semblant, tel un chamane indien, en comprendre la langue. Il joue avec lui, avec sa canne, un triangle de métal et une lampe torche. Chaque jour, le coyote urine sur des exemplaires du *Wall Street Journal*.

L'homme et l'animal renouent avec l'harmonie du paradis terrestre, celle de l'homme avant la chute, et partagent le feutre, que l'animal s'amuse à déchirer, la paille et le territoire de la galerie, avant que l'artiste ne reparte sur sa civière à l'aéroport comme il était venu, le troisième jour, sans avoir foulé le sol américain, hostilité à la guerre du Vietnam oblige... Une autre fois, en 1965, à Düsseldorf, Beuys avait déjà montré « comment expliquer des tableaux à un lièvre mort », déambulant pendant trois heures dans la galerie Schmela en tenant dans ses bras l'animal défunt dont la tête était recouverte de miel et de poudre d'or, s'arrêtant à chaque œuvre d'art pour lui murmurer à l'oreille des phrases mystérieuses, amplifiées par des micros cachés dans son installation, qui mêlait feutre, métal et os. Intéressé par les sciences naturelles, la philosophie et l'occultisme, Beuys introduira régulièrement dans son œuvre des animaux symboliques comme des cerfs, des lièvres ou ses chères abeilles à miel. L'homme-médecine placera la guérison rituelle et la transformation alchimique au centre de ses recherches, y compris à l'échelle d'une société.

Parvenu à la conclusion que « tout le monde est artiste », Beuys souhaite façonner des « sculptures sociales », espérant susciter par des interactions personnalisées avec ses créations une révolution dans la pensée naturaliste trop rationnelle et trop spécialisée. C'est dans cet esprit analogique et démocratique qu'il réplique ses œuvres. « Les multiples [...] acquièrent ainsi d'inépuisables formes abstraites, déclinées en sculpture, dessin, gravure, photographie, bandes audio et cartes postales. Exhibés séparément ou en ensembles compacts, ils créent des liens infinis entre eux et le monde extérieur, dans un enveloppement de la réalité par la vision chamanistique de l'univers de Beuys », dit le catalogue d'une exposition au musée Guggenheim de Bilbao. L'artiste guérisseur souhaite « ré-énergiser » l'art et ses capacités curatives. Sa dernière installation monumentale en 1985 « Éclair illuminant un cerf » s'apparente à une transmutation alchimique, dans laquelle les matériaux sont fondus en d'autres ; l'éclair immense en fonte, qui peut tout autant venir du ciel que de la terre, embrase un cerf d'aluminium, comme le doigt de Dieu donne la vie à Adam, sous le regard magnétique d'une sculpture de bronze portant le nom d'une terre canadienne proche du pôle Nord, Boothia Felix, sur laquelle repose une boussole. L'anthroposophie de Rudolf Steiner, commentateur de Goethe, qui postule la possibilité pour l'intellect humain d'entrer en contact avec le monde spirituel, et l'alchimie, tant pour ses symboles que pour ses pouvoirs transformateurs et thérapeutiques, persuade le peintre d'associer formes et matériaux, en particulier conducteurs d'électricité comme le cuivre, pour parvenir à son grand œuvre qui le mènera à éliminer toute distinction entre l'art et la vie. Ses créations ne seront qu'une longue autobiographie sans cesse remaniée, chaque objet ou performance racontant un épisode de sa vie, perpétuelle chimérisation toujours renouvelée. *Curriculum vitae-Curriculum operae* : ainsi Beuys nomme-t-il ses six autobiographies successives pour le festival d'Aix-la-Chapelle entre 1964 et 1969, dont le côté thérapeutique est souligné par leur qualificatif de « pilules d'art ». Dans cette perspective, il s'invente une naissance à Clèves, ville dévastée par les bombes des Alliés en 1945 (au lieu de l'obscure Krefeld) et il semblerait qu'une patrouille allemande, et non une horde de Tartares bienveillants, l'ait retrouvé après son accident d'avion et emmené à l'hôpital. Qu'importent la réalité et la vérité, car le processus alchimique de résilience n'aurait pas fonctionné sans la fabrication de cette chimère et l'étincelle divine n'aurait pas pu (re)donner la vie.

Vers une gérontotranscendance ou comment finir en beauté ?

Chez une personne âgée, la beauté peut constituer une interaction tardive qui lui permet de transcender la fin de son existence. Il s'agit d'un processus développemental actif et positif, qui présente une parenté avec une dynamique de résilience. Dans la résilience, le sujet, tel le phénix, renaît de ses cendres après un traumatisme qui l'a conduit à l'agonie psychique : ce qui ne te tue pas te rend plus fort. Dans la gérontotranscendance, la personne vieillissante se métamorphose avant d'être réduite en cendres : savoir que tu vas mourir te rend plus fort. Ainsi, le lièvre se retourne et poursuit le chien de chasse qui s'apprêtait à lui mordre l'arrière-train ; Socrate sourit en portant avec assurance le poison à ses lèvres ; un grand capitaine dit à ses hommes : « Compagnons, combattez aujourd'hui vaillamment, car ce soir nous souperons en Enfer et y ferons bonne chère[1]. »

Selon Dante, qui suit Isaïe, la vie humaine dessine un arc dont le point le plus haut est l'âge de 35 ans, le « milieu du chemin de notre vie ». Il est possible cependant d'éviter cette image d'Épinal de la pyramide des âges, qu'elle soit acceptée avec fatalité ou rejetée à coups de Botox avec l'ardeur désespérée d'un animal pris au piège. Souvenons-nous de cette planche du XIXe siècle « Le cours de la vie de l'homme, ou l'homme dans ses différents âges » : un pont en forme d'arche avec un escalier supporte un couple qui vieillit de dix ans à chaque marche ; celui-ci culmine à la cinquantaine – l'espérance de vie a progressé depuis la composition de la *Divine Comédie* au début du XIVe siècle –, puis il redescend. Les enfants qui jouent se fiancent, deviennent un jeune couple, puis, au sommet de la pyramide, connaissent leur apogée sur le plan social avant de se voûter et de s'effacer. Sous l'arche figure le Jugement dernier et, au premier plan, l'allégorie du temps qui passe : un squelette dans une fosse, muni d'un sablier et d'une faux. La vie de l'homme commence au berceau et s'achève avec la représentation d'un ange au chevet des mourants.

La Roue de Fortune, dixième arcane du tarot marseillais, en est l'ancêtre iconographique. Elle se découpe en une phase ascendante, représentée par un chien pourvu d'un collier, signe de soumission ; au sommet, un sphinx couronné, mais en équilibre instable, signe l'accomplissement, mais dame Fortuna lui fera bien vite faire le saut périlleux qui le conduit à la phase descendante : le singe symbolise la décadence, la fin d'un cycle et le retour au début d'un autre. Autrement dit, tout évolue et se transforme ; tout s'écoule, disait le philosophe grec Héraclite. La naissance et la mort sont les deux faces d'une même pièce et l'on enterrera à l'origine les corps des défunts en position fœtale.

Cet arcane vient après celui de l'Hermite, avec un H comme pour Hermès, le dieu des médecins, et indique qu'une connaissance a été acquise et qu'il faut donc s'attendre à une évolution, un changement. Dans la pensée védique hindouiste, les différents stades de la vie commencent par celui de l'étudiant, suivi par celui de la fondation du foyer, puis, une fois les enfants élevés, par celui de l'ermite qui prépare le dernier stade, celui du vagabond, du mendiant, qui en fait culmine et mène à l'accomplissement spirituel. Le pauvre Job ne peut dialoguer sereinement avec son Créateur qu'une fois assis sur son tas de fumier, solitaire et dépouillé de tous ses biens, ses enfants disparus, vilipendé par ses amis et marqué dans sa chair par de terribles maux infligés par Satan. « Nous ne devons pas nous efforcer de retenir le passé ou de le reproduire. Il faut être capable de le métamorphoser », dit Hermann Hesse dans *Éloge de la vieillesse*. Même si le corps nous abandonne progressivement, si le pouvoir social s'effrite, cette ultime période de la vie offre l'occasion d'un enrichissement et d'une grâce plutôt que celle d'une régression acceptée avec résignation. « Malgré la disparition des forces vitales et de certaines facultés, poursuit le prix Nobel de littérature, une existence agrandit, multiplie chaque année le réseau infini de ses connexions, de ses entrelacements, et ce encore tardivement, jusqu'à la fin même. »

Croître et se développer comporte toujours une part de renoncement, d'acceptation de ses limites. La chenille doit abandonner son doux cocon protecteur pour se transformer en papillon. « On ne transforme que ce que l'on accepte », selon Jung. La première partie de l'existence nous conduit du chaos à un sommet de cohérence physique et sociale, dont l'évolution naturelle est l'appauvrissement et le dessèchement. Il faut donc apprendre dans une seconde phase à se déconstruire si l'on veut éviter cet échec et rejoindre avec enthousiasme, sinon sérénité ou dignité, l'absolu ou le néant d'où nous venons et qui nous transcende. Empathie, chimérisation et résonance participent à cette métamorphose ultime.

Le temps retrouvé : le passé est devant, l'avenir est derrière (proverbe maori)

L'une des caractéristiques les plus insolites et le plus souvent mal interprétées du processus de « gérontotranscendance » est la possibilité de revivre au présent des événements passés. Le temps n'étant plus linéaire, mais disposé en strates, comme les rides. Au cours de la journée, une personne est capable de retracer en parallèle une ou d'autres journées qui ont marqué son existence. Son entourage risque de considérer ce phénomène comme la marque du début d'une démence. Or le retour de ces souvenirs anciens, souvent très précis, vus avec un éclairage nouveau apporté par le temps, peut au contraire contribuer à leur donner un sens qui les intègre à l'ensemble de la biographie de la personne et lui donne une cohérence, fût-elle celle d'une chimère, qui mérite parfois d'être racontée.

Les éléments remémorés du parcours de notre vie semblent converger vers le point où nous sommes arrivés, comme si ce dernier avait piloté le cours entier de notre existence, donnant enfin une solution au rébus : nous venons de notre futur. Ils peuvent aussi entrer en résonance avec des événements actuels qui les répètent. La technique du *sfumato* de Léonard de Vinci est applicable en psychologie : les éléments « nouveaux » constituent des répétitions de ce qui fut déjà vécu de nombreuses fois, un

« glacis » supplémentaire (un palimpseste ?) et donnent l'impression que le temps est circulaire. Le peintre florentin comparait dans ses carnets l'anatomie de notre boîte crânienne à celle d'un oignon : « Si tu fends un oignon en son milieu, tu pourras voir et compter toutes les tuniques ou pelures qui forment des cercles concentriques autour de lui. De même, si tu sectionnes une tête humaine par le milieu, tu fendras d'abord la chevelure, puis l'épiderme, la chair musculaire et le péricrâne, puis le crâne avec, au-dedans, la dure-mère, la pie-mère et le cerveau, enfin de nouveau la pie-mère et la dure-mère, et le rete mirabile ainsi que l'os qui leur sert de base » – la rete mirabile représente le « réseau admirable » des vaisseaux sanguins. Nos expériences qui enrichissent notre vie psychique s'organisent pareillement en cercles concentriques comme les pelures d'un oignon, presque diaphanes, se superposant les unes aux autres… et peuvent nous tirer des larmes. Comme sur le visage de *La Joconde*, les couches supplémentaires se répètent et, bien qu'identiques, donnent une impression de relief et de profondeur. Les impressions à nouveau vécues sont ainsi plus nuancées, plus pointues, car éclairées par le souvenir des expériences précédentes qui peuvent être remémorées à cette occasion. Les déceptions, les blessures, les expériences traumatisantes remontent à la surface et peuvent devenir porteuses d'enseignements. « Les choses anciennes nous regardent. Nous sommes attendus par elles », disait le philosophe Walter Benjamin. Ainsi nous allons vers notre passé. Nous finirons dans une vieille photo en noir et blanc au bal des fantômes, aux côtés de Jack Nicholson dans le film *Shining*, fêtant l'Independance Day (ou le 14 Juillet) en smoking à l'hôtel Over look, le bien nommé. Rappelons que le don du « *shining* » selon Stephen King consiste précisément à percevoir les traces marquantes du passé d'un lieu qui peuvent finir par envahir le présent…

Les Maoris, qui ont adopté un mode de pensée analogique et croient que tout est lié dans l'univers, qu'il s'agisse des êtres vivants ou des objets, emploient le terme de *whakapapa* qui signifie littéralement « former des couches successives » pour désigner les liens généalogiques qui les situent par rapport à leurs ancêtres. Le phénomène peut donc gagner dans le temps et le sujet rejoint des générations plus antérieures, sensible à l'appel du « murmure des fantômes » avec qui il va converser. Il se sent alors comme le maillon d'une longue chaîne et l'on pense aux mots de Proust :

« Grâce à l'art, au lieu de voir un seul monde, le nôtre, nous le voyons se multiplier et autant il y a d'artistes originaux autant nous avons de mondes à notre disposition, plus différents les uns des autres que ceux qui roulent dans l'infini et, bien des siècles après que s'est éteint le foyer dont ils émanaient, qu'il s'appelât Rembrandt ou Vermeer, nous envoient encore leur rayon spécial... Leur être, concentré dans leur œuvre, continue de vivre après leur mort. Ils font partie de nous-même et de notre existence avec parfois plus d'influence (fructueuse) et de réalité que des contemporains[2]. » Van Gogh dira de Rembrandt qui multipliait les autoportraits, qui le regardaient, regardaient Van Gogh et nous regardent à présent, jamais tout à fait les mêmes ni tout à fait autres : « Il faut être mort plusieurs fois pour peindre ainsi... »

Empathie et attachement

Dès lors, la conscience de soi peut se modifier ainsi que les interactions sociales qui en découlent : celui qui se voit comme le maillon d'une chaîne ne se considère plus comme une individualité égocentrique, mais comme un lien entre les générations passées et futures. Les périodes de solitude dont il ressent le besoin le conduisent par ailleurs à une plus grande introspection. Il découvre des aspects cachés de sa personnalité, bons au mauvais, des trésors inconnus ou... un vide intérieur, l'amenant à abandonner son rôle précédent et à se consoler en se définissant de nouvelles fonctions à assurer. On se souvient de Michel Simon dans le film de 1967 de Claude Berri, en partie autobiographique *Le Vieil Homme et l'Enfant*. Pour éviter les rafles nazies sous l'occupation allemande, le réalisateur, né Claude Langmann, a été placé par ses parents à l'âge de 9 ans chez un couple de retraités avec l'interdiction formelle de révéler ses origines juives. Le « Pépé » (Michel Simon), ancien poilu de la Guerre de 1914, anticlérical et antisémite, ne cesse d'accuser les juifs, les rouges et les francs-maçons d'être la cause de tous les maux de la France. Ses convictions vont être peu à peu ébranlées par l'arrivée du jeune garçon et l'homme va se transformer petit

à petit en se bonifiant. L'année suivante, Michel Simon redevient
« ce sacré grand-père » dans un film éponyme de Jacques Poitre-
naud tourné à Lourmarin. Invitant dans sa maison provençale son
petit-fils et son épouse, il ranime leur amour en ravivant leurs
souvenirs d'enfance, alors que le couple était en voie de désin-
tégration. Il saura prendre du temps pour tenter de rapprocher
des membres de sa constellation affective qui se sont éloignés. Il
verra décuplée sa capacité à observer et à écouter, son sens de
l'altruisme. Plus de patience, de bienveillance, de circonspection,
de tolérance le mèneront au-delà des avis tranchés de la morale,
au-delà du bien et du mal et, peut-être, à plus d'humour... Il
chante dans « l'herbe tendre » avec Gainsbourg qui compose et
fait tinter les bouteilles. Il transcende les conventions sociales
inutiles, devenant plus sélectif et moins intéressé par les relations
superficielles. On pense aux *Vieux de la vieille* de René Fallet ou
aux retrouvailles d'Hermann Hesse avec la vieille Nina qui lui
offre le café dans son taudis crasseux lorsque l'écrivain déserte
les fastes de son existence mondaine et de ses thés dansants pour
une balade estivale à la campagne. Celle-ci l'accueille d'un air
narquois, mais amical, en bougonnant et en se plaignant, au
terme d'un chemin abrupt et pénible. Le prix Nobel de littérature, assis sur une chaise branlante au milieu des poules qui
se poursuivent dans la cuisine enfumée, goûtera le café amer
mais plein d'arôme, crachera dans les flammes de la cheminée,
et prisera le tabac offert : « Elle me montrera l'exemple franc
et loyal d'un être vieux et solitaire qui supporte avec patience,
non sans amusement, l'âge, la goutte, la pauvreté, l'isolement et
qui, au lieu d'exécuter des pitreries et des courbettes devant le
monde, crache sur lui, bien décidée à ne recourir ni au médecin
ni au prêtre jusqu'à sa dernière heure[3]. » Une forme d'ascétisme
moderne s'installe, un renoncement à la lourdeur de la richesse
au profit de la liberté, rien de plus que le nécessaire. Simplicité,
harmonie, sagesse quotidienne, dépassement du soin du corps
deviennent le credo.

Dimension cosmique et chimérisation

L'étape ultime sera l'acceptation de la dimension mystérieuse de la vie, la conscience d'être un jalon dans le temps, un point dans l'espace. La communion avec la beauté favorisera cette sensation d'intégration au macro- et au microcosme. La feuille qui tombe de l'arbre fait partie de mon univers et m'attire, mon existence entière n'est qu'un court prélude au règne des métamorphoses « où le sens et la valeur de tout ce qui existe et se produit s'offrent à nous à travers la forme d'un paysage, d'un arbre, d'un visage, d'une fleur[4] ». Harmonie entre les sentiments et la pensée, entre le vécu des sens et celui de l'esprit, entre l'émotion et la conscience, l'affaiblissement du corps et l'approche de la mort favorisent la perception soudaine d'« un univers où les contradictions sont abolies ».

Hokusaï, qui se surnommait dans sa soixante-quinzième année « Gwakiô Rôjin », soit le « vieillard fou de dessin », écrivait : « Depuis l'âge de six ans, j'avais la manie de dessiner la forme des objets. Vers l'âge de cinquante ans, j'avais publié une infinité de dessins, mais tout ce que j'ai produit avant l'âge de soixante-dix ans ne vaut pas la peine d'être compté. C'est à l'âge de soixante-treize ans que j'ai compris à peu près la structure de la nature vraie des animaux, des herbes, des arbres, des oiseaux, des poissons et des insectes. Par conséquent, à l'âge de quatre-vingts ans, j'aurai fait encore plus de progrès ; à quatre-vingt-dix ans, je pénétrerai le mystère des choses ; à cent ans, je serai décidément parvenu à un degré de merveille ; et quand j'aurai cent dix ans, que je trace un point ou une ligne, tout sera vivant[5]. » Il mourra à 90 ans, le pinceau à la main...

À la fin du roman initiatique de Hesse *Le Jeu des perles de verre*, le vieux maître de musique s'est métamorphosé. Muet, solitaire, souriant et absent, on le croit devenu dément, mais « de ses cheveux blancs et de sa peau d'un rose clair il émanait un léger rayonnement frais[6] ». Il n'est plus alors que musique, quittant les hommes pour le silence, la parole pour la musique, la pensée pour l'unité.

À la fin du manuscrit de son oratorio *Le Songe de Géronte*, inspiré par le *Parsifal* de Wagner, et qui exprime les interrogations

et les angoisses d'un vieillard face à une mort imminente, puis
son « voyage de l'autre côté », le compositeur britannique Sir
Edward Elgar (1857-1934) placera la citation suivante de Ruskin :
« Cela est le meilleur de moi-même ; pour le reste, j'ai mangé
et bu, dormi, aimé et détesté comme tout un chacun ; ma vie
fut semblable à la fumée et n'est plus ; mais voici ce que j'ai
vu et ce que je sais : cela, plus que toute autre chose de moi,
est digne de votre souvenir. »

L'Alzheimer est un voyage

Si l'humoriste Philippe Bouvard avoue que ses prières sont
plus sincères au casino lorsqu'il attend le choix de la bille de
la roulette que celles qu'il pourrait prononcer dans un lieu de
culte, l'austère Blaise Pascal, pareillement soumis à l'adversité,
a écrit une « prière pour demander à Dieu le bon usage des
maladies » qui n'est pas sans rappeler le Livre de Job : « Je vous
loue, mon Dieu, et je vous bénirai tous les jours de ma vie,
de ce qu'il vous a plu de me réduire dans l'incapacité de jouir
des douceurs de la santé et des plaisirs du monde ; et de ce
que vous avez anéanti en quelque sorte, pour mon avantage, les
idoles trompeuses… faites que je me considère en cette maladie
comme en une espèce de mort, séparé du monde, dénué de
tous les objets de mes attachements, seul en votre présence… »
Le janséniste fustigera la verve rabelaisienne du jésuite Étienne
Binet (1569-1639), auteur d'une truculente et optimiste *Consolation et réjouissance pour les malades*. L'auteur des *Provinciales* n'ac-
ceptait pas que l'ami de saint François de Sales ne prenne pas
la mort au sérieux et ne la trouve pas angoissante, qu'il préfère
continuer à boire le vin de sa Bourgogne natale en chantant
et en plaisantant au seuil de l'échéance dernière, souffrant de
la goutte plutôt que de la mélancolie. Il ne comprenait pas sa
sagesse apaisante, héritée du stoïcisme, ni sa façon de consoler
les malades par son optimisme et ses rires, les amenant à une
prise de conscience qui relativisait leurs maux et allégeait leur
fardeau. Le jésuite nous parle d'un capitaine de Néron, sans
doute un proche de Sénèque, peut-être un ancêtre de Bouvard,

qui, « jouant aux dés, reçut l'arrêt de sa condamnation de la part de l'empereur ; lui sans s'effrayer, dit au gentilhomme qui lui porta un si triste paquet : "Oui-da, je mourrais volontiers mais à la charge, mon gentilhomme, que vous serez témoin que j'ai gagné ce dernier jeu". N'était-ce pas se moquer de la mort ? »

On ne sera pas surpris que l'ouvrage le plus connu du père Binet, écrit à la suite en 1621, soit un *Essai sur les merveilles de la nature*. Ne peut-on dans cette optique cesser de clamer à cor et à cri que la maladie d'Alzheimer est un naufrage, voire un triple naufrage, pour l'individu, sa famille et la société ? Arrêter d'affoler la population qui s'angoisse au moindre trou de mémoire, à la moindre possibilité diagnostique évoquée par des examens de plus en plus sophistiqués alors que l'industrie pharmaceutique est quasiment impuissante à l'heure actuelle ? Ne peut-on éviter d'employer des termes comme « démence », « dégénérescence[7] » et ne pas confondre un individu avec sa pathologie ?

Se détacher des notions de temps et d'espace, oublier les contingences matérielles, le langage, les acquis culturels et moraux, tout en restant longtemps sensible à la musique, aux émotions, à la beauté d'un sourire, n'y a-t-il pas là un parallèle bien involontaire avec la démarche d'un méditant ? N'est-ce pas rendre service à l'entourage du patient et alléger sa charge que de l'amener à considérer la maladie non pas comme un naufrage, mais comme un voyage ? Vers quelle destination ? En sanscrit, *Nirvana* signifie « extinction » d'une flamme ou d'une fièvre, « apaisement », puis « libération », « là où il n'y a rien », « l'extinction complète de la vieillesse et de la mort[8] ». Sans qu'elle en soit consciente, la personne gravement malade, comme les ombres au fond de la caverne de Platon, révèle ce qui la dépasse. Pour rester dans un mode de pensée jésuitique, rappelons les mots du fondateur de l'ordre, Ignace de Loyola, qui parlait du « service que les malades rendent aux gens en bonne santé » ! En nous confrontant à notre fragilité et notre propre vieillesse, l'expérience éprouvante de la présence d'un malade peut s'avérer féconde.

Marco P. souffre d'une maladie d'Alzheimer évoluée et m'a été amené en consultation par ses filles qui ont eu vent de mon intérêt pour la musique. L'ancien marin au long cours, octogénaire, tourne en rond dans son appartement et ne comprend pas pourquoi la porte est fermée en dehors des heures de promenade. Il voudrait à nouveau sillonner les océans ou, au moins, partir à bicyclette ; sa forme physique est éblouissante. Il voudrait retourner dans son village natal dont il a oublié le nom, il confond ses filles avec son épouse, ne sait plus combien il a d'enfants et s'exprime avec de grandes difficultés. Je réalise que le vieux loup de mer est déjà bien loin dans son ultime voyage. Il me sourit pourtant – peut-être la trace dans sa mémoire implicite d'une consultation antérieure au cours de laquelle nous avions évoqué son passé de clarinettiste et qui me place dans son sillage. Ses filles ont eu l'heureuse idée de partir à la recherche de l'instrument au fond d'un placard et le sortent à présent de son étui. Sans hésiter, le patient s'en empare et, après quelques réglages rondement menés, interprète avec assurance une « Paloma » nostalgique qui nous amène au bord des larmes. À la fin du morceau, il se souvient du nom de son village et son discours se fait plus fluide. Il me touche l'épaule et me dit avec un grand sourire, en guise d'adieu : « Comme ça, vous savez... Je suis un peu là encore » et je ne peux m'empêcher de penser aux merveilleuses couleurs automnales de l'adagio du concerto pour clarinette que Mozart nous offrit quelques semaines avant son ultime métamorphose.

Exercices de gérontotranscendance

Pour le sociologue suédois Lars Tornstam, qui fut le premier à élaborer une théorie de la gérontotranscendance[9], les mécanismes permettant l'éclosion de cette dernière se mettent en place bien avant l'âge de la retraite. Tornstam suggère quelques exercices préparatoires susceptibles d'en favoriser le développement ultérieur.

Imaginez, par exemple, une rencontre avec un artiste ou un penseur du passé que vous admirez profondément et avec lequel vous allez dialoguer, échangeant des opinions et des sentiments que vous partagerez avec lui, en tête à tête, comme si l'entrevue était réelle. Oserai-je vous avouer, sans paraître bien présomptueux, que le phénomène m'arrive depuis longtemps lorsque je voyage seul en voiture ? Je n'ai pas fait quelques kilomètres que Mozart apparaît sur le siège passager, rompant la monotonie du trajet, et commence à tripoter l'autoradio, s'agitant sans cesse. Quelques instants plus tard, Michel-Ange arrive en grognant à l'arrière du véhicule et je sens ses coups de genou qui labourent le dossier de mon siège. Il se plaint qu'avec ses grandes jambes et son dos voûté, il est à l'étroit et plus mal installé que sur son échafaudage à la Sixtine. Selon lui, Mozart, qui est de petite taille et se moque complètement du paysage, aurait dû lui laisser la place à l'avant. Il tente de le convaincre de changer de place en lui faisant remarquer qu'il est sur le siège du mort, mais Mozart, qui jusqu'ici feignait de ne pas l'écouter, lui rétorque : « La mort... Je me suis tellement familiarisé avec cette véritable et parfaite amie de l'homme, que son image n'a plus rien d'effrayant pour moi ; elle m'est très apaisante, consolante... » Apparaît alors Glenn Gould sur le dernier siège vacant, derrière Mozart, avec sa casquette à carreaux, son écharpe et ses mitaines, pâle et l'air rusé. Il s'acoquine bien vite avec le Viennois pour faire enrager le peintre ombrageux qui tombe dans tous leurs pièges. Mozart, tout à sa joie espiègle, ne pense pas une seconde à interroger son nouveau complice sur les curieuses interprétations qu'il donna parfois de ses œuvres. Que n'ai-je un van pour que John Lennon vienne y jouer du rock'n'roll avec Beethoven, un minibus pour que Louise Brooks puisse y danser le charleston !

Essayez maintenant d'imaginer que vous êtes le maillon d'une immense chaîne humaine et que les lois de la génétique font que ceux qui vous précèdent comme ceux qui viennent ensuite ont plus de ressemblances que de différences avec vous et que, comme l'air de la folie, comme les atomes qui vous constituent, vous accédiez ainsi à une sorte d'éternité. Et puis, sortez et choisissez une fleur, sentez son parfum et contemplez sa beauté. Dites-vous que ses constituants élémentaires sont les mêmes que les vôtres, qu'elle fait partie de vous comme vous faites partie d'elle et que vous appartenez ensemble au même univers. Revivez votre vie depuis son début et réinterprétez-la comme un gigantesque puzzle dans lequel chaque événement séparé a sa place et se trouve relié aux autres et les éclaire, le tout valant plus qu'une simple addition des parties et leur donnant un sens.

Contemplez le paysage de votre existence du sommet d'une montagne, confortablement installé sur un transat de l'hôtel Overlook et appréciez-en la cohérence qui s'en dégage et lui donne un sens qui l'embellit. Débarrassez-vous des règles et des normes sociales qui ont entravé votre vie, quitte à passer jour après jour pour un fou sur la colline, la tête dans les nuages, parfaitement tranquille, seul avec un sourire idiot, mais comme l'ont chanté les Beatles sur un air de flûte, « The Fool on the Hill » voit le soleil se coucher, et les yeux dans sa tête voient le monde tourner… Et peut-être que Hermann Hesse viendra pour le café.

Le petit pan de mur jaune

Stendhal s'évanouit en 1817 dans l'église Santa Croce à Florence lors de son voyage en Italie comme des centaines d'autres visiteurs. La psychiatre italienne Graziella Magherini qui offi-cie à Florence définira ainsi le « syndrome de Stendhal[10] » : le visiteur perçoit subitement toute l'émotion et le sens profond qui se dégagent d'une œuvre d'art et la transcendent. Pertes de connaissance, mais aussi crises d'hystérie, voire tentatives de des-truction de l'œuvre peuvent être observées et requièrent toute la vigilance des gardiens des musées de Florence, spécialement formés à cette éventualité, heureusement fort rare. Elle n'affecte pas les visiteurs dont la culture est éloignée de la Renaissance (Américains, Asiatiques) ou trop proche (Italiens) et concerne plutôt les solitaires ayant reçu une éducation religieuse ou clas-sique, sans critère de sexe.

L'écrivain Bergotte dans *À la recherche du temps perdu* de Marcel Proust ne survivra pas à l'émotion provoquée par le petit pan de mur jaune de la toile de Vermeer de Delft. On sait que Proust fut lui-même victime d'un grave malaise en visitant une exposition de peinture hollandaise en 1921 au musée du Jeu de paume et s'en est inspiré pour le récit de la mort de Bergotte : « Un critique ayant écrit que dans la *Vue de Delft*… un petit pan de mur jaune… était si bien peint qu'il était, si on le regardait seul, comme une précieuse œuvre d'art chinoise, d'une beauté qui se suffisait à elle-même, Bergotte mangea quelques pommes de terre, sortit et entra à l'exposition… Il remarqua pour la pre-mière fois des petits personnages en bleu, que le sable était rose, et enfin la précieuse matière du tout petit pan de mur jaune[11]. » Bleu, rose, jaune : les couleurs de l'absolu pour Yves Klein !

« Ses étourdissements augmentaient ; il attachait son regard, comme un enfant à un papillon jaune qu'il veut saisir, au précieux petit pan de mur... C'est ainsi que j'aurais dû écrire, disait-il. Mes derniers livres sont trop secs, il aurait fallu passer plusieurs couches de couleur, rendre ma phrase en elle-même précieuse, comme ce petit pan de mur jaune[12]. » *Sfumato ?* « Cependant la gravité de ses étourdissements ne lui échappait pas. Dans une céleste balance lui apparaissait, chargeant l'un des plateaux, sa propre vie, tandis que l'autre contenait le petit pan de mur si bien peint en jaune. Il sentait qu'il avait imprudemment donné la première pour le second[13]. » La haute note jaune solaire de Van Gogh ? Le sourire de la mort[14] ?

« Il se répétait "Petit pan de mur jaune avec un auvent, petit pan de mur jaune." Cependant il s'abattit sur un canapé circulaire... il était mort. Mort à jamais ? Qui peut le dire ? » Circulaire ? « On l'enterra, mais toute la nuit funèbre, aux vitrines éclairées, ses livres, disposés trois par trois, veillaient comme des anges aux ailes éployées et semblaient, pour celui qui n'était plus, le symbole de sa résurrection[15]. »

Sigmund Freud, fumeur, amateur d'archéologie et prudent, choisira, pour recueillir ses cendres après son incinération au grand funérarium de Londres, un cratère grec de l'époque d'Empédocle offert par Marie Bonaparte, se plongeant pour l'éternité à l'intérieur d'une œuvre d'art, et l'on se plaît à imaginer que quelques vers du poète John Keats, aux inflexions platoniciennes, empruntés à son *Ode sur une urne grecque*, y figurent : « La Beauté est Vérité, la Vérité Beauté. C'est tout ce que l'on sait sur terre, Et c'est tout ce qu'il faut savoir. » À l'agonie, totalement épuisé, Proust trouvera la force dans ses derniers instants de dicter à sa fidèle gouvernante Céleste Albaret quelques modifications et ajouts pour la mort de Bergotte, se glissant subrepticement entre les pages de son œuvre pour s'y dissoudre et nous sourire : « La vraie vie, la vie enfin découverte et éclaircie, la seule vie par conséquent réellement vécue, c'est la littérature... »

Comment Wang-Fô fut sauvé

Marguerite Yourcenar nous a conté dans la première de ses *Nouvelles orientales* l'histoire du vieux peintre Wang-Fô qui se déplaçait de village en village dans la Chine médiévale, s'arrêtant « la nuit pour contempler les astres, le jour pour regarder les libellules », exerçant son art en ayant atteint la perfection esthétique. Ayant renoncé aux possessions matérielles et à la vie sociale au profit de sa liberté créatrice, il troquait ses toiles contre une ration de bouillie de millet. La légende raconte qu'il lui suffisait d'ajouter une touche de couleur aux yeux des personnages de ses tableaux pour les rendre vivants. Arrêté par l'empereur, qui lui reproche de lui avoir donné une vision trop idyllique du monde et qui pense désormais que « le seul empire sur lequel il vaille la peine de régner » n'est pas le royaume de Han, mais celui où Wang-Fô pénètre par « le chemin des Mille Courbes et des Mille Couleurs », il se voit condamner à avoir les yeux brûlés et les mains coupées, privé ainsi des « portes magiques de son royaume » et des « deux routes qui mènent au cœur de son empire » ; son disciple est décapité sous ses yeux. Il devra, avant son supplice, terminer une œuvre commencée dans sa jeunesse. Obéissant, il ajoute une rivière d'un tel réalisme que le palais de l'empereur est submergé et qu'il peut s'enfuir et se fondre dans sa toile sur une barque qu'il a dessinée et dans laquelle il retrouve son élève Ling, qui avait renoncé à ses biens matériels et à qui il avait appris à admirer la beauté du monde, de la zébrure livide de l'éclair jusqu'à la beauté des faces de buveurs estompées par la fumée des boissons chaudes et à l'exquise roseur des taches de vin parsemant les nappes comme des pétales fanés. L'empereur, pour qui le soleil qui se couche est rouge et n'a pas la couleur d'une orange prête à pourrir et qui trouve que le sang des suppliciés est moins rouge que la grenade figurée sur les toiles de Wang-Fô ne gardera dans sa mémoire, une fois les eaux redescendues, qu'un peu d'« amertume marine ».

La dernière nouvelle du recueil nous dépeint, en miroir inverse, Cornélius Berg, un élève de Rembrandt devenu un vieux vagabond fatigué, solitaire et triste, qui ne peint que sur commande et pour de l'argent des portraits et des nus. Ne trouvant plus aucune beauté chez l'homme ni même chez les animaux qui lui ressemblent trop, il tente sans enthousiasme les natures mortes, puis des trompe-l'œil pour une église. Admirant la beauté d'une tulipe qui lui rappelle un harem floral qu'il a tenté d'« immortaliser, dans sa brève perfection » pour un pacha de Constantinople, il réalise que « Dieu est le peintre de l'univers » et, amer, regrette qu'il « ne se soit pas borné à la peinture des paysages ».

Passerelles pour l'infini

Monet, dans son jardin de Giverny, dont il décidait la couleur plusieurs mois à l'avance, tentait chaque jour, inlassablement, d'imiter et de parfaire la Création. Installé entre le bassin fleuri et le pont japonais il « venait chercher l'affinement des sensations les plus aiguës. Pendant des heures, il restait là, sans mouvement, sans voix, dans son fauteuil, fouillant de ses regards, cherchant à lire dans leurs reflets, ces dessous des choses éclairées au passage des lueurs insaisissables où se dérobent les mystères... Voir, n'était-ce pas comprendre ? Et, pour voir, rien que d'apprendre à regarder ». Ainsi s'exprimait Georges Clemenceau observant son ami élaborer ses *Nymphéas*. Il lui accordera les murs du musée de l'Orangerie pour y réaliser sa chapelle Sixtine, 100 mètres de long sur 2 de haut pour un artiste de 77 ans presque aveugle. Apprenant sa fin prochaine en décembre 1926, le Tigre traversera la France en automobile pour revoir une dernière fois son ami qui meurt dans ses bras. Lors de la mise en bière, il enlève le voile noir qui recouvre le cercueil, arrachant un rideau fleuri de la chambre pour le remplacer : « Pas de noir pour Monet ! Le noir n'est pas une couleur ! »

Monet a peint ses *Nymphéas* dans des formats circulaires, puis le long des murs des deux salles ovales du musée de l'Orangerie, inaugurées un an après sa mort. Lui, dont la vue s'altérait comme celle de Jean-Sébastien Bach, profitait de la lumière du jour, se levant avec l'aube et se couchant au crépuscule. Progressivement, la palette des couleurs se simplifie, les formes s'estompent, la toile devient translucide, la peinture abstraite, annonçant Rothko. Comme le cantor de Leipzig, il gagne en profondeur. L'art de la fugue restera à jamais inachevé, et les deux salles ovales du musée de l'Orangerie forment le symbole de l'infini (∞), « transporté le long des murs, enveloppant toutes les parois de son unité, il aurait procuré l'illusion d'un tout sans fin, d'une onde sans horizon et sans rivage... »

La dernière toile à laquelle travaillait Rembrandt le 4 octobre 1669 lorsqu'il fut emporté représente le vieillard Siméon, homme juste et pieux, qui, avec les paupières presque closes d'un aveugle, a pourtant vu la lumière attendue sa vie entière jaillir entre ses bras décharnés dans le temple de Jérusalem. Le maître du clair-obscur, veuf et solitaire, a perdu son fils Titus l'an passé. Rejeté par les notables d'Amsterdam et ruiné, il traite avec sobriété et profondeur un sujet qu'il a déjà abordé quarante ans plus tôt. Cette fois, point de fine broderie d'or et d'argent sur les tissus ; point de spectateur inutile, si ce n'est une femme, la prophé-tesse Anne, dans la pénombre ; point de tragique ni de pathos. Un vieillard tranquille, vêtu d'une tunique rouge, crépusculaire, tient un nouveau-né emmailloté dans ses bras et lui parle en un ultime autoportrait : « Laisse maintenant ton serviteur mourir en paix, Seigneur, selon ta parole[16]. » Mais, dans cette mort, rien de triste, cela se passe en pleine lumière avec un soleil qui inonde tout d'une lumière d'or fin, chuchote Vincent.

L'éternel retour
ou la beauté créatrice

Solomon Roth, dit Sol, dont le nom évoque celui du soleil et de la note dominante en musique, s'est éteint calmement en admirant la beauté d'un crépuscule, bercé par la Pastorale de Beethoven, alors qu'une nouvelle étoile[1] apparaissait sur le trottoir des célébrités d'Hollywood Boulevard. Charlton Heston découvre bientôt que le cadavre de son ami, transformé en tablettes de « soleil vert », sert à nourrir les survivants, mais, comme le souligne Pascal Quignard « l'art est si étrange. La survie est si étrange. Nous commençons par manger nos mères dans leur ventre. Puis dans leur lait. Nous dérobons leur langue à partir de leur regard. Nous sommes tous des voleurs. Nous inventons le sens en répondant à leur sourire. S'instruire, c'est sucer les os des cadavres, les trouer, souffler dans la mort de ceux qui nous précèdent. Vivre, c'est parasiter les œuvres, les ruines des œuvres, le souvenir des œuvres[2] ».

★★★

Jean-Philippe Rameau nous a conté, en un acte de ballet, l'histoire, qu'il tenait d'Ovide et de ses Métamorphoses, du sculpteur Pygmalion tombé amoureux de la statue qu'il avait ciselée. William Christie et les Arts florissants ont fait revivre au festival d'Aix-en-Provence, en juillet 2010, cette partition donnée pour la première fois en 1748 au château de Fontainebleau pour Louis XV. Conformément au désir de Pygmalion et à la volonté d'Aphrodite, la chorégraphe Trisha Brown a donnée vie à la sculpture d'ivoire et la voici qui s'envole, par un ingénieux système de câbles, prenant les traits d'une femme magnifique qui chante et virevolte en un gracieux ballet aérien autour de son créateur. Elle tombera bien vite sous le charme du sculpteur et l'on célébrera bien vite le triomphe de l'amour de l'artiste et de sa superbe créature.

★★★

Saba est une jeune Éthiopienne des hauts plateaux qui retrouve l'espoir. L'an passé, son fils est mort-né, mais, cette année, le clerc-guérisseur, le dabtara, *lui a fabriqué un rouleau magique avec la peau d'une chèvre sacrifiée selon le rite. Avec une tige d'asparagus trempée dans des encres végétales, animales et minérales, il y a dessiné des anges et cent yeux protecteurs, inscrivant des textes sacrés dans la langue oubliée des coptes qui fait fuir les démons. Elle sait qu'il a pris soin d'y inscrire, sous une forme cryptée, son nom et son signe zodiacal. Elle arbore fièrement l'étroit et long parchemin couvert de textes et d'images qui la protégera de la tête aux pieds et dans lequel il est dit qu'un Dieu mort le jour où l'on célèbre la beauté de Vénus est ressuscité le troisième jour, celui que l'on offre au soleil. Drapée dans sa Sixtine portative, elle admire l'astre qui se lève sur la vallée du Rift, le berceau de l'humanité. La lumière qui la réchauffe fait bouger pour la première fois son enfant dans son ventre. Folle de bonheur, elle lui chante en souriant une mélodie joyeuse qui vient de lui traverser l'esprit, alors que les rayons du soleil pénètrent son corps, et esquisse un pas de danse.*

À suivre...

Notes et références bibliographiques

Première partie
EN QUÊTE DE BEAUTÉ

CHAPITRE 1
L'art et ses mystères

1. *Beaux Arts, Qu'est-ce que la beauté ?*, numéro spécial 300, 23 mai 2009.
2. J.-K. Huysmans, « L'exposition des Indépendants en 1881 », *L'Art moderne*, Paris, 1883.

CHAPITRE 2
Aimer Jeff Koons est-il un signe
de maladie d'Alzheimer ?

1. Travail personnel dont les résultats, déjà exposés lors de différents colloques, n'avaient pas été publiés jusqu'à présent.
2. S. Cosulich Canarutto, F. Bonami, *Jeff Koons*, Hazan, 2007.
3. *Ibid.*
4. *Ibid.*
5. V. Ramachandran, *Le Cerveau, cet artiste*, Eyrolles, 2005.
6. J. Koons, *in Le Monde*, 30 août 2005.
7. P. Restany, *Yves Klein. Le feu au cœur du vide*, La Différence, 1990.
8. H. Werner Holzwarth, *Jeff Koons : Art edition*, Taschen, 2008.
9. M. Rothko, *Écrits sur l'art. 1934-1969*, Flammarion, « Champs arts », 2009.
10. *Ibid.*
11. P. Klee, *Théorie de l'art moderne*, Denoël, 1982.
12. V. Ramachandran, *op. cit.*
13. E. Levinas, *De l'oblitération*, La Différence, 1998.
14. Aristote, *Physique*, II, 8.

CHAPITRE 3
Qu'en pensent les animaux ?

1. C. Gudin, *Une histoire naturelle de la séduction*, Seuil, 2003.
2. *Ibid.*
3. Enregistré par l'acousticien Jacques Colin à l'université de Toulon-La-Garde.

4. F. Frontisi-Ducroux et J.-P.Vernant, *Dans l'œil du miroir,* Odile Jacob, 1997.

5. S. Watanabe, J. Sakamoto, M. Wakita, « Pigeons' discrimination of paintings by Monet and Picasso », *J. Exp. Anal. Behav.,* 1995, 63 (2), p. 165-174.

6. J. Monen, E. Brenner, J. Reynaerts, « What does a pigeon see in a Picasso ? », *Journal of the Exper. Analys. Behav.,* 1998, 69, p. 223-226.

7. S. Watanabe, « Van Gogh, Chagall and pigeons : Picture discrimination in pigeons and humans », *Anim. Cogn.,* 2001, 4 (3-4), p. 147-151.

8. S. Watanabe, « Pigeons can discriminate "good" and "bad" paintings by children », *Anim. Cogn.,* 2010, 13 (1), p. 75-85 ; epub, juin 2009.

9. A. R. Chase, « Music discrimination by carp (*Cyprinus carpio*) », *Anim. Learn. and Beh.,* 2001, 29 (4), p. 336-353.

10. *In* « Un peintre mystérieux étonne la Suède », *Paris Match,* 7 mars 1964.

11. R. Saunders, *The World's Greatest Hoaxes,* Playboy Press, 1980, p. 191-192.

12. D. Morris, *The Biology of Art,* Knopf, 1962.

13. J. Huxley, « The origin of Human Drawing », *Nature,* 1942, CXLII/3788, p. 637.

14. J. Diamond, *Le Troisième Chimpanzé,* Gallimard, 2000.

15. *In* G. Flores, « When I see an elephant... paint ? », *The Scientist,* juin 2007.

16. *Ibid.*

17. *Ibid.*

CHAPITRE 4
L'apport des neurosciences

1. S. Zeki, « Art and the brain », *J. Conscious. Stud. Controvers. Sci. Humanit.,* 1999, 6, p. 76-96.

2. M. Beauregard, *Du cerveau à Dieu,* Guy Trédaniel, 2008.

3. O. Vartanian, V. Goel, « Neuroanatomical correlates of aesthetic preference for paintings », *Neuroreport.,* 2004, 15 (5), p. 893-987.

4. Voir P. Lemarquis, *Sérénade pour un cerveau musicien,* Odile Jacob, 2009.

5. *Ibid.*

6. H. Kawabata, S. Zeki, « Neural correlates of beauty », *J. Neurophysiol.,* 2004, 91, p. 1699-1705.

7. C. Di Dio, E. Macaluso, G. Rizzolatti, « The golden beauty : Brain response to classical and Renaissance sculptures », *PLoS ONE,* 2007, 2 (11), p. e1201. doi : 10.1371/journal.pone.0001201.

8. Voir P. Lemarquis, *op. cit.*

9. C. J. Cela-Conde, F. J. Ayala, E. Munar, F. Maestu, M. Nadal, M. A. Capo, D. del Rio, J. J. Lopez-Ibor, T. Ortiz, C. Mirasso, G. Marty, « Sex-related similarities and differences in the neural correlates of beauty », *Proc. Natl. Acad. Sci. USA,* 2009, 106, p. 3847-3852.

10. G. C. Cupchik, O. Vartanian, A. Crawley, D. J. Mikulis, « Viewing artworks : contributions of cognitive control and perceptual facilitation to aesthetic experience », *Brain Cognit.,* 2009,70 (1), p. 84-91.

11. Ungerleider L., Mishkin M., « Two cortical visual systems », *in* D. J. Ingle, M. A. Goodale, R. J. W. Mansfield (éds), *Analysis of Visual Behavior,* MIT Press, 1982.

12. M. A. Goodale, A. D. Milner, « Separate visual pathways for perception and action », *Trends Neurosci.,* 1992, 15 (1), p. 20-25.

13. M. Dobbs, « Goya's visual rehabilitation from Balint's syndrome ? A key point in the evolution of the artist », *AAN,* avril 2012.

14. A. Malraux, *Saturne, le destin, l'art et Goya,* Gallimard, 1978.

15. F. Sellal, R. Carcangiu, « Créativité artistique et maladie de Parkinson », *Abstract Neurologie,* 2011, n° 101.

16. T. Jacobsen, R. I. Schubots, L. Höfel, D. Y. Cramon, « Brain correlates of aesthetic judgment of beauty », *Neuroimage*, 2006, 29, p. 276-285.

17. Cortex frontomedian (BA 9 /10), bilatéraux préfrontal BA 45/47 et cingulaire postérieur, pôle temporal gauche, jonction temporo-pariétale.

18. D. Freedberg, V. Gallese, « Motion, emotion and empathy in esthetic experience », *Trends Cognit. Sci.*, 2007, 11, p. 197-203.

19. R. Vischer, *Uber das optische Formgefuhl : ein Beitrag zur AsthetikCredner*, Leipzig, 1873.

CHAPITRE 5
La maladie peut-elle stimuler la créativité ?

1. J. Dubuffet, « L'Art brut préféré aux arts culturels », *Prospectus et tous écrits suivants*, Gallimard, 1967.

2. J. Bogousslavsky, « L'amour perdu de Gui et Madeleine. Le syndrome émotionnel et comportemental temporal droit de Guillaume Apollinaire », *Revue neurologique*, 2003, 159, p. 171-179.

3. P. Brenot, *Le Génie et la Folie*, Odile Jacob, 2011.

4. Voir P. Lemarquis, *op. cit.*

5. L. Selfe, *Nadia, a Case of Extraordinary Drawing Ability in an Autistic Child*, Harcourt Brace, 1977.

6. S. P. Springer, G. Deutsch, *Cerveau gauche cerveau droit : à la lumière des neurosciences*, De Boeck, 2000, p. 309.

7. H. Gardner, *Gribouillages et dessins d'enfants. Leur signification*, Mardaga, 1982, 3ᵉ édition 1997.

8. B. Hermelin, *Bright Splinters of the Mind*, Jessica Kingsley, 2001.

9. T. Grandin, *Ma vie d'autiste*, Odile Jacob, 1986.

10. H. Gardner, *op. cit.*

11. Voir P. Trehin, http://www.autisme-prehistoire.com.

12. H. Gastaut, « Interpretation of the symptoms of psychomotor epilepsy in relation to physiological data on rhinencephalic function », *Epilepsia*, 1954, 3, p. 84-88.

13. H. Klüver, P. C. Bucy : « Preliminary analysis of functions of the temporal lobes in monkeys », *Arch. Neurol. Psychiatry*, 1939, 42, p. 979-1000.

14. D. M. Bear, P. Fedio, « Quantitative analysis of interictal behavior in temporal lobe epilepsy », *Arch. Neurol.*, 1977, 34 (8), p. 454-467.

15. R. Dumesnil, *Gustave Flaubert, l'homme et l'œuvre*, Desclée de Brouwer, 1932, appendice A, 487-489.

16. B. F. Bart, *Flaubert,* Syracuse University Press, 1967, 752-753.

17. Ph. Bonnefis, « Aura epileptica », *Magazine littéraire*, n° 250, 1988, 41.

18. K. Podoll, D. Robinson, *Migraine Art. The Migraine Experience from Within*, North Atlantic Books, 2009.

19. http://www.migraine-aura.org/content/index_en.html

20. C. Debussy, *Correspondance*, Hermann, 1993, 136 (lettre du 23 juillet 1898 à Georges Hartmann).

21. R. Onfray, « Où l'on voit que Pascal avait des migraines ophtalmiques », *Presse Méd.*, 1926, 34 : 715-716.

22. F. Sellal, R. Carcangiu, « Créativité artistique et maladie de Parkinson », *Abstract neurologie*, n° 101, 2011.

23. K. Witt, P. Krack, G. Deuschl, « Change in artistic expression related to subthalamic stimulation », *J. Neurol.*, 2006, 253, p. 955-956.

24. A. Chatterjee, P. Amorapanth, R. Hamilton, « Art produced by a patient with Parkinson's disease », *Behavourial neurology,* 2006, 17, p. 105-108.

25. M. Savasta, « Dopamine motrice, dopamine limbique... What else ? », *ANLLF*, 2012, VIᵉ journées Mouvements anormaux, J.-D. Turc, Porto-Vecchio.

26. B. Gaster, « La sculpture libère l'aveugle », *Courrier de l'Unesco*, mai 1957, p. 16-19.

27. *Ibid*.

28. E. K. Warrington, M. James, « Drawing disability in relation to laterality of cerebral lesion », *Brain*, 1966, 89, p. 53-82.

29. V. S. Ramachandran, *Le Fantôme intérieur*, Odile Jacob, 2002, p. 173.

30. B. L. Miller, J. L. Cummings, F. Mishkin, « Emergence of artistic talent in frontotemporal dementia », *Neurology*, 1998, 51, p. 978-981.

31. S. G. Waxman , N. Geschwind, « Hypergraphia in temporal lobe epilepsy », *Neurology*, 1974, 24, p. 629-636.

32. M. F. Mendez, « Hypergraphia for poetry in an epileptic patient », *J. Neuropsychiatry Clin. Neurosci.*, 2005, 17, p. 560-561.

33. R. Marech, « Stroke of luck. Debilitating illness changes flow of UC professor's artwork », *San Francisco Chronicle*, 31 août 2001.

34. J. F. Chermann, *KO, le dossier qui dérange*, Stock, 2010.

35. Atrophie frontale inférieure gauche et operculaire, insula antérieure et striatum, puis partie antérieure de l'hippocampe gauche, uncus et thalamus gauche...

36. W. W. Seeley, B. R. Matthews, R. K. Crawford, M. L. Gorno-Tempini, D. Foti, I. R. Mackenzie, B. L. Miller, « Unravelling Bolero : progressive aphasia, transmodal creativity and the right posterior neocortex », *Brain*, 2008, 131, p. 39-49.

37. Lobule supérieur pariétal et sillon pariétal, sillon temporal supérieur, opercule pariétal, cortex occipital latéral.

38. J. Sergent, E. Zuck, S. Terriah, B. MacDonald, « Distributed neural network underlying musical sight-reading and keyboard performance », *Science*, 1992, 257, p. 106-109.

39. D. Schon, J. L. Anton, M. Roth, M. Besson, « An fMRI study of music sightreading », *Neuroreport*, 2002, 13, p. 2285-2289.

40. C. Gaser, G. Schlaug, « Brain structures differ between musicians and non-musicians », *J. Neurosci.*, 2003, 23, p. 9240-9245.

41. P. Potter, « Much : Madness is divinest sense », *Emerg. Infect. Dis.*, juillet 2008, 14.

42. K. Rascovsky, M. E. Growdon, I. R. Pardo, S. Grossman, B. L. Miller, « The quicksand of forgetfulness' : Semantic dementia in *One Hundred Years of Solitude* », *Brain*, 2009, 132, p. 2609-2616.

43. G. Charbonnier, *Entretiens avec Jorge Luis Borges*, Gallimard, 1967, p. 113.

44. J. L. Borges, *Fictions*, Gallimard, « La Pléiade », 1993, p. 154.

45. A. Luria, *L'Homme dont le monde volait en éclats*, Seuil, 1998.

46. A. Manguel, *Chez Borges*, Actes Sud, 2003.

47. C. Thomas-Antérion, « Libération de la créativité artistique et neurologie : étude de trois cas », *Rev. Neuropsychol.*, 2009, 1 (3), p. 221-228.

48. Et une autre lésion du cortex somatosensoriel secondaire (SII) gauche.

49. B. Lechevalier, *Le Cerveau de Mozart*, Odile Jacob, 2003.

50. A. Cantagallo, S. Della Sala, « Preserved insight in an artist with extrapersonal spatial neglect », *Cortex*, avril 1998, 34 (2), p. 163-189.

51. R. Vigouroux, B. Bonnefoi, R. Khalil, « Réalisations picturales chez un artiste peintre présentant une héminégligence gauche », *Rev. Neurol.*, 1990, 146, p. 665-670.

52. H. Bäzner, M. Hennerici, « Stroke in Painters », *The Neurobiology of Painting*, Elsevier, 2006, p. 165-191.

53. J. M. Annoni, G. Devuyst, A. Carota, L. Bruggimann, J. Bogousslavsky, « Changes in artistic style after minor posterior stroke », *Journal of Neurology, Neurosurgery and Psychiatry*, juin 2005, 76 (6), p. 797-803.

54. L. Fornazzari, « Preserved painting creativity in an artist with Alzheimer's disease », *Eur. J. Neurol.*, 2005, 12, p. 419-424.

Deuxième partie
CETTE BEAUTÉ
QUI NOUS FAIT DU BIEN...

CHAPITRE 1
Lumières divines

1. J. Gage, *La Couleur dans l'art*, Thames & Hudson, 2009.

2. C. Heck, P. Soulages, G. Duby, *Conques : les vitraux de Soulages*, Seuil, 1994.

3. *Ibid.*

4. Saint Athanase, *Antoine le Grand, père des moines*, Cerf, 2007.

5. G. Flaubert, *La Tentation de saint Antoine*, Gallimard, « Folio », 2006.

6. J. K. Huysmans, *Trois Églises et trois primitifs*, Plon, 1908, p. 189.

7. Luc, 1, 35.

8. B. de Clairvaux, B. Martelet, *Écrits sur la Vierge Marie*, Mediaspaul, 2005.

9. J. K. Huysmans , *op. cit.*

10. W. Schmidbauer, J. Scheidt, *Handbuch der Rauschdrogen*, Fischer Taschenbuch Verlag, 1999.

11. « Les ex-voto de Notre-Dame du Beausset-Vieux », *Cahier du patrimoine ouest-varois*, n° 8.

12. *In* C. Lecouteux, *Le Livre des talismans et des amulettes*, Imago, 2005.

13. Saint Thomas d'Aquin, *Somme théologique*, Secunda secundae, article 4.

14. Cité par C. Lecouteux, *ibid.*

15. *In* C. Lecouteux, *ibid.*

CHAPITRE 2
L'harmonie des sons et des couleurs

1. W. Kandinsky, « Conférence de Cologne », *Regards sur le passé et autres textes*, Hermann, 1974.

2. E. de Chassey, *La Violence décorative. Matisse dans l'art contemporain*, Jacqueline Chambon, 1998.

3. H. Matisse, D. Fourcade, *Écrits et propos sur l'art*, Hermann, 2000.

4. *Ibid.*

5. F. Léger, *Fonctions de la peinture*, Gallimard, « Folio », 2009.

6. *Revue Monde*, n° 53, 13 juillet 1929.

7. A. Verdet, *Fernand Léger, le dynamisme pictural*, P. Caillier, 1955, p. 78.

8. M. M. Gonzalez, G. Aston-Jones, « Light deprivation damages monoamine neurons and produces a depressive behavioral phenotype in rats », *Proc. Natl. Acad. Sci. USA.*, 2008, 105, p. 4898-4903.

9. M. K. Blackburn *et al.*, « FL-41 tint improves blink frequency, light sensitivity, and functional limitations in patients with benign essential blepharospasm », *Ophthalmology*, 2009, 116 (5), p. 997-1001.

10. A. J. Elliot , H. Aarts, « Perception of the color red enhances the force and velocity of motor output », *Emotion*, 2011, 11 (2), p. 445-449.

11. R. Mehta, R. J. Zhu, « Blue or red ? Exploring the effect of color on cognitive task performances », *Science*, 2009, 323, p. 1226-1229.

12. G. Vandewalle, S. Schwartz, D. Grandjean, C. Wuillaume, E. Balteau, C. Degueldre, M. Schabus, C. Phillips, A. Luxen, D. J. Dijk, P. Maquet, « Spectral quality of light modulates emotional brain responses in humans », *PNAS*, 2010, 107 (45), p. 19549-19554.

CHAPITRE 3

Art et thérapie

1. A. Hill, *Art versus illness*, G. Allen and Unwin Ltd, 1945.

2. S. Morgenstern, *Psychanalyse infantile*, Denoël, 1937.

3. R. Chalbos, C. Karakoglou, *L'Art au service de la résilience*, colloque Byblos, mai 2010.

4. H. Buten, *Il y a quelqu'un là-dedans. Des autismes*, Odile Jacob, 2003.

5. Platon, *Lois* ,VII, 790 c-e et 791a, PUF, 1956.

6. J. P. Klein, *L'Art-thérapie*, PUF, « Que sais-je ? », 1997.

7. *In* E. Ellena et B. Huebner « *Je me souviens mieux quand je peins* », DVD, Hilgos Foundation, 2009.

8. *In* B. Razon, « Quand Alzheimer entre au MoMA » , *Télérama*, mai 2011, n° 3, p. 200.

9. L. Murat, *La Maison du docteur Blanche*, J.-C. Lattès, 2001.

CHAPITRE 4

Musique, science et médecine à New York

1. R. Khazipov, A. Sirota, X. Leinekugel, G. L. Holmes, Y. Ben-Ari, G. Buzsáki, « Early motor activity drives spindle bursts in the developing somatosensory cortex », *Nature*, 2004, 432 (7018), p. 758-761.

2. P. Lemarquis, *op. cit.*

3. C. N. O'Shea, D. Wolf, *The « Mozart Effect » and Adenoma Detection*, American College of Gastroenterology, 76th Annual Scientific Meeting, Washington, DC, 2011.

4. A. Patel, *Music, Language and the Brain*, OUP, 2007.

5. H. Chapin, K. J. Jantzen, J. A. S. Kelso, F. Steinberg, E. W. Large, « Dynamic emotional and neural responses to music depend on performance expression and listener experience », *PLoS ONE*, 2010, 5 (12), p. e13812. doi : 10.1371 /journal.pone.0013812.

6. P. Lemarquis, *op. cit.*

7. A. M. Owen, M. R. Coleman, M. Boly, M. H. Davis, S. Laureys, J. D. Pickard, « Detecting awareness in the vegetative state », *Science,* 2006, 313 (5792), p. 1402.

8. Cité par M. Laxenaire, J. Verdeau-Paillès, H. Stoecklin, *La Folie à l'opéra*, Buchet-Chastel, 2005.

CHAPITRE 5

Cosmétiques, neuromarketing
et *Méthode Rose*

1. B. E. Ellis, *American Psycho,* 10/18, 2005.

2. M. Morhange-Motchane, *Le Petit Clavier*, Ed. Salabert, 1938.

3. O. Sachs, *Musicophilia,* Seuil, 2009.

4. A. Lejeune, O. Desana, I. Ducloy, *Musique, mouvement et maladie d'Alzheimer*, Solal, 2011.

5. S. Guétin, F. Portet, M. Picot M, C. Defez, J.-P. Blayac, J. Touchon, « Intérêts de la musicothérapie sur l'anxiété, la dépression des patients atteints de la maladie d'Alzheimer et sur la charge ressentie par l'accompagnant principal (étude de faisabilité) », *Encéphale* 2009, 35 (1), p. 57-65.

6. P. Lemarquis, *op. cit.*

7. O. Letortu, H. Platel, « Apprentissages de chants nouveaux chez des patients Alzheimer en unité de soins », 15e séminaire, J. L. Signoret, 2007.

8. S. Samson, D. Dellacherie, H. Platel, « Emotional power of music in patients with memory disorders : Clinical implications of cognitive neuroscience », *Ann. N. Y. Acad. Sci.*, 2009, 1169, p. 245-255.

9. M. Groussard, R. La Joie, G. Rauchs, B. Landeau, G. Chételat, F. Viader, B. Desgranges, F. Eustache, H. Platel, « When music and long-term memory interact : Effects of musical expertise on functional and structural plasticity in the hippocampus », *PLoS One*, 2010, 5-5 (10), p. pii : e13225.

10. J. Verghese *et al.*, « Leisure activities and the risk of dementia in the elderly », *N. Engl. J. Med.*, 2003, 25, p. 2508-2516.

Troisième partie

L'ART POUR APPRENDRE À VIVRE ET À...MOURIR

CHAPITRE 1
L'empathie esthétique

1. C. Bernard, *Leçons sur la chaleur animale*, Baillière, 1876.

2. G. Canguilhem, *Le Normal et le Pathologique*, PUF, 2009.

3. *Ibid.*

4. P. Descola, *La Fabrique des images. Visions du monde et formes de la représentation*, Somogy, 2010.

5. G. W. Leibniz, *Monadologie*, Gallimard, 1995.

6. J. Ruesch et G. Bateson, *Communication et Société*, Seuil, 1988.

7. L. Wittgenstein, *Remarques philosophiques*, Paris, Gallimard, 1975, § 168, p. 193.

8. G. Reichard, *Prayer. The Compulsive World*, University of Washington Press, 1944.

9. Cité par D. Sandner, *Rituels de guérison chez les Navajos*, Le Rocher, 1995.

10. *Ibid.*

11. J. L. Borges, *Fictions*, Gallimard, « La Pléiade », 2010.

12. C. G. Jung, *L'Homme et ses symboles*, Robert Laffont, 2002.

13. M. Perrin, *Voir les yeux fermés*, Seuil, 2007, p. 128.

14. *Ibid.*

15. *Ibid.*

16. P. Greenaway, *The Pillow Book*, 1996 ; le film est inspiré librement des *Notes de chevet* de Sei Shônagon.

17. *Ibid.*

18. U. Eco, *L'Œuvre ouverte*, Seuil, 1979.

19. P. Descola, *Par-delà nature et culture*, Gallimard, 2005.

CHAPITRE 2
Éloge de la *Folia* : résonances

1. Préface à la version remasterisée en 2001 de la musique du film *Tous les matins du monde* par Jordi Savall.

2. G. Agamben, *Image et mémoire. Écrits sur l'image, la danse et le cinéma*, Desclée de Brouwer, 2004.

3. Blog et vidéos sur les *folias* proposées par « le lutin d'Écouves » à voir et écouter sur le Net.

CHAPITRE 3
Chimérisation et résilience

1. B. Cyrulnik, *Autobiographie d'un épouvantail*, Odile Jacob, 2008.
2. *Ibid.*
3. *Ibid.*
4. *Ibid.*
5. B. Catoir, *Conversations. Antoni Tàpies*, Cercle d'Art, 1988, p. 71.
6. A. Tàpies, *La Pratique de l'art*, Gallimard, 1994.
7. B. Catoir, *op.cit.*, p. 124-125.
8. A. Tàpies, journal télévisé d'Antenne 2, 29 septembre 1994 ; à voir sur INA.fr
9. *Ibid.*
10. M. Fréchuret, T. Davila, *L'Art médecine*, Réunion des musées nationaux, 1999.
11. Y. Michaud, *Sam Francis*, Papierski Daniel, 1992.
12. Cité par M. Fréchuret, *op. cit.*

CONCLUSION
Vers une gérontotranscendance
ou comment finir en beauté ?

1. E. Binet, *Consolation et réjouissance pour les malades et personnes affligées en forme de dialogue (1627)*, Jérôme Million, 1995.
2. M. Proust, *Le Temps retrouvé*, Gallimard, 1954, p. 896.
3. H. Hesse, *Éloge de la vieillesse*, LGP, 2003.
4. *Ibid.*
5. N. Delay, *Hokusaï, les 100 vues du mont Fuji*, Hazan, 2008.
6. H. Hesse, *Le Jeu des perles de verre*, Calmann-Lévy, 1994.
7. Souvenir d'une discussion animée avec Louis Ploton et le groupe « Résilience et vieillissement »...
8. D'après *Sutta Nipāta*, 1093-1094.
9. L. Tornstam, *Gerotranscendence, a Development Theory of Positive Aging*, Springer, 2005.
10. G. Magherini, *Le Syndrome de Stendhal*, Chiron, 1990.
11. M. Proust, *La Prisonnière*, Gallimard, 1954, p. 186-187.
12. *Ibid.*, p. 187.
13. *Ibid.*
14. J. Pavans, *Les Écarts d'une vision. Petit pan de mur jaune*, La Différence, 1986.
15. *Ibid.*, p. 187.
16. Luc, 2, 29.

POSTFACE
L'éternel retour ou beauté créatrice

1. Portant le numéro 6233 sur le *Walk of Fame*, en hommage à Edward G. Robinson.
2. Préface à la version remasterisée en 2001 de la musique du film *Tous les matins du monde* par Jordi Savall.

Remerciements

Merci mille fois à Madame Odile Jacob, à Boris Cyrulnik et à Marie-Lorraine Colas pour leur confiance et leurs encouragements.

À Antoine Lejeune, Michel Delage et aux hérétiques du groupe « Vieillissement et Résilience ».

À Benoit Kullmann et aux fanatiques des échanges neuropsychiatriques de l'école de Nice.

À Maximilian Fröeschl et aux Harmonies d'Orphée.

À Paul Charbit, Jean-Pierre Polydor et à l'association Art-Science-Pensée de Mouans-Sartoux.

À François Vincentelli et au Festival Musica Classica de Santa Reparata.

À Gérard Abrial et aux mailomanes.

À Nathalie et à Gérard Boudouresque et aux prestigieux animateurs des journées du Paradou.

À Françoise et à Jean-Denis et Philippe Turc.

À Madame Marie-Odile Desana qui m'a fort justement parlé des paons et reçu mes idées à France Alzheimer.

À Geneviève B. et Ariel B., Caroline Serero et Georges Keramidas, pour qui la beauté n'a pas de secret, ainsi que Giuseppe Caruso et Hervé Guinot pour le bel canto.

À Henri Eskénazi qui photographie si bien la rhodopsine et à l'association Whales Whisperers, à Jean-Paul Courchia qui sait conjuguer peinture et médecine.

À tous mes amis qui se reconnaîtront, aux maîtres qui m'ont soutenu, à ma famille et à tous les transmetteurs de beauté qui m'ont donné le goût de vivre.

Table

Ouvrage proposé par
Boris Cyrulnik

N° d'impression : XXXX

Cet ouvrage a été composé et mis en pages
chez Nord Compo (Villeneuve-d'Ascq)
N° d'impression : XXXX
N° d'édition : 7381-2828-X
Dépôt légal : septembre 2012

Imprimé en France